走出焦虑风暴

韩非 ◎ 著

谨以此书献给我的挚友仲恒平先生,因与他的促膝长谈及他的志气推动,才促使我将此书付梓。

我愿将过去对我个人成长有过启蒙的所有心理学家所给予我的力量,传递给我的读者,愿诸位都能够进一步拨云见日,幸福地去追求。

序一

随着社会发展的转型与信息化背景下社会节奏的变化，我国心理卫生工作已面临着越来越大的挑战。世界卫生组织的资料显示，心理疾患在疾病总负担的排名中已超过呼吸系统、心血管系统以及糖尿病等疾患，居于前列，我国亦然。心理问题作为公共卫生和社会问题俨然成为国际社会的强烈共识，2014年世界精神卫生日的主题便是"心理健康，社会和谐"。可见对心理健康的关怀应该引起全社会的高度关注与支持，对国民心理卫生的关注与支持程度会直接影响和谐社会的建设。

在各种心理问题中，各种焦虑已经成为人类心灵烦恼中痛苦的浓缩标本。诸如考试焦虑、压力焦虑、婚恋焦虑、愿景焦虑、财务焦虑、教育后代焦虑等。此外，适应障碍、应激相关障碍、心境障碍、睡眠障碍等同样也是较为常见的心理问题。据世界卫生组织的一份调查数据显示，我国有2到3亿人存在心理问题，其中焦虑、抑郁、失眠占据心理危机榜的前三位。

但是，许多当事人由于缺乏对这些心理问题常识以及必要的心理卫生资讯的了解，且常常得不到家人的重视与应有的支持，从而耽搁了最佳的干预疏导时机，因此从某种意义上而言，有这些心理问题的人群就成了弱势群体。

在心理问题的诸多症状中，焦虑是最为普遍的一种症状，尤其是在严重的心理障碍（精神障碍）中几乎都有焦虑的成分，因此抓住焦虑问题并及时且有效地加以处理，也许可以发现解决心理问题的钥匙。

当下各式各样的慢性焦虑正不断侵袭着越来越多的家庭，而心灵成长却注定是一条再教育再成长之路，我很赞赏作者在一些篇幅中不断启蒙读者烦恼究竟是什么，以及让我们去倾听烦恼的观点。在某种意义上说，的确如作者所讲的，有很多心理疾病不是人类在疗愈这些心理疾病，而是这些心理疾病在疗愈人类。

作者在书中的一些针对慢性焦虑的实用操作技巧和正见诠释完全来自于作者的个人实践与细致关怀，具有一定的启迪性和推广价值。在心理学自助领域，确实应该多侧重操作上方便简单且易奏效的技巧，而不过分注重于繁杂的理论陈述。

同时，这部通俗易懂的自助书籍还蕴藏了不少积极的人生观与烦恼观，这对心理问题的预防有着积极的意义，许多时候预防的确比治疗更为重要。

作者理论功底较扎实，涉猎广泛，将一些心理学的朴素道理讲得相对到位，非常有助于人们进一步提高心灵强度与接纳自己。

作者很重视自我觉察和自我探索。20世纪杰出的心理学家荣格曾讲过："你没有觉察到的事情，就会变成你的'命运'。人类对自己的了解，宛如暗夜行路，要了解自己，就需要他人的力量。"

不管读者通过此书学到了怎样的心理调节法，最终真正助推蜕变进程的一定是源于当事人内在力量的苏醒。相信这部心理学自助作品必定会在人们自我觉察和自我探索的人生道路上投下一缕阳光。

傅安球
2016 年 2 月 20 日
（上海师范大学心理系教授）

序二

不久之前,我看到一篇文章,讲的是一位老人的故事,故事很简单,可能我们都不曾真正问过自己:你是否真的爱自己。这位老人理解的爱自己是:你是否真心觉得自己很好,欣赏自己并以自己为荣,庆幸你是你而不是别人,因为只有这样的爱才能使得自己获得深刻而长久的幸福。

诚然,天地间的每一棵果树最初都是先利己的。它由根部吸收水分,供给枝叶与花果养分,而待结满果实时,再分享给大自然或经过的人。简言之,在你没有充分给予自己之前,你无可给予他人更多。当你未足够关照自己的感受之前,或许也无法关照别人的更多感受。爱自己有可能是先从适当的自私、自恋开始,而后再经由一些坚实的成长,当你真正懂得爱自己之后,你的爱就会自然地洋溢出来。在爱中,在喜悦中,你无法不给予,你无法不分享,因为给予、分享就是爱的本质。

此书的作者很显然是一位具有心灵财富的过来人,因为写书和写博客不一样,它有不少文字上的讲究与约束,是一件较辛苦的事情,此书洋洋洒洒30万字必定消耗了作者大量的心力与能量。

我在翻阅这本书稿的时候,当了解到作者对家庭早年教育这方面的重视程度时,也让我想起了自己曾在一篇文章中提到的"静"字。静,讲的是母亲的教育状态,是从哲学的高度去审视母亲的存在,我们自身的角色,我们的性别应该坚守的内在的品质。为什么母亲要学会平和,而且要把家庭气氛尽量维持得融洽,就是为了实现母亲的守静,实现这一个"静"字。因为母亲身上具有一种天赐的开阔力量,对孩子而言,母爱无边,母爱无限,而"静"就是无限的催化剂。面对无限,我们只有敬畏和虔诚,才能做到让孩子对我们敬畏而且虔诚。

但是如何做到让孩子敬畏和虔诚呢?要以我们存在的状态告诉孩子什么是静,做到这个份上,孩子的潜意识就会效仿,一段时间后或许就能拿出这种姿态。实际上每个孩子的心里都有一种原始的心理状态,对极静的东西心怀敬畏和虔诚。再调皮的孩子,将其带到那种香烟缭绕、庄严肃穆的寺院里去感受几日,他们也都会变得很谦恭,变得很安稳。

而我们可以看到的是,当今的许多心理问题都源于错误的早年教育模式。从心理卫生预防的角度来说,本书作者详细而又客观的论述,对认清自身烦恼的来龙去脉以及规避家庭教育对后代的误区有着非常积极的现实性意义。

然而,作为成年人,面对我们自己的早年创伤,你是否能够不把自己内在冲突投注给后代!你能否理解如果孩子内化了父母的冲突人格,那就意味着孩子会长期活在父母的阴影中!

心理学先驱荣格说:"父母死气沉沉的生活对周围人特别是自己孩子的影响,是无与伦比的。"

也就是说科学的教育与心理健康水平之间的关系是极其紧密的,它也是非常严肃的话题,而这本书中蕴含着一些正言若反的专业建议,或许能够协助许多年轻的父母平衡好自己的情绪,从而让孩子的童年不被过多的干预,那么后代的心理健康水平就会相对有保障。

言归正传。放眼整个社会,当下无明的焦灼情绪已经疯狂地肆扰了许多都市心灵,同时它也是异常心理学领域最常见的恶劣情绪之一。应运而生的这本探秘焦虑的书籍,就是在用看似有为实则无为的方式,试图导引部分焦虑不安的心灵回到当下临在的时刻。

荣格说过:"向外看的人是梦中人,向内看的人是清醒者。"我料想阅读完此书的部分读者,不难发现作者似乎在想方设法导引大家向内看,而事实证明,唯有深入地向内走,内在的力量才有苏醒的可能。

我也关注到此书通篇上下没有使用绕来绕去且冗长的理论体系,也没有把过多的注意力放在各种沉重案例的长篇大论上,而是意在创造一种以人为本的磁场,进而让部分读者认识到生命的职责与尊贵,其中在不少章节中始终隐藏着一条正能量信条：烦恼是魔鬼或许也是天使，如果没有心病或烦恼的助缘，或许我们也无法有更多机会认识自己。

  同时我也较认可作者的这个观点：心灵修复于成长的过程中没有捷径，唯有相对漫长之曲径，但在曲径中只要拥有一定的正见基础与科学的烦恼观，又会带来快速的精进。因此我相信此书必定会加深部分读者对烦恼的全新认识，它将邀请你一起学习如何无为而为，深入体验无挂碍的当下。

  现在就让我们在一种纯粹的爱、包容与平静的状态下，通过此书的积极助缘，聆听自己内心的声音，吸收源自心底深处的直觉灵感与力量，进而创造一种平静与快乐的人生！

  在某种契机下，改变的确是可以马上做到的！

徐清照

2016年2月16日

（国家心理咨询师高级考评员）

序三

在一个如此喧嚣的世界里，有幸借着这些平实的文字，再次与一个勇敢、诚挚的心灵相遇，我被本书所传达的这样一种生命态度所深深地打动了——直面人生的各种际遇，在苦难中发掘出苦难的意义，而不是放纵自己在苦难的借口中沉溺、沉沦。

在看到书稿之前，我曾与本书的作者韩非先生有过一面之交。当时他"宁死也要看真相"的勇气，给我带来了很大的触动，我看到了一个有限的生命，在面对无限、无常时，所能够做出的一个最有尊严的选择。是的，最猛的火，会炼出最纯的金，我相信，这正是我们生而为人的意义所在。

本书正是以这种"直视骄阳"的精神，围绕人人皆有的"焦虑"主题，从现实中的种种常见现象出发，娓娓道来，将作者对中国传统文化的领悟与心理学相结合，提出了对普通大众来说实操、可行的建议。我相信，这些诚恳的建议，也来自于韩非先生多年对自心如实探索的成果分享。"人生不如意事十之八九"，唯有一个真正有勇气深入真心、真相的生命，才能够从腐朽的烂泥地中悠然地长出芳香的花朵。

亲爱的读者朋友们，如果有缘，愿我们能够真的在有限的绝望处邂逅无限的风景。愿本书成为一个对这个世界的祝福。

曹昱
2016 年 7 月 15 日
（澳门城市大学分析心理学博士　回归疗法创始人）

自序

观天下，纵使我们身处科学技术与网络资讯如此发达的昌明时代，但绝大多数沾染慢性焦虑的心灵在寻求安心之道的过程中，仍然如入歧路的亡羊一般，茫茫然不得其本。每年更有不计其数的人因持续的无明沮丧，最终踏上了自我毁灭的路径。因此，当下对于身处"心灵灾区"的人而言，亟须更多自我认识的智慧来重新审视烦恼背后鲜为人知的蜕变哲学。

当下，已有大量中学生、大学生、社会精英、创业者等被各种各样的慢性焦虑情绪和灾难性联想所奴役，就像喝醉酒的人，想努力走直线却总是走不直。据不完全统计，沾染这些心灵梦魇（广泛性焦虑、强迫情绪、抑郁情绪、社交恐惧、人格障碍、性心理障碍、心境障碍、适应性障碍）的总人数已经不亚于乙肝与糖尿病患者的数量。笔者在诸多咨询疏导的工作中，已然发现七成以上的来访者皆是素质偏高、道德感偏高的一群人。这些伙伴的精神状态多半是由于早年失落的教育创伤与初期焦虑印痕在青春期或进入社会工作后不久而呈现间歇性或持续性的无明焦虑，其社会功能也受到极大的影响，且才华上也被蒙蔽。

此时，当有缘的读者朋友们捧着这本书，或许也是由一些因缘所决定。然而这本书现在不在外头，它就是你自己的一部分。此书全程以过来人的角度向你阐明关于"焦虑障碍"的许多真相，它会让我们明白过去的自己借由怎样错误的心气反应、深层习性、价值体系与种种限制性观念而对眼前这个"焦虑故事"造成的强烈影响。

这本书和市面上大部分自助书籍一样，不可取代专业心理治疗师与精神科医师的建议。它也不是在告诉你要如何消除一些东西，它更像是一本心灵哲学书籍抑或笔者与你之间的一番家常话，其"唠嗑"的主题就是进一步认识自己、认识焦虑，而后开启自性中本来就具有的智慧，拨云见日。

本书从头到尾致力于"助产士"这个功能定位，且以手指月，针对一些慢性焦虑障碍（强迫性情绪、漂浮性焦虑、预期焦虑、对立冲突等）提供了许多良好的成长切入点与辅助性策略，也包括在附录长篇隐喻对话中隐射的心理卫生之道以及针对常规烦忧的调适性建议。不过能否将它们善加应用，则完全在于我们自己是否可以放下一些既有的所知障并愿意从简单易行的地方切入。

蜕变之路有百千步，但是最关键的基础步伐永远就那么几步。当一颗迷惘的心灵有了一些必要的辅助心理学的护持，其在心灵蜕变的道途中必定会找到踏实的捷径，同时对日后遇见的其他心理学辅助法与专业心理治疗或许会更加得心应手，且不偏离中道观。反之，若无踏实的基础，未来一切的"心灵建设"恐怕都将成为空中楼阁。

诚然，心灵的自由不是我们需要做多少事情以后才能到达的一个"终点"，事实上在多半情况下它只是一个起点。许多沾染各式慢性焦虑障碍的心灵，在过往的10年、20年中做了大量干预"症状"的事情，却依旧没有端掉病灶，只因为他们努力了10年，也没有从对症状的被动抗拒、习惯性吞忍压抑、早年初期印痕以及限制性的观念中彻底解放出来。所以不论他们学了多少积极心理学，拜访了多少位心理指导师，其所作所为都更像是在泥坑中洗衣服。

自我调心或修心根本无法被简化成一种固定不变的公式或口诀，真实的智慧体悟必须扎根于我们踏实的律动与精进的经验之上。此书聚焦于慢性焦虑障碍，但是书中尽量淡化在案例方面的心路描述，只是点到为止，力求在有限的版面中侧重于方法与正见的分享，因为我们深知对于已经被烦恼纠缠多年的自助心灵而言，当下最需要的不是关于"症状"方面的常识描述，而是实实在在的辅助性策略。

此书千言万语只希望集中火力协助部分有一定契合共鸣的"自助者"打破一些旧有的行为模式与观念牢笼，而后踏踏实实地遵循自己的脚步与速度，借由一些科学的烦恼观与辅助性策略，为自己播下一些影响日后蜕变深度与进程的正能量种子。阅读此书，并非要按照从头到尾的阅读方式，读者朋友们可以先参考目录，从自己最感兴趣的章节入手亦可。当你初步阅读完此书，或许能即刻发现造成当下未能蜕变的许多原因，并且知道过去的一些陈旧的习性是如何瞒天过海地成为烦忧的推波助澜者的。

究竟是什么引起了我们无端的焦虑与症状固结？究竟还有哪些线索会使自己感到醍醐灌顶？或许通过此书的助缘，最终你会发现"强颜欢笑"的背后也会有"破涕为笑"的一天。

此外，人们的"小我"在阅读书籍的时候时常因为某处未能通达理解而心生烦躁，并不再打算继续阅读下去，这种现象恰恰是中了心智中深沉习性的"阻抗机制"的陷阱。人的"深沉习性"是不希望被改变的，因为这样一来，它们就没有存在的合理性了。所以，一旦发觉自己潜意识中的某个"内在小孩"在阻止自己阅读此书，仅仅只是因为那个"内在小孩"已经预感到若是遵从此书的建议，有可能会让"主人"进步。

在阅读此书的过程中，也请尽量不要思虑太多。尽量依靠自身的直觉进行领悟，因为散漫的思考是不能令你解困的。同时，也请对自己再仁慈一些，你也许并不完美，你肯定不完美，可是在此时此刻你只有自己这个合作伙伴，别无他选。总之踏上自我蜕变之路前，首先得从完全接受你自己现在的样子（本来面目）开始。

朋友们，天地间没有莫名其妙的苦会莫名其妙地存在，还有苦一定是我们有些事情还没有做足，抑或不够用心。此书注定只是探索，不是终点。或许路标已经树好，航线已经标明，但还有不少苦痛心灵在某些阶段依然需要专业心理医生的介入会比较好。

此书的撰写与付梓有一个重要的外力助缘——一位莫逆之交（笔者人生挚友）的正能量推动。当笔者在心中有了这样一个写书的志愿时，曾得到了南京布尔特医用工程设计有限公司仲恒平先生的精神支持与协助。他亦是一位充满正能量的社会杰出人士与国学文化传播者，与他的多次促膝而谈强化了韩非之初心，大大提前了此书创作的时间，特此真诚感谢！

借助这个因缘，也要感谢过去十年里对笔者有过启蒙的心理学家，他们分别是上海复旦大学心理系孙时进教授、上海师大心理系傅安球教授、已故心理学家钟友彬先生、北京林业大学朱建军教授、台湾大学心理系黄光国教授、台湾国学与禅修导师张庆祥、台湾政治大学教育学系郑石岩教授、中科院心理研究所的数位研究生授课导师，还有诸多对笔者的思想产生过影响的欧美心理学前辈与同仁朋友们，在此不一一列举了。

需要特别感谢上海师范大学心理系傅安球教授、CCTV特邀心理专家徐清照教授以及澳门城市大学分析心理学曹昱博士在百忙之中阅读此书并为它作序。

最后，笔者真诚祝愿广大的读者朋友们，早日找到属于自己的"千金方"，从而不断拨云见日，螺旋向上，再现美好的人生！

韩非

2016年1月1日

目　录

序一 /001

序二 /003

序三 /006

自序 /007

探秘焦虑 —— 化繁为简 /001

究竟是谁从梦魇中走出来投入世事的梦，又从世事的梦走到梦魇里头呢？究竟这个做梦的人是谁？究竟是谁在"梦"中沉浮？

一、探秘焦虑障碍与初始疗愈心态 /003

二、识别幼稚性思维 —— 釜底抽薪 /030

三、探秘气质、人格结构与性心理失衡现象 /056

四、焦虑背后的家庭教育坑洞现象 /087

调和身心焦虑的十五个策略 /107

一灯除万年暗，梦醒乍见日下孤灯，虽失照但已晴空万里，锦绣大地尽在眼底。

黑格尔："哲学的首要条件乃是对真理的勇气。"

安全感究竟在哪里 /109

一、习以治惊 /125

二、围魏救赵 /134

三、四大定律 /142

马克思:"哲学家们只是以不同的方式解释世界,但重要的是改变世界。"

笔者(韩非):"所有复杂的心理学说辞最终都是为了守护那些简单的道理,这些道理甚至越单纯越好。"

四、擒贼擒王 /162

五、卸下完美 /174

六、积阳则飞 /182

七、打草惊蛇 /199

八、以逸待劳 /213

九、树上开花 /221

十、欲擒故纵 /231

十一、苦肉计 /241

十二、女娲补天 /249

十三、转化压制 /263

十四、超越自恋 /276

十五、成为上帝 /287

附录　直面人生压力　提高心灵强度 /297

后记　你当前将走向何方 /333

探秘焦虑——化繁为简

▶ ▶ ▶

究竟是谁从梦魇中走出来投入世事的梦,又从世事的梦走到梦魇里头呢?究竟这个做梦的人是谁?究竟是谁在"梦"中沉浮?面对各种焦虑障碍,我们一定要化繁为简,将最朴素的道理扎根于心识中,而后无为而为斩断心中的葛藤,用最单纯的理念发掘活泼的生命力与无限的希望。

探秘焦虑障碍与初始疗愈心态

导言

　　原则上,偶尔有一些焦虑是好事,可以让我们更好地审视与修正自己的人生观与价值观,也是我们拥有成熟烦恼观的必需品。然而无数人正在被过度的焦虑情绪所奴役。我们不禁要问,强烈焦虑情绪的背后究竟是什么在作怪?

　　每一颗苦痛心灵如果没能从强烈的焦虑情绪中洞见到烦恼的究竟意义,就会不知不觉地荒废此生,直至遗恨一生,现在,我们不妨利用这些焦虑让自己先知先觉。

认识常规焦虑与另类焦虑

　　我们国家已经从工业化期进入了信息化时代,其中有一些领域已经走在了世界前沿。不可否认,现代科学技术与物质文明的高速发展给人们的生活带来了前所未有的便利与满足。然而这是否就意味着在我们国家感到内在快乐与平和的人数量也在快速增长?

　　我们的确有幸生活在如此昌明繁荣的时代,但是罹患慢性焦虑症状的人数每年都在急剧攀升。如今,关于"多半人都会焦虑"这个话题亦引起了人们的广泛关注与共鸣,只因为焦虑已经蔓延、渗透到人们生活的方方面面。许多人在夜深人静时,其心声是共通的:谁可以告诉我,焦虑情绪究竟从何而来呢?到底应该如何做才不会产生焦虑?

走出焦虑风暴

其实，焦虑的本质是恐惧与不安，是一种失落的情绪和最原始的自我价值体系与客观世界不断发生碰撞后因持续受挫而形成的否定性的自我压抑。引起焦虑的因素有很多，常规的诸如：

钱不够花，车贷、房贷、各种开销等压力；

完美主义，对一些现象总是看不惯；

占有欲过强、易激惹、易躁动、易计较；

过度的自艾自怜与自责，久久不能自已；

怀揣心想就能事成的幻想，并频繁破灭；

不合理的目标，动不动就想立刻成功；

与他人比较而产生不平衡与嗔恨之心；

零失误的发展观，不敢犯错，不适应变动；

患得患失之苦，求而不得之苦，预期恐惧之苦……

当然，关于引起常规焦虑的因素还可以一直排列下去，不过，面对各式各样的常规焦虑情绪，许多心灵都可以在相对短的时间内找到调和的办法。多数情况下只要及时做一些精神减压以及调整一些人生观、烦恼观即可达到心理卫生之道，而不至于发展成慢性焦虑状态。

然而，此书重点要谈的不是那些因为欲求太高或求而不得所产生的正常焦虑情绪，而是那些在瞬间可以让心灵坠入惊惧或苦难的沼泽地的各式灾难性联想。它们是极端焦虑情绪的浓缩标本，也是人类烦恼中最强烈的一种；它们是一种条件反射的莫名冲动，其本质是一种强烈的不安感，且有时候不需要任何理由；它们就是心魔的主宰，若不能找到应对它的科学策略与安心哲学，这些苦痛的心灵就很难看见希望，只能不断地内耗。

越来越多的都市心灵被这些莫名其妙的漂浮性焦虑与灾难性联想所奴役，已经严重影响到心理功能与社会功能。这种灾难性的联想与强迫性的患得患失如同条件反射般会间歇性地跑出来，在临床上通常被定义为强迫情绪、强迫联想、广泛性焦虑、突发惊惧障碍等。其所担忧的对象并不具体，且有可能经常"跑来跑去"，但那个核心的且欲罢不能的"怕"的属性却没有多少差异。这些"怕"的情绪一旦出现，往往又会引起一些躯体上的紧绷感，诸如喉咙堵塞感，后颈部到后脑勺这个部分僵化发紧，头部有明显的紧箍感,抑或许多人也会明显感觉到肠胃的痉挛与难以描述的不适感。这些情绪,若持续一年未得到纾解,心境状态就相当于坠入了心灵炼狱,这种有毒的情绪会让许多足具才华及潜能的人们频繁地感受到叫天天不应、叫地地不灵的无可奈何。

在实际的心理疏导工作中,我还发现许多天马行空、层出不穷的顽固性强迫观念,强迫行为背后的核心症状也都是一种深深的焦虑——当事人觉得不去机械化地重复一下便会发生什么不测。也就是说他们心底深处残留着一份强烈的初期焦虑情绪,内心充满失落的情绪"坑洞"与对立性的冲突。

然而,有谁希望自己长时间生活在这种充满破坏性的情绪"坑洞"中呢?那么,面对这些焦虑情绪背后的"坑洞",如何在平静中打下平衡它们的基础?

慢性焦虑情绪是"坑洞"不是黑洞

根据科学家的研究,宇宙中存在着的"黑洞"所产生的引力场非常强大。它会主动吸附恒星、彗星、星云等天体,且任何物质和辐射一旦进入黑洞的一个临界点内,都将很难逃脱,科学家甚至已经证实,即便是目前已知的传播速度最快的"光",也逃逸不出黑洞的"魔力"。

其实,"黑洞"对应人类的内心而言,不过是极端恐惧焦虑的幻象罢了,当一颗心灵恐惧到无法面对所有的一切时,那便是心理上的黑洞现象了。**但诸多事实证明在心灵层面的"黑洞"只是一个心识的幻象,它依然无法离开"心"的作用力,也就是说在黑洞之前,"心"才是一切体验的主宰与先驱,"心"才是内在宇宙宪法的制定者。若离开了"心",不管是黑洞或炼狱,你说它们根本不存在也是可以的。因此,本书中之所以在一些地方使用"坑洞",而非"黑洞"这个词汇,主要是强调这个洞是可以被填充甚至填满的,它不是一个让人束手无策的怪物。**

没有人的内在状态天生就是冲突的,也没有一颗心灵是突然就沾染上烦恼挂碍的,各种天马行空的焦虑情绪之所以成为一个"卡点",一定是经历了一个"造化"的过程。多数情况下不是先有了极端的冲突才开始产生痛苦，而是先有了隐隐约约的漂浮性焦虑才开始一步步创化出所谓的持久症状抑或病灶，而这个漂浮性焦虑背后也许是一份"失落"，也许是一份"惊吓"，也许是一份"创伤"。总之，因早年心路不同和外在的成长环境上的差异，那股无意识初期焦虑所投射的症状面向也不同。有的人表现在强迫联想上，有的人表现在穷思竭虑上，有的人表现在社交焦虑上，有的人表现在一些特定的仪式重复上。在我孜孜不倦地整理一些观点时，便深深领悟到，背后有多少"选择清醒"的焦虑、苦痛的心灵促成了我们不断自我改进。而在此书有限的篇幅中，我将聚集所有的心力，重点针对漂浮性焦虑背后的"坑洞"下手。

  当下影响都市心灵最广泛的"坑洞"，就是"焦虑坑洞"，而造成持久焦虑的原因则有很多，包括对心病认识的坑洞、后天的教育坑洞、青春期敏感坑洞、自卑心理坑洞、超我的过度评判坑洞、信念系统坑洞、信仰的坑洞以及幼年时期遗留下来的创伤印痕坑洞等。它们就像在心灵上挖了一个又一个的坑，一不小心就会让满载压力负荷的"自我"沦陷其中，而后必定会让个体感受到无尽的失落感。彼时若缺失科学、智慧的导引，我们就会被这些不明的焦虑感所奴役或吞噬，这样的心境状态若持续数个月或更长的时间势必会严重影响到个体的心理功能与社会功能。此外，焦虑情绪已经成为许多有心理障碍的人群的核心症状，当下还有不计其数的亚健康人群也体验着不同程度的焦虑情绪，而且，从古至今它也一直都是影响人类最广泛的负性情绪之一。因此，如何正确面对与调和各式各样的焦虑情绪俨然已经成为未来心理卫生中最重要的大课题之一，也是每一颗烦恼心灵都需要了解的。

  不可否认，焦虑给人的感受是苦的，而苦又是人生的本质之一，但这并不意味着人生的旅程就是消极沉沦的道途，我们恰恰可以通过苦来完善自己的人格与心性。无数过来人的经验证实，离苦得乐的滋味或许更能让人体悟到持久的幸福感，就像一个人饥饿时，见到食物便会觉得幸福。有了苦的反衬，或许可以让人更加珍惜中道的生活观，而非率性地脱离中道，让精神世界不定期处于"极反"的颠簸状态。

慢性焦虑症状为何会固着多年

一、无意识初期焦虑的诱发与置换；

二、后天能量场不足，早年失落的教育；

三、主动的过度关注进一步搅动了"自然"；

四、许多思维模式与行为模式违背"道"；

五、现代心理学对有些症状尚无法圆满解答。

如果要形象、通俗一点，也可以用隐喻表达：在一次偶然的恐惧经验中，我们的头脑由于不了解心智运作的一些规律，不了解一切现象内在的无我、无主本性，当时由于内心安全感不足而处于紧张状态，"某个内在小孩"便无意识地抓取了那一束电光火石般的错觉，瞬间，潜意识便把其定义为一种"病"，潜意识中的某个尚未成长的内在小孩就把这个"妄相（症状）"当成了内在力量不足的"替罪羊"，并十分满意自己的创作，结果居然被这个"妄相"反催眠。也就是说原先仅仅是一股纯净的恐惧能量被某个极度缺失安全感的内在小孩从汹涌的经验之流中切割出来，然后将之概念化成独立、持久不变的能量实体。而当事人的表层意识在接下来的几个月里，由于"理不通，法不明"，默默地采取极端的抗拒与忍受，结果把这个原本虚幻不实的精神现象固化成一个条件反射性的无形病灶。于是，我们开始了长达多年的自我折磨，叫天天不应，叫地地不灵，欲罢不能，这就是症状固着的一个缘起。

如果从"大众时髦语言"的角度而言，最根本的原因是对这颗心了解太少。原本人出生就带着一股纯净神圣的能量，但是在其生命的旅途中渐渐被各种恐惧的教育浸染了。原本纯净喜悦的能量在长期压制的教育下变成了恐惧、强迫、焦虑、抑郁等负能量，它们慢慢地积累在我们的身体里，积累在我们无意识的隔离带中，久而久之，原本能量畅通流动的精神活动开始出现阻塞，失去了柔软和活力，变得僵硬，并出现了不同的慢性焦虑症状。而许多苦痛心灵长期迁延反复的一个最根本的原因就是对那颗心了解太少，没有训练出真正的精神定力，所以，心一直被妄念所控制，然后越来越昏天暗地,逃不出这个恶性循环。

不论症状是什么,请接受它的助缘

在这个世界上有不少"心病"可能不是人类在疗愈它,而是它在疗愈人类。一些心病使人们有机会去修正早年自己预定好的那个人生剧本,使人们意识到"失落的印痕"与"未完成的事件"是如何影响着一个人的未来。在这个探索与领悟的过程中,个体不断地领略到因果定律、无常定律、小我防御系统的鬼斧神工,而后为之臣服,放下一些"超我"的执着,开始学会尊重万物、倾听万物,并打破吞忍、压抑模式,学会正确表达自己的愤怒与力量。而后依靠更多地认识自我的智慧开始慢慢地回归中道观,从而开启更多的平常心与破斥力。而这时,真正的修心、调心才刚刚开始。

所以,**自我修心的第一个正见就是不要再把那些浸淫多年的慢性焦虑障碍当成是"魔鬼"**。只要我们把它当作敌人,疗愈就永远不会发生。如同催眠术,即使有些人通过暗示忘记了那段不愉快的经历,但是个体对烦恼的分别识依然存在,个体的"患得患失情结"依然存在,并没有从不愉快的经历中得到真正的转识。很多年轻的催眠治疗师对一时"姑息消弭暗示"取得的假象洋洋自得,实际上储存在心灵深处的烦恼并没有因为暗示就消失掉了,或许只是被一种更加魔幻的方式压抑得更深罢了。同样,"焦虑的种子"也是无法被人为消除的,也没有消除的必要,它只能被转化。如同一滴水,我们如何能暗示它彻底消失呢?只能让这滴水融入大海,接受大海无所分别的自然造化与净化,才是最佳道途。而且,当我们在暗示它或转移它时,说明我们在怕它!如果带着意图消除它,便代表我们已经承认它是魔鬼。既然是魔鬼,哪有那么容易被我们消灭,到头来估计是它消灭了我们而不是我们消灭了它。

瀑布为什么不会产生"疾病"?因为那段汇入大江的水流不会想要去除高山上的源头,也不会去对抗眼下的深渊,它没有任何对立分裂的意识,它活在整体中,道法自然,无为而无不为。所以,从身心系统观的角度而言,或许当一个人活在整体无对立的意识中,即健康的状态;活在分裂的对立意识中,即生病状态。

柳暗花明又一村

我虽然是一名职业心理咨询师,或者说是一名神经症心灵导游,但是也只是一个普通人,和所有矗立在无常中的人一样,必定要在这片脾气捉摸不定的人生大海上坚定地航行。与许多我所接待过的"病友"一样,我早年的心路历程也不是顺畅的。在青春期,我的内心也经历过几年的迷惘混乱、精神颓废和逆缘压力,然而每每在一些困难的时刻,不少借由自学而来的伟大自然法则像一座灯塔般持续地协助我向内走。当历经了一些逆流而上式的摸索与践行,一些核心烦忧开始发生真正的扭转。而后又在多年心理学专业精进与求知的道途中,借由深刻的实践与领悟不仅了却了残留的心病,也掌握了许多十分有用的"医心术"。此外,在具体的心理疏导工作中,也已经协助不少来访者打下蜕变的基础,且部分来访者做到了过去从未想到过的事情。蓦然回首,我发现"向内走"的确是所有内在精神本质获得根本蜕变的途径及奥秘,一颗迷惘的心灵越是向外走就越是远离自己,我们的生命就会变得愈发徘徊和焦虑,但是如果我们能够进入正确的自我认识的道路,我们就能够让一些烦恼"各归其根",也就能够轻而易举地看到内在的畅然和律动。

宇宙间的一切事物都是蛹动式发展和螺旋式升降的,这一条实在是非常重要。也就是说,宇宙间没有一种事物是直来直往的,都是沿着蛹动曲线发展的。也没有一种事物是直上直下的,都是沿着螺旋曲线运行的。而且这条定律最关键的是启发世人一切事物有升必有降,不可能只升不降,也不可能只降不升。所以,顽固的卡点一定有机会可以流动起来,低谷前面必是高峰,逆境之终必是顺境。

一旦掌握了谛听烦恼的正见与科学的辅助策略,而后清醒明理地突破一些深层的无意识阻抗力量,再适当地磨掉一些不良习性,那么严重的冲突一定有机会被调和，极端的两点也一定有机会相连接。**一颗具有正见的苦痛心灵，只需忍耐和等待，前面必是"柳暗花明又一村"。**

赢在初始心态——第一步即最后一步

在深山里面住着一位老人，他能预测未来，几个调皮的年轻人就想戏弄一下这位老人。他们抓着一只小鸟去问老人："你不是能预测未来吗？请问我手上的这只鸟是死的，还是活的？"老人回答："如果我说这只鸟是死的，你手一松，这只鸟就会飞掉；如果我说这只鸟是活的，你就会将它掐死。因此这只鸟的命运，完全掌握在你的手上，而非他人的嘴巴里呀。"

我们从这个故事中，是否也已经看到了一些真相呢？我认为所有的心灵自助者也都需要突破一些世间法（喻指社会所有的限制性观点）的阻滞，坚信命由己造，直面承担，抛弃宿命论等假说，以自然法则为目的地，以正能量和正念为拐杖，不断扭转自己的颓势。

有一位才能杰出的女士，任职某合资公司的财务总监，在公司里给人留下的印象总是充满热忱的，工作总是处理得干净利落，团队成员也都认为她简直就是一位效率模范。因为她身上的这种正面磁场，所以同事们都乐于亲近她。然而很多人并不知道她已经深受一种无明的焦虑侵袭两年多了，她也已经有好几个月睡眠质量不佳，时常陷入梦魇。在公司里，她尽量掩饰这份疲惫不堪，而回到家就有点招架不住了，她会避开幼小的孩子，独自藏在卧室，一个人趴在床上不由自主地啜泣，有时也会自言自语地发泄一些暴躁的话。而她的先生对发生在她身上的这些现象单纯地理解为其工作压力大，因此他在下班后总是尽量承揽一些家务活，又做饭又哄小孩，尽量克制自己不去烦她，不发脾气。不过几个月下来，这位情商不算低的先生也隐隐约约地感受到一种莫名的压抑，而这位敏感的女士对其先生的内心感受也一定是有所觉察的，这反而加重了她的自责心理，只是她的确被一种莫名的"漂浮性焦虑"奴役得已经近乎恍惚，但为了在这座大城市生存，她还是硬着头皮去上班。这种表面上的坚强是因为她在潜意识中对自我一贯的高要求，即便内心充满了焦虑的苦楚,也不愿意将其表现出来,她认为这是一种软弱的表现。在浑浑噩噩的对烦恼的抗拒与挣扎中,她尝试了不少正统疗法,但因急于求成,都只有三分钟热度,静不下心来完成心理辅导师布置的一些家庭作业。后来她自己也发明了一些自救性的暗示口诀,一开始有点用处,时间久了,自感不得要领,更是迷惘。

因机缘巧合,我与之建立了咨询关系。在前两次的对话交流中我很慎重地告诉她:心理指导师无法代替你去穿越那些烦恼,更无法协助你消除任何东西,只能以手指月,提供更多的正见启蒙,最终要靠你自己一步一步地先从相对简单的地方切入,而后耐心、精进地在身心紧绷感得到一定舒解时,再逐步配合心理指导师的一些提示和引导而不断加深对烦恼的认识与领悟。同时,心理指导师在此过程中也会适当加入一些调和焦虑的方法。所以,在整个心理疏导过程中,心理指导师的作用如同"助产士",仅仅能给予辅助性协助,并且也无法对治疗结果做出任何包治根本的草率承诺。

当事人对我所讲的心态上的一些观点十分认可,她已经意识到面对一些无明的条件反射式的"卡点",需要保持一个相对弹性的心态。而后,我把重点都放在诱导其深刻领悟焦虑背后的隐意究竟是什么,以及焦虑背后的"幼稚型幼年情感"究竟是如何在影响着自己?经过一段时间的持续启蒙与正能量关怀,该女士的"漂浮性焦虑症"的症状得到了十分明显的改善。

系统疏导的过程自然不会是简单的,有很多针对性的语音启蒙和指导师的肢体微语言、人格特质和持续性关怀等因素对当事人的成长与领悟都有着非常重要的作用。有时候同一个道理,即便当事人听说过,但从自己相对信任的指导师口中以正解的方式表达出来时,往往会引起其更强烈的共鸣与进一步的契合。同时,任何一种科学的策略有时候也难免带有指导者个人的一些主观特征与独有的演绎方式,许多时候一位有经验的指导者在对当事人整体了解的前提下,并非说得越多越好,等待契机通过一些善意和巧妙的安排来间接让其意会一些正见,往往比单纯的言传效果更佳。

此外,在具体的疏导工作中,我最重视当事人面对烦恼的初始心态,因为一颗苦痛的心灵若是缺乏一定的平常心与科学的烦恼观,很容易因为自身的顽固习性与无意识阻抗机制致使自己无法逆流而上,稍遇到一些小痛苦或反弹就容易半途而废，更谈不上最终拨云见日了。所以，在初始阶段，我时常会让来访者充分领会平常心的重要性，以及培养对"黑暗"的包容心。可是我们必须针对"光"来下手，却无法对"黑暗"做什么，因为"黑暗"实际上并不存在，它只是"光"的不及之处，所以只需要将"光"打开，"黑暗"就不存在了。

　　总之，在我看来，正确的心态犹如一道智慧的白光，射入幽暗的心堂。犹如《孙子兵法·始计篇》中所启发的一些重要的：准备事宜乃兵家成败的关键。同样，在心理疏导的初阶，任何一颗苦痛心灵最好都能深刻了解到：**许多积重难返的心灵修复，其过程没有捷径，唯有相对螺旋之曲径，但在曲径中只要拥有一定的正见基础，便会带来快速的精进**。因此，我认为在最初的疏导阶段传递如下七条观念是十分重要的，而这些心态上的认识便是上文中那位女士最终相对顺利地达成咨询目标的关键。

　　哲人说第一步即最后一步。在心理疏导中，往往也是如此，方法总比问题多，而心态却比方法更加重要。若没有正确的心态，再好的方法也会被心魔的阻抗机制与我们的烦躁习性挡在门外。因此读者不妨多阅读几次以下七条初始建议，让它们渗透到我们的潜意识，才会对改变我们的固有思维模式产生"剥阴取阳"之效。

　　一、不论我们当下沾染了何种心灵"业习"（喻指症状背后的习性基础），都不要自责懊恼。请不要怪罪自己，因为你也不想这样。许多无明烦恼的本质就是焦虑，焦虑背后就是一份恐惧的感觉；恐惧的感觉背后一定是一份深深的失落；失落背后是我们自己所坚持的一些深层价值体系，或许现在这份价值体系需要做一些调整。从禅学或儒家心学角度而言，许多焦虑情绪的最初是我们不恰当的执着心或分别心延伸出来的"幻相"，它是一种根深蒂固的"我执"的反应。这些反应最初来自于我们的"小我"没有能力得到自己想要的东西，又害怕失去已经得到的，以及对于拥有的永远无法感到满足的习惯。长此以往，个体潜意识里充斥着越来越多的负荷，以及面对失去时的恐惧，这样一来就形成了思维根部的沉重压力。

　　二、一些焦虑障碍在某种层面而言不仅仅是一个心理学问题，还是一个哲学问题。倘若从整体系统的角度而言，那些症状事实上都不是"病"，那些负性情绪都是无意识给我们的一个积极的讯号,这个讯号是要我们爱自己,让自己用心谛听恐惧背后纯真的心,而后成为一个彻底了解恐惧真相的人。

当我们的心开始培养出一定的正念觉察能力与顺应自然的底气时,我们就慢慢地离开了对预期恐惧的执着。那纯净的一刻有时在早期虽然短暂,却非常强有力。它开始成功挑战了一个人旧有的许多烦恼习气,只是在这个时候一定要牢牢护持一个必不可少的正见:一定要提前了解长久累积的习性反应开始被搅动时,偶尔会跳出来进行一下"报复性"的反弹,进而阻碍心灵沉淀的开展。此时我们千万不要对暂时的下落感到不耐烦、生气或沮丧,这会动摇我们精进的意志,甚至对自己的调心能力起到固执且不理性的阻抗。

三、大部分沾染慢性焦虑情绪的心灵一方面想要解决痛苦,一方面对那些造成烦恼的习性又不愿意丢弃。这真是矛盾,令人惊讶。我认为主要原因是个体无意识留恋那些"症状"带来的一些说不出的"好处"。此外,阻抗的另外一个重要因素源自于我们对现实生活中一些外在压力的逃避,对此我们需要勇敢地去应对它们、觉察它们、转化它们。

许多时候,一些起伏现象也都源自这些埋藏在心底深处的"阻抗机制",它们背后的始作俑者就是我们的深沉习性。我们一定要了解这种阻抗习性会对成长过程与蜕变过程带来较大的拉扯性阻碍,因为这些阻抗习性并不希望"主人"立刻清醒过来。如果个体蜕变了,它们就没有存在的意义了,所以当我们逆流而上时,它们一定会出来干扰我们。而此时我们一定要正确识别这种阻抗的声音,认识到通过这个"声音"所传递出来的痛苦都是假象。如果个体被这些阻抗的声音拉着走,那么都是中了"头脑陷阱"与"心魔"的圈套。在这个时候,务必正确领会一些难过的原因,这意味着我们自我初级调心的成功,意味着某些不良思维习惯已经从心灵的表层动摇了。如果我们坚持下去,持续少想多做,习以治惊,对一些拉扯性的"诱惑"抱视而不见的态度,那么它们就会渐渐消退。因此,我们要有智慧,在面对这些小困难时不可即刻就灰心丧气,而应该了解,如果想改变长久以来根深蒂固的烦恼习性,是需要一些时间的。

四、面对一些积重难返的烦恼习气,自我修复的确没有捷径,唯有相对之曲径，但在曲径中只要拥有一定的正见基础，又会带来快速的精进。各式焦虑障碍的成长、蜕变的时间虽因人而异，但的确都需要一个循序渐进的过程。在自我积极的调心过程中，我们一定要满足与感恩任何微小的进步。"宇宙律动螺旋定律"（该定律在此书的其他章节有重点阐释）告诉我们，心灵的成长注定是弯弯曲曲向上发展的，因此当我们在前进时颠簸了也该高兴，偶尔的挣扎也是成长的一部分。总之，我们需要以退为进，以精勤为师，以耐心为师，一定要明白"心灵疗伤"是一个再教育、再成长的过程。同时，美丽的蜕变只会发生在那些不急于寻求结果的人身上，只发生在享受过程的人身上。心灵蜕变没有时间表，它或许总是在我们没有期待它出现的时候出现。唯有如此，才有机会去深入破解这本"心灵难经"（喻指心路历程与症状）背后的本质与智慧妙用。

五、关于"反弹"这个现象。如果我们在过去生活中因某个充满执着的分别知见卡在了某个妄念上，或卡在了某件想不通的事情上，攀附在胸口里的那股不平衡的"嗔气"就会将它输入到潜意识中。一段时间后，潜意识为了更好地提醒主人"拨正"错误的习性反应时，会时不时地给他出这道题，看看他这次能得几分，如果主人还是依照旧有的解题方式（排斥、抗拒、患得患失），那么这道题的考分则会继续下降，当潜意识下一次再考他的时候，就会开始更加恐惧。反之，如果潜意识给他考题时（涌上之前的那股焦虑的能量），他能够让自心的"无明识"少一些分别知见的干扰，那么潜意识就会觉得主人往正确的方向前进了，就会给他打一次较高的分数；如果考他两次，他每次都能做到减少一些对症状的"分别心"，那么很快就会获得70分、75分或85分，届时，症状就会觉得自讨没趣而溜走了。所以，当症状偶尔反弹时，一旦我们拥有了对症状的更多平等心与平常心，就意味着为最终的胜利打下了一个良好的正见基础。

六、任何心理障碍只要真诚地面对，就一定可以找到调和的方法，极端的冲突总会有相连的时候，这是广大自助者必须护持的根本信念。人的心灵本身具有不可思议的疗愈力，这完全取决于个体的信念。诚然，许多沾染焦虑障碍的心灵都想尽快脱离苦痛与焦灼感，但是我们不了解一个很重要的事实，那就是这两者其实是结合在一起的（平和与焦虑），它们犹如温度计上的"热与冷",都是同一属性,只是振动的频率有所不同而已。"平和与焦虑"犹如硬币的两面,在某种情况下,痛苦即契机,烦恼即菩提,也就是说对立的事物本质上是一模一样的,只是在能量振动的频率上有所不同。那么,照这样的分析,是否可以得出这样的结论:我们无法探究到自在真相的最大缘由就是一直以来我们都是违其道而逆行!我们认识事物,研究烦恼,应该从理上下功夫,理通法自明。如果执着在末梢上,不仅研究起来费力,而且还会越研究越糊涂。

七、每一位不幸沾染"慢性焦虑障碍"的伙伴们,对于造成自己痛苦的各种不良习性反应都必须负起责任并勇敢承担自己的痛苦。任何一位心理指导师都只能以旁观者的角度提供更多的选择与更好的选择,但没有能力代替任何一位当事人去实践。从长远角度而言,任何一个有着苦痛心灵的人最终也要成为自己的情绪平衡导师,因为这毕竟是自己的事情。

因此,从今天开始我们必须开始少想多做,坚信"习以治惊"的辅助力量,以及不断强化对烦恼的正见基础,唯有如此我们才能学会如何"灭苦"。科学的自我疏导不是勉强将任何依赖加在我们的心灵上,而是一种去除条件反射"心瘾"的过程,是自然而然地依靠自己习得的智慧除去不净的杂质,留下正面的品质。同时,在长期自我蜕变的成长中,在我们尚未培养出足够的定力前,过去的一些"业习"还会威胁到内心的平静,无常起伏的症状偶尔还会产生,预期的焦虑也会时不时跟我们对立。然而这条自我调心之路并不能保证从一开始就不会面临困难。暴风雨还是会来,想逃避是枉然的,而且还会有挫败感。因此一旦踏上自助之路,无论如何都不要对结果感到焦虑,遵循自己的速度与方向前进,你只是在探索自我,而不是"治谁"。

从困境中看出希望

心理学各大理论体系,并没有高低之分,只有实践者见地与悟性上的迟疾。你与哪一个心理学理论相宜,便先吃透那个方法,如果能够认识到内在心性中具有"小我"所渴望的一切特质与安宁,且能放下一些不合理的执着心，那么不管是心理分析，还是认知行为调适，一阴一阳，无非转念与中道了义。

当下，面对各种焦虑情识，我们一定要学会化繁为简，拨云见日，将最朴素的道理扎根于心识中，而后不断"看见"症状未生发前的单纯的自己，以及在最单纯的理念中看出活泼的生命力。有了这个根基，未来不管进一步结识怎样的心理学方法，便无处不相宜。这亦是无为法的初级内涵，一个人若要明白无为思想与什么是无所住，必须先从"单纯的心态"与"单纯的方法"开始。因此，当下我们若想要提升心灵的定力，最需要做的就是时常能够从烦恼中看出希望，若能如此，本身就是在养成自己面对"焦虑障碍"时的悟性。有了一定的悟性与觉察力，就容易开慧，而后自然而然会降低对烦恼的抗拒心及过度的预期恐惧。

那么何谓希望？

我们时常把欲望当作是希望，事实上欲望的属性是"火"，对应的是执着心。而"希望"的属性是"水"，对应的是自悟自度的豪情。简言之，欲望不是希望，欲望是一种不安的渴求心与执着心，容易带来失望。而真正的希望是很难破碎的，它就像八九点钟的太阳，朝气无限，不可阻挡。面对恼人的焦虑情绪时，真正的"希望"是一种"自悟自度"的豪情，它本身是无为的，并不是一种对立消除的欲望，它是无心的。**一颗烦恼心灵若看不见"希望"，就意味着通往"本心"的回家的道路已经被重重阻滞。反之，能够看见希望的人，就能够生发出许多不可阻挡的生命力。**

东方哲学经典《维摩诘经》："高原陆地不生莲华，卑湿淤泥而生此华。当知一切烦恼为如来种。"这段文字已经一语道破天机：一颗苦痛心灵若要在心中生出不被各种"垢相"污染的莲花般的心境，必须借助"症状"或"业习"来做功课。

首先，我们需要纠正一些对烦恼的基本认知，如果一颗心灵把烦恼当成是"敌军"，那么自己必定会遭受"敌军"的猛烈袭击，可谓杀敌一千，自损八百。相反，若是把一些"症状"当作是盟军来看待，那么无论如何都不会导致自己溃不成军。罹患焦虑障碍的苦痛心灵，最大的障碍并不是那些表面上看起来充满"幼稚性"的症状，而是严重的消极沉沦与自暴自弃，这就意味着心灵正一步一步自掘坟墓。自掘坟墓者就是没能从烦恼中看见光明的希望,看不出"大魔助大佛"的禅机,因此一次次错失提升心灵定慧的契机。

在广大的心灵自助者中,有一部分是相对幸福的,而有一部分却是溃不成军的,这究竟是为何?我想其根本原因不在两者之间的智商差异,也不是所谓的学问高低,而是对烦恼认识与领悟的水平不同。相对幸福的自助者总是越来越有底气地在每一次"症状"来袭时沉住气,不急于立刻做出"爱恨"的分别与反应,仅仅只是打开自己的心堂,用正念之光当作"照妖镜",而后耐心地觉察着"烦恼"的另外一面"菩提"。这些自助者已经越发坚信烦恼即菩提的禅机,他们已经深谙烦恼与菩提之间犹如硬币的两面。于是,通过正念之光协助自己在黑暗中找到自己的"心灵窗户",然后将天地间更多恬淡虚无的真气通过这扇心灵窗户导引进来。他们相信天人合一的整体观,懂得从"天"那里获得一些加持与协助。如果人们见到好的境界也随它去,见到不好的境界也随它去,那么才有机会从心底深处涌出对"症状"的平等心,有了这份平等心,就更加容易看出蕴藏其中的"希望"。不断地从烦恼中看出希望,就能够逐步解除心灵的内投射与外投射,让防御机制不再通过"置换"的方式转移曾经的那份失落感,而后就有机会让一些无意识的东西意识化,一旦意识化,一些焦虑症状或许就没有存在的理由了。

事实上人类的一切福报皆是从希望中而来,人类的重大贡献几乎都是由一群对未知世界孜孜不倦、越挫越勇的行业行者所推动的。同理,一颗苦痛心灵若能使急躁的心气先适当沉淀下来,而后"反诚其心",一旦看见痛苦对"认识自我"所具有的正能量意义时,就强韧自己的心志,低频的能量场也会即刻得到缓解,朝气就开始占上风。然后继续认识"症状"的隐意,持续领悟这个"症状"究竟是哪一桩失落事件的"置换转移",最终若能看见这个表象症状背后的幼稚性与盲目性,再借由强有力的正念觉知它,那么心灵或许会立刻落下一块石头,获得久违的舒坦。领悟到这个层次,自然就会生发一种活泼的心境,一种对生命感恩与开怀的乐观,没有了盲目的欲求与排斥心,也没有了彷徨,呈现在眼前的犹如一剂"心灵活泉"。这就是我所言的看见生命中的微笑与"希望"。所以说每一次烦恼或症状的来临都是一次充满光明的希望以及蕴含禅机的时刻,若能看出症状的幼稚性以及潜抑其中的丰沛意义，就能不断地感知到本心的光明属性。

一颗心灵之所以还没有感知到本心的光明属性，抑或光明还未显现，那是因为我们还没有看出禅机，如果看出来了，冲突可能就已解除了一半。事实上在烦恼之外的其他层面，诸如所谓的福德，其实最初都仰赖于一颗心灵对无常、逆事、忍辱等方面的悟性，有了这份不可思议的悟性，就会看见生命的活泼与希望，而后自然会生成福气。

在调心之路上，请摈弃一切消极暗示

面对眼前的焦虑障碍，我也不建议一些病友在网络上阅读太多关于这方面临床症状报告的文章或资料，因为文中所描述的许多症状可能会给一些易受暗示的心灵造成一些麻烦。网络上的许多作者在整理文章的时候并未充分考虑到这一点。一些作者把焦点专注于对症状的描述与各种局限性结论的整理上，似乎描述得越多，越显得专业。以我的经验而言，对一些症状的临床表现的认识点到为止就可以了，除非当事人已经树立了牢固的科学烦恼观与相对开阔的成长信条，不然不需要参考太多关于症状方面的定义与各种局限性的观点，有一些苦痛心灵之所以徒增了某些烦恼正是拜这些资讯的不良暗示所赐。

有一个人去医院检查身体，医生说他的心脏看起来缺乏力量，体检者听完后开始诚惶诚恐。其实该体检报告并没有发现什么异常，这只是医生最常见的口误，看似一种专业上的自然表达，其实已经给他人造成了心理暗示。如果他改为：你的心脏只是有点小疲劳，多注意休息和运动就好了。那么哪种表达方式更具有正能量与口德？

有一个人去刮痧，其实身体只是略有疲劳，因此在背部可能有一些正常的"小征象"，但是这位按摩者为了表达一下个人的专业素养与能耐，脱口而出：你的肝不太好，你的肾也不太好哦。我们可以想象当刮痧者听到后会有怎样的反应，除非他是一个正念觉察能力比较好的人，反之多多少少会感受到这种负性语言的压力，而这些语言本来都是可以避免的"负性催眠现象"。

有一个女性因为持续加班，一段时间里多次出现胸闷、头晕、乏力等不适症状，而后就去综合医院的神经科就诊，医生可能是因为过度忙碌或精力不足，在简单地聆听几分钟后，在病历上草率地定义其为"神经衰弱"，然后按部就班地开了一些可以安神补脑的中成药与若干安定类的西药。而一些安定类药物的说明书上通常都注明着精神类药品的名称属性。由于在整个处方过程中医生始终面无表情，且时不时语气严肃地强调："一定要吃药，不吃药好不了……"而当这位当事人由于缺乏理性的判断，在看了医生开具的精神药品的处方，以及听到医生严肃地强调一定要好好吃药后，很自然地误以为自己是罹患了精神病，回家后觉得自己的前途已经终结，其精神世界开始倒塌，而后连续两周卧床不起，在极度的恐惧与绝望中，最终反而诱发了实质性的抑郁情绪。

面对一些顽固的情绪症状或身心体觉不适，我并不反对药物辅助治疗，也完全能够理解精神科医师的一些初衷。只是希望个别医者在表达一些结论性观点的同时要重视患者的接受程度与敏感度，某些地方需要耐心做一些有头有尾的合理解释，而不能诉诸满脸的权威抑或几句话打发，这样容易给当事人造成一些错觉与暗示：好像不吃药就好不了一样。（其实，无法从根本上扭转当事人的人际关系、应激事件残留能量和早年创伤印痕，也无法让完美主义者与多虑敏感的个性变得果断、灵活、自信、平和。）

此外，有许多容易感受到疲劳症状的心灵，经常自认为有严重的神经衰弱症，其实这只是一个认识上的误区。任何一个人只要持续焦虑几天，都会出现不舒服的躯体反应，抑或造成体内一些化学物质分泌过多或过少的现象，但那些都只是暂时的，跟神经衰弱症或生理上的器质性病变没有本质关系，只要焦虑情绪消退了，配合一些自然的运动与合理的作息，疲劳的机体会自动恢复。

在一些心理咨询工作中，不少焦虑心灵因为感受到指导者的人格雅量以及他们对烦恼现象的充分理解，并且充分感受到一些人本主义的宽广情怀与温暖的人性观，而后在一夜间大为缓解，破涕为笑的并不在少数。

学会觉察焦虑背后的心念

某个傍晚，太阳西下，一群邻居发现有一个女人在街上找东西，她叫拉比亚，是一个年老的女人，每一个人都爱她，认为她是一个很美的、有智慧的人，都赶过去帮助她。

他们问："到底丢掉了什么？你在找什么？"

拉比亚说："我正在找我的一根针，我在做针线活的时候弄丢了它，请你们帮我找找。"

于是他们都开始去找针。有一个人说："街上那么大而一根针那么小除非我们能知道它掉在哪里，否则几乎找不到。请你告诉我们针丢的准确位置。"

拉比亚说："不要那样问，事实上我不是在外面丢的针，我是在家里面丢掉它的。"

他们都停止找寻，说道："你这个疯女人，既然那根针是掉在家里，为什么要在外面街上找？"

拉比亚说："家里很暗，而外面有一些光亮，你们都知道我很穷，甚至连一盏灯都没有，黑暗的时候要怎么找？所以我才会在这里找，因为这里还有一些阳光，可以想办法找。"

那些人开始笑了："你真的疯了！我们都知道在黑暗中很难找寻，最好的方式就是向别人借一盏灯在家里找。"

拉比亚说："我从来没有想到你们这些人都那么聪明，那为什么在生活遇到无明烦恼时你们一直在外面找？我只是遵循你们的方式，如果你们那么了解，为什么不从我这里借一盏灯去从内心找寻？我也知道那里是黑暗的。"（该故事引用自《奥修解读道德经》）

这个寓言很有意义，你在外面寻找是有原因的，因为内在的每一样东西都是那么的黑暗，你闭起眼睛，那就是黑暗的夜晚，你什么东西都看不见，但那个并不是重点，因为你是在那里丢掉你的真理，是在那里丢掉你的本性，是在那里丢掉我们的快乐，所以最好在进入外界寻找前先看看内在，如果你在那里没有找到，再到外面去找（但一般不需要到这一步）。因为，那些向内看的人有时只需要一个转变，一个有意思的回头。

日常生活中许多心烦意乱与焦灼感最初来自于自己对自己的过度批判，这种自我批判性的自责声音虽然不至于即刻引发更大的应激情绪，但是这种坏习惯会慢慢地吞噬掉自己的能量场。我们有必要先来感受一下借由正念觉察给我们带来的直接好处，它有助于停止妄念进一步的造作，以保护自己的能量场不被继续内耗。（关于正念觉察的更多内容，在此书的第四章中会详细讲解）

首先自然地坐在椅子上，两脚踏实着地，两手自然地放在椅子两边的扶手上，深呼吸几次，而后在心中轻声问自己：我到底在害怕什么？

这句话即刻引导个体展开一段心性内观之旅：

1. 以仁慈宽容且清明的态度看待此时此刻在心堂内浮现上来的每一个消极的念头或意象，温和地，既不执着也不抗拒当下所发生的一切。

2. 充分律动的感受这情识与念头在你体内造成什么样的觉受？感觉最强烈的是在哪个部位？感觉是静止不动的？它究竟有多强烈呢？此时你的心是紧绷的还是开放的？慢慢地，你是否已经看到你想要抵抗它，远离它？

3. 一旦我们发现令我们不安的消极念头其实只是一种住在肉体上的"物理性觉受"而已，仅仅只是一股麻麻的、热热的风附着在我们拥有宽广内在空间的某个角落而已，我们发现它并不是那么难以忍受的。一旦我们熟悉了这种肉体觉受，胸膛里的慈悲心就会自然升起，而让整个挣扎的过程放松下来。到了这个阶段，我们就有能力把自性中宽广的爱灌入这次正念觉察中。

4. 继续温和地、自然地关注在肉体对这股物理性能量的觉受上，慢慢地不知不觉间就有可能体会到一份深沉而具有高度扩展性的安详感与踏实感，你甚至已经洞见它只是一股吹过山头的夏风而已，对喜欢阳光的树林而言毫无杀伤力，反而是一种"养生"。

5. 现在，不妨继续让这份觉受漂浮在这宽广的觉性中。让所有原先令你感到"苦"的觉受都能在这宽广的心堂内任意地生起与消融，减弱与增强，移动与改变，你只需要安住在这清灵的自性太虚中。同时，当你吸气的时候，谛听这份开放性并保持中道观（内观，平等观），什么也不做；然后吐气的时候体会这怀抱着你的心识的虚空广境，最后，你仿佛拿着一把高压水枪，把自己的心堂所有的意象统统冲刷掉，充分感觉这份犹如雨后大地充满洁净的清新感。没有人知道你的这份安详的觉受是在今天晚上睡觉前还是在某个端起杯子喝水的瞬间，将会强有力的进一步倍增。

那些扰人的画面，唤醒了你内心深处对平和与爱的渴望，这个渴望在心灵蜕变之道上强力地引导着你。通过开放性的面对各种不愉悦的内在杂音，我们跟妄念坦诚相见时，就已经站在了美妙的重获新生和解脱的入口处。如果我们只是一直在等待焦躁感何时结束，我们就找不到纯净且充满爱的当下，这个当下只有把自己交付给宇宙时才会展开。

你开始意识到自己只是一个观察员。

现在，用同样的观察意识状态来观察你的念头，并让念头自然生起——你不再是思考者，你只是在观察产生的焦虑念头。往后，延伸到生活中，你将越来越深刻地体悟到，当任何一个忧虑念头或消极图像在意识里显现出来的时候，无须执着于它，或乐此不疲地陷入那个念头的圈套中。作为一名优秀的"观察员"，要和你观察的对象保持一些距离，只要不偏不倚地觉知就行了，你将越来越深度地洞察到每个念头或图像都只是因为最初的分别心与执着心从一种"虚无"的状态中生起，然后又消散到虚无之中。

接着，你若去探究那个静默，你将发现这个观察者也不是真实的"我"，而后"观察员"也消失了。

对当事人家人的一些建议

大家都很清楚一个事实：一片被砍伐的原始森林的确可以依靠现代高度发达的农业技术一夜间被植满林木，但却无法一夜间让森林恢复原始兴旺的生机与生物多样化。同理，一颗正在体验慢性焦虑障碍的苦痛心灵，在积极的自我调心过程中，最好能够拥有一定的家庭支持系统或一些社会支持系统，一些必要的阶段性支持，可以使其拥有更多的调心空间与修复空间。

当家庭中某个成员沾染了慢性焦虑障碍,那么借由一些对正见的提前了解,或许就可以避免因为一些莫须有的沟通障碍或无意的批判,让家庭成员(当事人)的心境再次处于"解放前"。在具体的心理学疏导工作中,我发现不少来访者通过一段时间的积极疏导与实践后,恶劣的心境状态已经开始舒展,禁锢的枷锁已经出现松绑,这个都是难能可贵且来之不易的,但这并不意味着这颗心灵已经可以高枕无忧了。这个时候,"家庭成员"是不宜给当事人太大的期许或抱负方面的压力,不宜对他指指点点或武断地下结论批判其软肋,此时需要多一些无条件的宽容。

一部分有过心灵创伤的孩子,印痕本已淡化,但与家人住在一起时,时常又因为父亲的一句"比较性"的话,让他的心灵再次失落之极,关键时刻感受不到体贴与依靠,(当事人)比一般的孩子在这个时候更容易走上绝望之路。父母或某位家族成员的话有可能只是激将的策略,或是习惯性的口头禅,本无责备之意,但听者有心,尤其是对心灵疤痕尚未完全复原,还处于"易激惹"期的心灵而言,家庭或家族成员们的确须慎言。同理,如果这位(当事人)是自己的伴侣,也是这个处理方式。

从父母的角度或旁人的角度而言,有时候看到一两岁的孩子,一会儿焦虑这个,一会儿担心那个,的确普遍会心生烦躁与愤怒。其实是多半旁观者有些时候缺乏同理心以及没有亲身体验过那些有口难言的烦恼所致。临床中的各种慢性焦虑障碍(包括一些强迫症、恐惧症、神经衰弱症),它们和常规的焦虑情绪完全不同。个别父母不了解已经成年的孩子能够从"顽固性焦虑障碍"的几年冲击中撑下来已经是何等的坚强。

致"当事人"的家庭:您的孩子在某些情况下偶尔就应该是"病快快"的,就应该是"无精打采"的,就应该是有点"懒洋洋"的,就应该是"不做家务"的,这是个体长期面对内外强大的压力时,其"心灵新陈代谢系统"有时候需要一些缓冲的自我调整空间,才会投射出的暂时的反面现象。其实真的无关紧要,他想睡就让他多睡一会儿,对一些无伤大雅的小事情他想怎么做就让他独自做,支持他做。但是千万不要谈一些与其他孩子比较性的话,一颗苦痛心灵一半的执着心与分别心都是缘起于早年家庭教育者一连串的将自己的孩子与别家孩子作各式"比较"或破坏性批评。许多罹患强迫症与焦虑症的孩子，其实在中学时期就已经有了症状，甚至已经处于泛化阶段，这些孩子多半都是隐瞒自己的苦痛，并没有向父母求助，他们就是担心父母会觉得自己是胡思乱想。此外一些年纪逾30岁以上的心灵苦痛者，多数症状也都是从青春期开始的，只是他们的症状迁延了更长时间。

一些中年父母若成为此书的读者之一，我希望你们完全不要去担心孩子未来的上进心。"这群孩子"与普通孩子完全不同，他们多数内在储存着无与伦比的驱动力，拥有十分自觉的上进心，这些孩子根本不需要过分督促，他们只需要一个"拈花一笑"的温馨理解。我很早以前就发现许多沾染强迫症、焦虑症的心灵，不仅智商偏高，道德感偏高，其人格形态也是所有人格中最具杰出才华的。他们目前的表现只是暂时的。给他们一些空间与时间进行自我成长与锻炼，过程中多给予会心的一笑，多给予自信的赞许，多给予纯真的包容，那么孩子内心的焦虑障碍一定会消退得更快，心灵创伤一定会复原得更好，他们完全不会在乎早年的教育失误，来日必以感恩之心回馈家人。（注：这一点非常重要，许多"患者"之所以症状反复复发，都是因为处理不好家庭中的人际关系与沟通）

补充：家庭沟通中最需要的是自信的宽容

古代有一位出家哲人叫良宽，内在修为成就颇高。在他年老时，有一天收到家书。信里头说，他的外甥不务正业、吃喝玩乐，快要倾家荡产。家乡亲人希望他回家劝诫外甥。于是良宽千里迢迢回到家乡。他的外甥也很高兴地和他相聚，特地留舅舅过夜。良宽在外甥家里过了一夜，并没有教训或责备外甥，只是在第二天早晨要离去的时候，对外甥说："我真是老了，两手直发抖，可否请你帮我把草鞋带子系上？"外甥很高兴地为他系好鞋带，就在这时良宽禅师说："谢谢你。你看，人老的时候，就一天衰似一天。你要好好保重自己，趁着年轻的时候，要把人做好，要把事业基础打好。"良宽说罢，掉头就走，对于外甥的不是，只字不提。但就在那一天，他的外甥如醍醐灌顶，从此再也不花天酒地，开始奋发图强，后来据说也颇有出息，经常反哺家乡。（注：该故事引自《清心九书》，郑石岩）

自信的宽容可以很快打破隔阂，建立和谐的亲子感应。这时，简单的三言两语，无声的启蒙，就可以打动对方，产生最大的教育效果。比起说教式的批判，不知要高明多少。各位，这只字不提的功夫，就是"自信的宽容"，什么是自信的宽容呢？

我的定义：这是一种无言的感召，无声的启蒙，他相信对方身上早就具有家人们所期许的优秀特质，他对这点非常自信，他相信根本不用再要求孩子去心外胡乱寻找，那个特质本来就存在。人是万物之灵，因此心灵深处对这种无言的感应与点到为止的启蒙最为欢喜与悦纳。

自信的宽容，它不再是以旧有印记来看待现在的孩子，它相信不好的业习只是暂时的失落投射，它能够让孩子瞬间感受到生命的希望与力量。自信的宽容不是被动的宽容，它一点也不造作，它一点也不被动，它是一种在对人性深深的理解与尊重的基础上，自然流露出的一种大我情怀。在某种契机下，它的确可以以最舒服、最有效率的方式让偏离轨道的心灵获得深深的领悟！

病在不自信处 —— 打破束缚性信念

我建议一颗焦虑心灵不要采取彻底脱产的休养策略，若是身体虚弱，至多请假休息一周，一旦休养时间过长，反而容易心生空虚以及有可能因为体验不到自身的社会价值而诱发更多的心灵"坑洞"现象或抑郁情绪。

这个道理也好比当一个人毫无觉察地发泄牢骚多了以后，反而会感受到自己更多的脆弱。生活中真正慈悲中道的谛听者并不是毫无节制地任由对方的"小我"怨声载道，而是有所甄别地引导对方了解当下这个"苦"的来龙去脉，而后进一步协助对方了解造成这个苦的背后是一个已经扭曲的深层价值体系。事实证明，越是毫无觉察地释放对眼前现象不平衡的意念而后沉浸在这种受苦的感觉中，这本身或许就是老天爷对他的一种"惩罚"了。此外，我们需要了解多数情况下，心灵修复没有捷径，唯有相对漫长之曲径，但在曲径中只要拥有"自动调谐定律"的正见基础，又会带来快速的精进。

　　首先我们要淡化"治病"与"消除"这个概念，事实上在所有的焦虑障碍中，普通人对大部分"症状"都是有所体验的，许多普通人在日常生活中也偶尔会感到焦虑难寐、肠胃紧张、头疼烦躁、坐立不安，陷入能动不能静的烦忧中，但是他们并没有把这种表象症状当成是"病"，而是认为此时此刻就应该是这样的。所以没有怎么把这些症状放在心上，任其像流经河床的水流，自在流逝罢了。而反观不少苦恼的心灵总是对当下的焦虑情绪心有不甘，且认为"不应当"产生那些情绪，同时拼命地想要除之而后快，因而这般执着消除的心态反而进一步强化了"病感"。

　　调和焦虑情绪说难也难，说简单也简单。一些实践体悟不错的过来人总是坚信这种体觉不适只是一种认识自我的助缘，焦虑本身的质地并非坚实的病灶，仅仅只是"小我"的一种虚幻的执着。许多蜕变的过来人因为这种信念的强有力支撑，总是能够相对平常心地随它去。

　　诚然，调和的方法总是比问题多，但是信心却是自我蜕变的第一关键要素。实际上在我们的心性中早已具有一切平和的资源与特质。当下我们一定要打破限制性的有毒信念，坚信自己一定可以看破焦虑的隐意，坚信自己一定可以收获焦虑背后的重大礼物，坚信自己一定可以放下无明焦虑。

　　儒家心学创始人陆九渊说："吾心即宇宙，宇宙在吾心。"心学集大成者王阳明悲心疾呼："天地万物，本吾一体，无心外之物，无心外之理。"贤达的言论并非否定唯物辩证主义，而是重点强调任何规律法则都不可以脱离"心"而独立存在。简言之，心是一切的先驱。

　　先生游南镇，一友指岩中花树问曰："天下无心外之物，如此花树，在深山中自开自落，于我心亦何相关？"先生曰："你未看此花时，此花与汝心同归于寂。你来看此花时，则此花颜色一时明白起来。便知此花，不在你的心外。"（《传习录》卷下）

　　先生（王阳明）的本意就是指任何一种现象都会因为"观察者"与"观察角度的不同"而产生变化。因此我真诚希望广大的自救一族，当一些棘手的焦虑症状获得一些调和后，越要坚信自己本心的力量及信念的力量。

　　在1954年5月6日前，多数的人都已经深深相信4分钟是人类跑完一英里的极限了，人类或许已经很难再出现一位超人可以用短于 4 分钟的时间跑完一英里。然而有一个叫 Roger Bannister 的人打破了这个记录，而在此前近 9 年的时间里没有人完成过。而后奇迹才刚刚开始，在 Roger Bannister 成功之后的约 6 周内，一位澳大利亚短跑选手 John landy 刷新了这条记录。在接下来 9 年的时间中，约有 200 人接二连三地打破了这个一度被认为是不可逾越的记录。这些强有力的潜能突破的故事，从反面进一步反映出曾经的那些限制性的信念对人类进程的重大束缚。

在国外曾经有一项著名的研究，针对 100 名癌症幸存者进行的深度调查访问，发现他们抗癌奇迹背后最大的共同点是：他们都相信自己额外辅助使用的一些方法或心法是最有效也是最适合自己的。就这么简单。

而美国传奇式精神科医生及当代顶级心理学家弥尔顿·埃里克森，在这方面也以亲身经验告诉世人"信念"与"奇迹"之间的传奇关联。他成功地挑战了几位权威医师绝对性的限制性观念，多位著名医生认为他的小儿麻痹症及其他病症，很难让他像正常人一样延续应有的生命。不过他后来活到 70 多岁，比医生预想的多了 30 年以上。而在这 30 年中，他从"疾病"中学到了很多，似乎也因为疾病的助缘直接培育了他非凡的洞察能力以及独有的一些本领，至今依然是心理学界中的佳话。这位传奇式心理学家，使用自己独特的心理疏导策略与治疗语言，在那个时代实现了许多不可思议的堪称奇迹的康复案例，在这方面恐怕至今也没有多少个心理学家可以超越他。或许上帝为了让他在生与死之间留下一些作为，而特地为他设置了一份量身定做的心路历程，以助他完成自我人格修炼与夯实一份强有力的心理学技术。

有时候不是人类在疗愈"心理疾病"，而是"心理疾病"在疗愈我们。所有的自助者通过心病的助缘，通过参考前人的一些经验，就一定会发现不少"症状"是在间接的协助我们加深自我认识以及卸下一些不合乎规律的深沉心识与执着心。许多对现代心理学有杰出贡献的心理学家（弗洛伊德、荣格、阿德勒、森田正马、弥尔顿·艾瑞克森、芙朗辛·夏皮罗等），在深入治学的前前后后中几乎也都深刻地体验过一些特定烦恼或焦虑情绪，而后几乎都从自身的特殊心路历程中挖掘到了宝贵的经验，进而促进了一些新理念的诞生。所以我鼓励广大的病友们务必坚定自己的积极实践与体悟，有时候不必去与他人的成功经验作比较，这个世界上任何一种方法有例行就一定有例外，或许你当下所体悟到的方法亦是极具价值的新发现，因此有时候一定要独立思考，适当抛弃对"权威者"的迷信，同时也莫受一切世间消极的局限性观点的暗示，请勇敢地逆流而上，相信未来终将拨云见日。

或许有一天在你悟透了烦恼的来龙去脉时，你也可以整合出自己的理念与方便法，而后经由一些传播，利己利人，利人利己。我们有体验慢性焦虑的心路智慧，就一定能够邂逅走出焦虑的智慧。

补充：临床中焦虑障碍包括哪些？

在身心健康与精神卫生领域，美国依然是投入资金最多的国家之一。美国精神卫生界曾动员不少人力物力对很多基础性工作做了大量的研究与修正。其中也包括将诸多"心病"的分类建立在流行学调查和临床测试的基础上，这对国际分类产生了很大的影响。美国甚至还抛弃了"神经症"这个术语和概念，虽然有一些争议，但它试图打破传统分类的一些弊病而力求新作为的态度，值得肯定。而我国在20世纪80年代以前，在精神卫生领域则一边倒地照搬了苏联许多术语、概念、分类标准、理论学说，甚至将苏联的一大套东西都奉之为圭臬。现如今，我国心理学家也已经将过去的诸多概念与理论学给予了修正，并在不断完善本土心理学的创新力量。不过，任重道远。

我在对比苏联、法国、日本、中国对于联合国教科书的分类标准后，相对比较认可美国对焦虑障碍的分类，同时在"括号中"作了一定的简单说明：

伴有场所恐惧的惊惧障碍

不伴有场所恐惧的惊惧障碍

社交恐惧（注：常见的包括余光恐惧，视线恐惧，演讲恐惧，表情僵化恐惧，出汗恐惧，肢体颤抖恐惧，敏感性关系妄想等）

单纯的物体恐惧（注：恐惧性症状在表现形式上和焦虑性症状是有差异的，但此书中所强调的一致性特指"症状"本身只是内在无意识残留焦虑或早年创伤印痕的投射或无意识置换，并非当事人的成年理性情感真的害怕它。那么临床中相对单纯、固定的恐惧症状可能有上百种之多,诸如害怕的对象为:猫、狗、蛇、黑夜、失控、体象、口吃、开车、密闭空间、乘坐电梯、乘坐飞机、密集性物体等)

强迫性障碍(注:从某种意义上而言,许多焦虑、担忧情绪背后就是一种强迫性的灾难式联想,它们之间的共同点之一是把各种幼稚性的联想无条件当成理性分析判断的依据,因而表现出惶惶不可终日的状态。此外,一些强迫观念与漂浮性焦虑也是有差异的,但是症状背后的确也是一种弥漫性的"怕",所以从这个角度而言,也可以将部分强迫性症状归纳到慢性焦虑障碍。而在各式强迫观念中,通常是以对立冲突、预期恐惧、强迫意向为主导的情感体验)

精神创伤后的应激障碍

广泛性焦虑障碍(注:特指各式漂浮性焦虑,其症状是容易跑来跑去,担忧的对象不具体、不固定,但是焦虑情绪背后的思维模式与灾难性联想模式都是类似的)

无法归类的焦虑障碍(注:可能包括被嫌疑恐惧、难以描述的躯体化障碍、隐匿性表情恐慌等)

心病的内容何其之多,不同国家对各种神经症及更多心病的分类皆有不同,观点也有所差异。而本书对"焦虑障碍"的定义只作大众式通俗理解,不作为学术上的严谨探讨。实际上我个人认为不要去定义自己是什么"症",只要大概知道自己的心理健康处于怎样的水平即可,这些称谓只是便于相关工作者更有针对性地治疗。值得一提的是,某些时候"健康"与"不健康"之间并没有明显的界限,所以更无须过于执着它们。

识别幼稚性思维——釜底抽薪

> **导言**
>
> 许多盲目的灾难性联想与无明焦虑情绪背后的始作俑者之一就是"幼稚性思维",它代替了成年人的成熟情感反应模式。一旦我们领悟到"症状"的幼稚性与盲目性,我们就能够做到主动式顺其自然,而非被动式的接纳。

科学识别幼稚性思维

所谓的"幼稚性思维"即相对于成年人的"成熟情感"而言,它的主要特征是以毫无事实根据的想象或"敏感性妄想"作为分析的依据,并快速地衍生出灾难性的联想,使心灵瞬间处于焦灼不安的状态。

许多罹患"慢性焦虑障碍"的心灵,其表象症状经常变来变去。在各式各样"怕"的背后,都有一份非常明显且突出的思维特征:明知道自己所担忧的东西有可能不会发生,但就是莫名其妙地无条件投降,这种无条件投降的姿态就如同一个三岁的小孩子被成年人"吓唬"后表现出来的无条件遵从与畏惧。比如强迫性洗涤的个案,自认为如果不反复清洗十多遍就一定会发生一些不可预测的结果;也比如广泛性焦虑的个案,每天不找点担忧的东西或提前预期一些莫须有的潜在冲突,似乎就会觉得心里不踏实。总之,这些苦痛心灵许多时候似乎都是主动选择臣服于这些焦虑的"快感",虽然意识上也觉得这些漂浮性焦虑是不必要的。

我认为"幼稚性思维"往往是幼年"反应式心灵"的一部分，幼小的儿童缺乏逻辑思维判断的能力以及完全不擅长以客观事实作为分析依据的能力，他们的思维模式是线性的，很容易被成年人的一些虚假故事所蒙蔽。比如一个成年人对一个正在哭闹的4岁小孩子说："如果你再哭，我就从口袋里捉出一只'魔鬼'或'妖怪'来咬掉你的鼻子。"大多数孩子听完以后会表现出不同程度的焦虑或惊惧反应。而现实生活中，许多焦虑心灵对那些莫须有的"症状"怕成那种状态，很明显更符合幼儿"幼稚性的情感反应模式"，而不是成年人的"成熟情感模式"。因为幼儿会害怕的东西，成年人通常都不会害怕，往往还会觉得好笑。

那么，为何一个成年人会出现这种幼稚性的幼年情感反应呢？

这里头的道理在分析心理学中叫"退行机制"。许多心灵在青春期或成年后不久，当一些深层愿望受挫或感到持久的应激压力时，自身的能量场处于持续被消耗的状态，这个时候更多的"阴气"（喻指消极的心念）也容易乘虚而入，此时一些有焦虑情结的心灵会放弃已经学到的成熟态度和行为模式，而采用早年"较幼稚"的方式来宣泄自己的压力或部分欲望，这就叫退行。导致容易发生"退行"的一大因素就是性心理在青春期发展阶段曾不同程度受阻或受到道德性压抑，因为在个体性心理的发展中蕴藏着很强大的动力，当这股强大的动力受阻后，会进一步和退行机制"同流合污"，并通过置换转移的方式回到类似"小孩子生病会得到父母的额外照顾与保护"的无意识代偿状态中。总之，其症状发展模式是：现实困境是诱因，然后无意识退行至幼年心理模式去寻求慰藉，而表现出幼稚性情感（莫名紧张不安），这种幼稚性情感背后是一份幼稚性思维（把想象无条件当成事实），其导致当下这个成年人无明焦虑情绪的不断循环。

另外，我们还需要了解一个概念叫作"内投射"。许多心灵往往在青春期前后，针对自己所爱、所恨和所怕的人，尤其是父母，"自我"会将他们的严厉言行或各种不愉悦的指指点点式安排经过"潜抑机制"将其内化成自己性格与气质的一部分，"自我"认为这样一来或许就不会再那么害怕他们了，而这个过程亦是"强大超我"的诞生之日。心灵通过内投射机制，将父母的一些"批判性声音"内化成自己的"超我"。总之，一颗心灵之所以会发生退行现象，还与早年的一些初期焦虑有重大的关联。所谓的初期焦虑就是一个人从幼年到青少年的这段成长过程中经历了许多惊吓或破坏性批评，导致当时的心灵处于恍惚状态，而后卡在"无意识"的某个区域。这份未经处理与释放的焦虑即所谓的"未全然经验的无意识印痕"，一些较大的焦虑印痕在如"多事之秋"般的青春期则相对容易被诱发出来。

为了更好地说明幼稚性思维与成熟情感之间的差异，需要深入了解一下3-7岁的幼童具体的心气反应模式。

儿童皆缺乏"分析式心灵"，即理性智能，他们对于成年人的一些"吓唬"容易信以为真。有时候他们完全把自己的想象作为判断未知的依据，因此分不清幻想和现实。此外幼年儿童心智发展还处于初阶，并不能稳定地控制自己的情绪与心境，很容易受外界"风吹草动"的影响。即便天性乐观的幼儿，也依然会被一些大人的"假话"所糊弄。比如大人为了让一个小孩子乖乖地吃饭，会故意嘘声吓唬孩子："山里有一头大灰狼，就喜欢咬不好好吃饭的孩子，"或是"快吃，今天如果不好好吃饭，会有魔鬼来咬你的屁股，很疼很疼的，"或是直接一点"你再不好好吃饭，等下我从口袋里取出一头老虎咬掉你的鼻子。"此时小孩子如果看到大人是很严肃的表情，会很有可能做出"幼儿反应式心灵"的无条件"投降"，行为便会收敛起来。

在成长过程中，一些幼小的儿童对于各种"吓唬性"的东西容易无条件接受，所以如果父母长期给予孩子破坏性的批评或否定，那么该儿童也一定会自动接收来自"威权"的信息，输入多了就会形成最初的"自我观感"。也就是说孩子的内在是相对自卑的还是相对自信的，大多取决于幼年至青少年时期所接收到的外界反馈信息，如果在这几年中接收到了父母与其他教育者给予许多充满力量的肯定，那么小孩子的自我价值感与安全感就会相对壮实，进入小学后，往往就比较敢举手发言，敢上台当小队辅，敢参加一些文体表演活动，也敢于在足球场或篮球场上表现自己的"球技"。如果一个儿童早年接受了大量令其感到焦虑或害怕的东西，这些焦虑的记忆虽然会随着时间流逝而被暂时遗忘，但是那些焦虑的情感能量并不会全都消失，一定会有相当的残留，而这份情感残留就存在于无意识中。

此外在诸多罹患强迫症、焦虑症的心灵中，许多个案和某次重大的早年负性体验有着直接的关系，尤其是越早发生的事件，其影响可能会更大。比如在4岁或将近5岁的时候，一个儿童在田野里或山坡上玩耍时，不小心踩到一条蜷缩在绿地上的蛇，当他看见蛇的本能的自卫攻击性时，被吓到了，在那瞬间孩子的大脑意识会处于一种类似"意识恍惚"的状态，而就在这种几秒钟的恍惚中，幼儿的大脑边缘加工系统会形成一种"阻隔"机制，把这份非常不愉快的记忆与情感能量先挡在一个地方。该儿童长大一些后因为一些导火索的触发，对蛇产生莫名异常的恐惧，原因就是脑神经网络中的那份"阻隔记忆"未获得充分的处理，未将那份"无意识"的能量"意识化""脱敏化"或未经过大脑边缘系统中的杏仁核与海马体的重新编码，所以这就是这些孩子长大后一旦听闻与蛇有关的信息，会一触即痛的缘起。当然，有些心灵的创伤未必是在童年，但是童年的创伤往往是初期焦虑的根本动力之一，这种初期漂浮性的焦虑让许多敏感心灵在青春期的时候完全"沦陷"。临床中许多罹患强迫症、焦虑症、恐惧症的心灵都是在青春期时候因为遇到一些持久的负性压力或应激事件而无法释然，就开始不自觉地诱发出那股强烈的初期焦虑。

　　同时，还有一些性心理扭曲的人，在幼年时期因为不小心看到父亲播放的成人光盘，在剧情中被女主角赤裸裸的身体所刺激，顿时感到前所未有的震撼与兴奋，这样就容易激发孩子的性心理发育与性生理早熟，同时也会让孩子长大后对穿着暴露的异性感到额外的性心理兴奋。这就是初次的力量，相比较而言，第二次、第三次、第四次的感官经验都不可能超过第一次。因为在第一次经验中，个体的感官是无意中接受到那些刺激因子的，当时的心灵处于一种无所觉察与无所防备的状态，一旦出现一种强烈的兴奋刺激，则很容易形成一种"神经链"。而第二次及后续的几次强化是在有意识的预知情况下获得的经验，其强度是完全不同的。

　　现实生活中，许多女孩在知道男友会送花的情况下收到花，跟完全不知道的情况下的兴奋度也是不同的。我们人类的大脑对第一次总是有更多的记忆倾向。就好比如果有人跟你说谁是第二个进入太空的，你可能会完全失去探知欲，因为你的大脑只倾向于了解谁是第一个进入太空的。在许多竞技赛场，我们只记得谁是冠军，而其他名次的选手似乎可有可无。同样，一位自主创业者当第一次挣到 10 万元的时候，跟第二次、第三次挣到类似数额时的心理感受性也是有差异的。举这样简单的例子，只为说明"第一次"比后续几次都更加容易在头脑中留下印记，但并不是说后续的经验一点影响也没有。

从动力分析心理学的角度而言，许多焦虑症状收到潜抑机制与置换机制的影响，披着成年人的外衣，在遇到持续的压力与挫折时，就容易跑出来，退行到初期焦虑的心灵轨迹上。而后潜意识防御机制再为主人量身定做了一个关于症状的故事。这就是为何在神经症的世界中，许多病症的本质都是同一种"焦虑"，但症状的表现形式却有很多种。

余光强迫背后的焦虑缘起

余光恐惧是对人恐惧症中的一种典型的隐匿性焦虑障碍，不同个案之间具体症状的表现形式并非完全一致，有人把它归纳到强迫症范围，也有人把它归纳到社交恐惧症范围，在临床中是十分常见的。其实我们不需要去执着它是什么"病"，这些非理性症状的外投射都只是虚假的表象，并非我们真正所恐惧的东西。若像洋葱一样一层一层剥下去，最后都会很清晰地发现症状背后潜藏着的是一股强烈的初期焦虑。有的人是与"早年性心理焦虑"有关，有的人是与"幼年初期焦虑的置换或退行"有直接关系。而心理工作者若能从这方面入手进行持续科学地启蒙与关怀，这个顽固的焦虑症状群是可以消融的。而后再导入一些东方心理学的性理修为与提升能量场的辅助性策略，则可以巩固得更好，甚至可以使患者痊愈。这方面的苦恼者，多数总是会出现一些"敏感性关系妄想错觉"，主要集中在这几种意念上：

1. 我的眼神会伤害到对方，而后对方会很痛苦。
2. 对方已经从我的眼神中看到我是一个"下流"的人，或已经看出我是一个非常不正派的人。
3. 对方已经看出我内心的各种与性有关的想法，这样对方会非常讨厌我。

4. 对方的眼神好像在审视我,已经看出我的不自然。

5. 担心自己的眼神落在异性的私处,会让对方觉得自己是变态。

6. 我是一个有教养的人,不可以从眼神中透露出任何邪念而被对方知道。

7. 我的眼神里有"色眯眯"的东西,我曾经长期手淫并看了许多情色淫秽光盘,这是非常可耻的,对方可能已经看出来并唾弃我。

8. 由于早年接收到的各种破坏性批评,个体自我价值体系完全崩塌,潜意识中认定:我是一个不值得他人爱的人,我是一个无法接纳自己的人。

9. 我担心与人对视的时候,无法掌控自己的眼神,害怕其胡乱游离。

另外有些个案听到一些类似咳嗽的声音、脚步声音或身旁低音量的交流声音,便会觉得是在针对自己,这种症状一定要和"妄想""幻觉"区别开来,虽然看起来像幻觉,但主要是一种"敏感性的错觉",并非真幻觉。所以,这类症状有时候在一些地方的小的精神卫生单位,常常被误诊为"精神分裂症",实在是不该。

以上罗列的临床表现并非症状全部,也有一小部分个案的症状是混合型的,或有时候会自动消失但过一段时间又会莫名其妙地回来。大部分余光对视恐惧的个案在症状未得到良好的处理前,基本上倾向于尽量回避社交机会或与人眼神对视的机会。那么沾染这些焦虑症状的心灵自己也深知许多时候内心深处总是有一股漂浮性的焦虑能量在暗处涌动着或冲动着,只是从理性层面不清楚自己为什么要如此害怕。

不同个案症状的表现虽不尽相同,但有相当比例的个案背后都有一些共同之处,诸如都害怕被他人洞悉到内心的慌乱以及在性心理、性道德方面都曾有着相似的无意识罪恶感或羞耻感。这个即症状的"树干"部分,唯有把树干砍断,那些枝枝节节的叶子才会自动凋零。当然更高明的办法是不给这棵"症状之树"灌水或阳光,这个就是属于系统的修心领域要做的事情了,不适合初阶者。事实上,只要体验过这个烦忧的心灵,对我所述或许就能一目了然,因为许多沾染余光焦虑的心灵,其痛苦的本质与造化过程几乎都是大同小异的,所以我们完全可以从以下例子的解析中获得一些举一反三的参考。

有一个来访者讲述自己的眼神与异性对视的时候会被看出自己有不净

念头，这种不净念头也可以是过去的或青春期的，因此紧张异常，惶惶不可终日，非常痛苦。在多年的自救生涯中，她也掌握了一些与顺其自然有关的学问，在某种层面上也可以让自己稍微和缓一些冲突感，但是只要一想起与症状有关的一些"记忆"，她的"超我"就会让她的"自我"陷入一种漂浮性的焦虑中。

她任职于一家大型企业的财会部门，是一位业务水平很高的财税方面的人才，平时主要和下属的几个年轻出纳员交流，不需要经常面对各部门的领导，也很少参加会令其症状涌动的集体会议，所以用她自己的话来说，勉强保住了"晚节"。她也看过不少国学经典，还参加过市面上所谓的一些灵修课程，几年下来耗费了不少精力与学费却依旧不得其门。她也越来越坚定地认为症状本身不是她所应对抗的头等大事，其背后的"暗能量"才是恐惧的核心。

她初次来到我的心理工作室的时候，第一句话不是客套性的寒暄，而是直接紧张地询问："韩非老师，我感觉我可能会伤害到你，你会不会因此而痛苦呢？"

我有意试探说："可能会，也可能不会。"

她说："真的吗，那我岂不是没救了，还伤害了心理医生。"

我说："只要你温柔地坐下来，并温柔地把这杯温开水喝完，我就向你保证以我多年修为的定力，绝对不会有毫发损伤。"

她笑了。

我说："你认为你的眼神会伤害到他人抑或别人会从你的眼神中看到'色眯眯'或不正经之类的情绪，这是真的吗？"

她说："是的。"

我说："你可以十足地确定这是真的吗？"

她说："反正别人给我的眼神反馈总让我觉得这是真的。"

我说："你认为所有人都和你一样有这个'特异功能'吗？"

她说："我身边的人很少会这样吧，我爱人就非常开朗，大咧咧。"

我说："为什么你的爱人或一些身边的人不会像你这样有这些意念呢？"

她说："我也不清楚，可能是我前世做了什么坏事，此生注定果报吧！"

我说:"我完全不在乎有没有前世这回事情,既然我们此时此刻就在当下,就先依靠当下的智慧来处理一些事情比较好,就好比一个人已经从睡梦中清醒,就先以清醒的方式把眼前的事情做好,而不是在清醒的时候还要去制造一些梦境。有些人谈论前世仅仅只是一种逃避型的防御机制在起作用,一个人如果在当下这一刻无法让自己的心沉淀下来,那么即便穿越到前世又能怎样。现在是我们面对真相的时候了。在你的储忆系统中,有哪些与性道德有关的经历,在早年使你的一些神经感受到快感或震惊?我非常需要你的合作。"(由于她本人在此前对我有一定的了解,也比较信任,所以她在短暂的支支吾吾后,同意接受我的简单回溯引导策略,来探究一下这个症状和早年的哪些事件有着直接或间接的关联)

她在回溯中,描述了以下这个关键的心路卡点:我在小学四年级的时候,有一次放学回家看见我父亲在卧室里观看淫秽录像,录像中还发出非常不雅的声音。当时我整个人都愣住了,空气中都充满了紧张的味道,心脏狂跳着,顿感血液直冲脑门。后来我父亲知道我回来了,就关闭了录像,走出房间,略显尴尬且生气地打发我去写功课。

那天,我整个晚上都在一种紧张且焦虑的情绪中度过,我无法接受这些感官经验。那天父亲在我心中的崇高地位开始动摇,我开始觉得父亲是一个道貌岸然的人,表面上时常告诉我,女孩子一定要矜持,一定不能有任何非分之想,一定要把精力与心思都投入在学业上,而与学业成绩无关的任何念头尽量都不要有。从那以后,我更加时刻提醒自己,千万不要去看那些肮脏的东西,也千万不要像父亲这样"表里不一"。而后没过多久,因为注意力的自然转移,我就渐渐淡忘了此事。但在后来的两年中,只要听到父亲在饭桌中强调什么女孩子一定要矜持或注意道德情操方面的教条时,我就会莫名地产生一种不想看他眼神的厌恶感,我甚至会幼稚地希望自己的眼神千万不要被他"污染"。

到了小学五年级下学期的时候,我在父亲的房间不小心看见了一本黄色书刊并翻了许久,那次经历让我更加震惊,那些赤裸裸、不堪入目的性交画面,让我一整晚都是在恍惚状态中度过的。到了小学毕业的那年夏天,在一次午睡的时候,我无意识地在自己的双腿间紧夹着一个枕头,并体会到一种神经兴奋的感受。后来没多久在每次午睡的时候，都会下意识地用手去触碰自己的阴部，并进入一种飘飘然的"冥想"中，我发现这种兴奋的感觉让我更加有快感，而后一发不可收拾地迷恋上这个行为。

后来进入初一下学期时，我才知道自己以前的"行为"叫手淫。然而每当我看到这个词汇的时候，立刻会进入一种脸红、紧张的状态，似乎勾起了自己种种羞耻的记忆。在初二下学期的一次自习课上，我突然看了一眼右边数学课代表的下体部位，而后我也发觉对方已经知道我用余光看了他。同时，我好像听到对方说了一句"变态"，刹那间我感到血脉贲张、心跳加速、无地自容。

从那之后，我暗中告诉自己以后千万不要再有这样的眼神了，否则会让他人觉得自己是一个很不正派的人，而且这种不正派的眼神可能会伤害到他人。但是"皇天"似乎总是"辜负"自己的愿望，我越是想要克制，就越是有一股相反的力量驱使着自己再去看一眼。而后依靠拼命的压制或自我说服，冲突不仅没有调和，反而加剧了。没过几周，因为长时间的紧张冲突状态，我开始头痛，且非常痛恨自己的眼神。我越是痛恨自己的眼神表现，就越是感受到漂浮性的焦虑将自己整个人都包裹得紧紧的，似乎"动弹不得"。而后在中考前感觉精神接近崩溃，后来参加完中考就病倒了。而后去了省精神卫生中心，医生诊断我是强迫症，而后就开了一堆药品把我"打发"回去了，并告诉我一定要长期服用。当我知道自己需要服用"精神类药品"时，更加崩溃与沮丧，由于没有从医生那里听到最基本的常识解释与修通性的解答，我一度认为自己离"精神病"不远了。

就这样因为在成长过程中缺失了关键性成长性教育与性心理教育，许多未来的栋梁就这样被扼杀在摇篮中。原则上不可怪罪于自己的父母或精神科医生，理由是我们的父母如果有足够多的正见或懂得一些发展教育心理学的道理，那么就自然会给予孩子一些科学的导引与关怀。而精神科医生中虽然也存在着医者主观敷衍了事的问题，但也确实跟他们的工作环境与性质有关系，如每天排队就医的人实在太多。一些有良知的精神科医师，虽然也深知从长远来看药物控制并非最佳方案，而系统的心理疏导才是改造性情与修复精神创伤的关键，但是他们也苦于分身无术。（可以反复阅读

此章节下文中关于领悟幼稚性情绪的调适性正见）

强迫冲动背后的幼稚性焦虑

一个42岁的男士每天惶惶不安，他所焦虑的就是一看到别人家的孩子尤其是自己家族里的小侄子、小外甥等时，就会害怕自己私底下会做出伤害他们的行为，比如用力捏孩子的脸或拍头。几年来他焦虑的对象就是在这个范围里，后来泛化到见到小区里的任何孩子，内心都会感到焦虑，而自己就是不知道为什么会如此害怕。

经由一些疏导分析了解到当事人为家中次子，还有一个比自己小三岁的弟弟与一个比自己大6岁的姐姐，在他7岁的时候，姐姐跟随父亲在另外一个城市，而他留在农村，平日里则必须帮助母亲照看年幼的弟弟。在他的记忆中，有近三年的时光都得不到母亲的肯定以及所需要的一些基本的关爱。因此在10岁半左右他就曾幻想如果没有弟弟该多好，有时在梦中也臆想要害死自己的弟弟，甚至希望自己的弟弟意外病故。然而当他稍微长大一点，进入青春期后，回想到自己曾经的这种念头是多么可恶与荒唐，他觉得自己非常没有人性且违背伦常道德，因此在那一段时间产生了数次剧烈的罪恶感和强烈的体觉不适，而后他的潜抑机制为了自保，把这些焦虑情绪都压抑到无意识中。多年后，这些被潜抑的仇恨与冲突感在意识上已被升华的阳性情感所代替。平日里他也非常照顾他的弟弟，但是在无意识深处，早期对弟弟的恶意并没有完全消失，而这恰是他成年的情感意识上所不能忍受和承认的一个事实。所以在他四十多岁的时候，同样是因为生活中遇到的一些重大的变故，在那段时间里精神状态不堪重负，于是无意识就诱发了与青春期的那份焦灼感十分类似的漂浮性焦虑情绪。而这份焦虑情绪很显然是经由无意识的置换机制，用弟弟的小孩子置换了弟弟，因此成为当前无意识的焦虑症状。

经过一些系统的分析与心理干预，当他从感情层面充分认识到这一点并克服自己的无意识阻抗，承认早期有过极端的嗔恨情感和现在的症状有直接关联时，他的焦虑症状立刻消退了许多。而后进一步配合一些正念修为与提拉能量场的锻炼方法，成年人的成熟情感开始不断占上风，以后每当再次出现类似的念头时，他很快就会意识到念头的虚假性和可笑性。（疏导治疗的过程，不会是简单的，往往需要一个螺旋向上的过程以及持续的整合式心理学辅助启蒙）

　　这个心法的核心就是认识到症状是因为无意识中的幼稚性残留情感产生的，同时领悟到害怕各式各样的"万一"，也是来源于儿童或青少年时期思考问题的方式，它们的本质是幼稚的，是把盲目性的"灾难式联想"当成了事实。所以突破的重点之一便是揭露"幼年情感"的幼稚性及荒唐性，且必须认清那种盲目的、不符合成年人逻辑的焦虑情绪的本质以及为解除这种幼年压抑情感所采取的手段都是幼稚可笑的。这方面若能获得积极的深刻领悟，一些"非理性"的症状也就失去了存在的意义。（该方法源自于已故的心理学家钟友彬教授的启蒙，其代表作《认识领悟疗法》）

　　为了更好地协助一部分读者进一步领悟及卸下"幼年模式"，在此提供一些源自于多年心理咨询工作实践中的精简启蒙话术，它适合所有沾染慢性焦虑障碍的心灵阅读，包括上文提及的具有余光恐惧症状与强迫性症状的人群，仅供参考：

　　1. 莫名地害怕各种"万一"是儿童的幼稚思考方式，因为对于成年人而言，即便一个事情有三成的发生概率，他也不会坐立不安，他会做好最坏的打算，很快就能接受所谓的最坏结果。但是对于"幼稚性思维"而言，当它占上风的时候，即便客观环境并未有什么潜在的危险，它也会表现得像一个无条件投降的三岁小孩，而这般心气反应模式与一个成年人的情感反应则完全相悖。

　　2. 正常的"成年情感"对于生活中一些潜在的"万一"根本不会多加考虑，比如担心飞机失事、担心车祸、担心在饭店就餐时沾染致命病菌、担心逛街时被抢劫、担心开车时被拦截殴打、担心他人从自己的眼神中看出不洁思想、担心与邻居吵架后被谋害、担心突然大地震、担心突然发疯、担心克制不住余光、担心人生突然毁灭、担心意外猝死等。而正常的成年情感对于社会上的这些"万一"的概率事件在理性上也表示承认它们的存在，但并不会担心自己会成为那个"万一",因为对于"成熟的成年情感"而言,如果对这种概率事件也要去提心吊胆的话,那么恐怕什么事情也做不了,地球干脆停止运转好了。

3. 成熟的成年情感模式不仅不会被"万一"所牵绊,他们也根本不会去做出许多无效的动作来解除这种"万一",甚至连想都不会想,照样该享受生活就享受生活,该扩大业务就扩大业务。而当"幼年情感模式"占上风时,为了防止"万一"而做出的许多费时费力的动作,实际上就是儿童式的抗拒,把"灾难性联想"无条件地当成了现实。

4. 使我们受惊吓的具体事件已经潜留到无意识中,一时半会儿想不起来(通过深沉的精神分析或潜意识回溯法是有可能看清楚的),但创伤的情感能量被遗留下来了,虽然个体意识不到,但在生活中遇到类似的"万一"的冲突时,就会触景生情式地诱发那份无意识深处的幼稚性情感,这个幼年情感模式套着成年人应对外界压力的外衣再现出来,好像很有理由一样,成为当前的漂浮性焦虑情绪。可以说,当下我们所害怕的一些对象在成年人看来并不可怕,也是毫无意义的,只能吓唬不懂事的小孩子。因此,我们需要反复温和地领悟当下我们不是"小孩子"了,应当用成年的态度对待外界的各种客观事实,今后遇到任何焦虑的对象都要想到不要再让儿童式的恐惧心理占上风。**"幼稚性思维"就是擅长通过不断地想象、幻想,而后以妄为真,把它无条件当成事实,并以幼儿的行为方式去应对症状。**

5. 一旦领悟到症结是成年人的情感退行到幼稚的心理模式上,并且领悟到并非成年人应该有的症状,而后常常站在成年人的立场上看清自己症状的幼稚性,再配合此书中所分享的正念禅修技巧与"习以治惊"原理,久而久之,量变到质变就会产生"顿悟"的效果,届时一些顽固的焦虑症状可以在短时间内减轻或消失。

初期焦虑的形成原因:(1)早年经常听到父母吵架,对父母的每次吵架或怒吼会处于恍惚和无助状态;(2)与早年的天赋失去连接,"自我"不甘于成为一个退化的"伟人";(3)未从母亲那里得到足够多的安全感,未从父亲那里得到足够多的价值感;(4)多次重大的惊吓,大脑处于恍惚状态;(5)持续3年时间的放不开,不敢独自探索外在世界;(6)在母亲临产时经历了巨大的分离性痛苦；(7) 与家族中的某个成员有长期的关系纠缠；(8) 本能攻击驱力及原始欲力被严重压抑，于是转向对内攻击；(9) 性心理的压抑与创伤。也是成年前的几个性驱力方式受到比较大的压抑或固结：口唇期（0—18个月）、肛门期（18个月—3岁）、性器期（3—6岁）、潜伏期（6—12岁）、生殖期（12—18岁）。值得一提的是心理学鼻祖弗洛伊德先生曾说"神经症是对性心理障碍的否定"，我认为这个观点有较大的研究意义。

6. 事实上，当一个成年人能够完全允许自己的生命中有一些不完美的潜在危机，那么这些危机也将成为人的一部分内涵。同时，在相对成熟的成人情感看来，正因为未来存在一些不确定性，所以才有乐趣，才会有新奇感，因为黑夜与白天是一不是二！**没有人会害怕焦虑，我们只是害怕自己所编织出来的焦虑故事。我们以为自己会害怕潜在的冲突，其实我们真正最害怕的是自己"身份"的消失**。这也是成年人有可能会害怕的软肋——"死亡焦虑"，除此之外，成年人都可以花时间接受并承担得了任何虚无缥缈的"万一"。

7. 从某种心灵哲学角度而言，各种"灾难性联想"和"事实真相"之间的确不是一回事，两者永远不会相遇。强迫性联想或灾难性联想被强加在事实上面，它们扭曲事实去迎合那个"应该"，即源自早年的那个声音：你要小心点，要避开一切冲突，不要惹麻烦……在日常生活中当我们看到一个事物并立刻产生灾难性联想时，大脑会立即制造出一个它的"副本"，并将它看成是真实的。就好比当你看到一条狗时，大脑会立即转移到你可能有过的对狗的印象，因此你根本没有"看到"眼前的这条狗，你看到的只是过去那个"人"对"那只狗"的印象，而此时的印象根本就不是"真相"。

我们的困难之一是想要尽快越过眼前的心灵坑洞且即刻走到下一步，可是这样一来"小我"的思想就会去抓住它，去延长它，这就是冲突焦虑的另一个方面。我们需要关注的是焦虑背后的"欲念"以及对它的理解，而所谓的理解就是去审视欲望的整个细微的活动过程，也就意味着给予它适当的位置，那么它将不会变成麻烦制造者。简言之，如果需要有一种深刻和真切的变化的话，我们需要不带"过去的价值判断"去观察"眼前"所有的这一切，不带过去创伤记忆去感知整个"幼年心气反应模式"的"成住灭空"，只是准确地去看"事实"。这样一来，经由充分的认识领悟与正念觉察的携手合作，

就可以更好地协助"成年成熟情感"占上风。(此书中的一些章节提供了不少正念觉察智慧,供参考)

8. 我们当初的潜意识生病的正向意图是什么?一旦你找到了答案,应该更深一层祈求内在"指导天使"(高层潜意识)启发自己下一步应该如何积极回应。

生命中的每一件事都是由我们自己制造出来的,一切外障皆是内障的感召,而这一切造作亦都有相同的目的:治疗自己的某个失落的部分,增长体验,建立信念。

性心理失衡所导致的焦虑

一些幼稚性思维之所以占据上风还与青春期性心理失衡有较大的关系,举例分析:当事人是一位26岁的女性,自述罹患对视余光焦虑逾多年,在多年的心路历程中,也尝试过药物治疗与心理治疗,自感病灶不息的背后是早年的道德洁癖与性格压抑。

她在大学毕业后,进入社会工作的第一年,由于适应能力严重不足,在价值观上形成了一些"偏差错乱",工作一年后就莫名其妙地产生对视交流紧张的焦虑症状。这突如其来的症状,令她几度慌乱异常。因为缺乏对烦恼的正见,她拼命地排斥自己的症状,结果却不断地强化了它,而后没多久泛化成"敏感性关系妄想焦虑",就是与人说话的时候总是担忧对方会看出自己是一个不道德的人,也十分害怕对方会误解自己游离的眼神,担心自己的眼神被对方看出有"色眯眯"的意图。因此与人交流的时候总是无法直视对方鼻梁以上的部位,眼神总是不自觉地停留在对方的胸部或落在私处,这样一来就更加担心对方会觉得自己是一个"龌龊"的人,由此时常进入恶性循环的焦虑模式。

经过一些心理疏导与分析启蒙,当事人愿意卸下一些心理阻抗,向心理指导师道出自己曾在6、7岁时,于几次父母亲不在家的时候多次跑到同一个院子里的邻居家,并和与自己同龄的一个小男孩玩起了"过家家"的性猎奇游戏，两个孩子互相拥抱过，也都触碰过对方的生殖器。据她回忆当时在好奇心被满足的同时还伴随一阵强烈的兴奋感。很快，她把这些幼稚游戏的经历就忘记了。此后在 8 岁到 12 岁的青少年时光中，严厉的母亲时常在茶余饭后向其灌输："女孩子一定要矜持，在大学毕业前都不允许有任何对异性的非分之想，若出现这样的想法就是一种可耻、没有教养的表现……"

在一次自修课上，她的眼神不小心偷偷地瞥了一眼旁边课桌的一位男同学，而那位男同学几秒钟后故意以一种"惊愕"的眼神回看了她一下，刹那间，她感到紧张、脸红，甚至无地自容。就在这"电光火石般"的瞬间，由于反应过于强烈且缺乏一定的逻辑分析，便形成了最初的"导火索"。用她的话讲，导火索引燃的这一天就是她坠入"心灵炼狱"的开始。在短短的数个月时间里，因为"超我"的极力压制与自责，她的眼神变得越来越不自然，其潜意识就如同被"妄相"催眠了一般，开始深信如果与异性眼神对视，对方一定会看出自己是一个不正经的人。

解析：首先并非所有的孩子都有这样的早年性猎奇游戏经验，但是即便体验过这样的幼稚性游戏，成年人也无须对这些儿童加诸任何道德上的批判，因为儿童也是有性心理的。重点是教育者对此加以科学的导引与适当委婉的解释即可，这样一来，基本上就不会有什么问题，孩子可以相对容易地以合理的方式度过青春期性心理危机。

许多性心理专家或过来人都鼓励在青春期教育中加入性心理的正见教育，认为其意义是非同小可的，但是并没有得到教育界的广泛性认可，这是一种很大的遗憾。在我国广大城镇、乡镇地区的中学，性心理教育不是瞒天过海就是稀里糊涂，教育者好像生怕惊动"老天爷"似的，这种错误的见知就形同当年的慈禧太后担心造火车会惊动老祖宗一样荒唐、愚痴。反观美国、荷兰、加拿大的中学生性心理辅助教育课程，的确是高明且科学的，这里头一定有不少心理学家的积极建言献策。

但是，性心理的正确教育绝对不是鼓励孩子迈向性泛滥主义。所谓的"解放"是针对那些荒唐的"性道德洁癖"与"性道德压制"。一旦这方面获得了解放，被长期压制的心灵才能如释重负，轻装上阵，就可以避免"内在封闭的能量系统"压力剧烈攀升而出现"溃堤"的风险。那些认为解放性心理就会造成性泛滥或性放纵的旁观评论者,皆因所知障及愚痴心在作怪。一个即将迈向成年的孩子,只要没有"性道德洁癖"的卡点,他们的"自我"自然懂得在性禁欲与性放纵之间达成一种适应社会、适应身心的平衡。许多心理障碍患者一开始都是因为性道德洁癖观以及受封建落后思想观念的牵绊,致使在青春期莫须有地承揽了无尽的"自罪""自责",而在前沿的身心能量学中,自罪与自责则是拿走自身能量最快的途径之一。不计其数的青春期孩子(中学生)就是倒在对"手淫"与性心理的错误认识中,进而内耗严重,精气神长期被自责感所侵袭,致使神经也出现各式各样的功能性假性紊乱,最终大脑不得不以焦虑、头疼的信号来提示潜在的心灵危机。

然而,并非所有此类个案(余光焦虑、对视紧张、被洞悉感)都是因性心理的压抑而创化出的症状,但这一类的确占据不小比例。我个人认为幼年的性本能动力与性心理的确存在,小男孩在很小的时候就会有性幻想,而后"小鸡鸡"会勃起,当看见女性的乳房或裸体等画面时更会异常兴奋。而女孩子在6岁的时候也会有爱慕同龄小伙伴的驱动力,有时候这方面的"热情度"与"大方度"比一些小男孩都更加纯粹。而这些表现本身则都是正常的。而一些女中学生在青春期学业压力较大的时期,因无意回忆起曾经的幼年性猎奇行为,便顿觉异常羞愧与自责,从而为心理退行机制的产生埋下了导火索。实际上性本能本身是生命力的一股原始驱动力,有其合理的位置,只要能够科学地认识与导引,本身亦可称为未来心理健康的保障因素之一。

进入青春期的孩子,因性能量开始旺盛,性心理也开始不断发展成熟,此时教育者与家长完全可以尊重一些孩子对异性开始有追求的蠢动之心,而后在这个尊重的基础上再积极地引导这些孩子把更多的精力优先放在学习上以及体育运动上,若发现个别孩子有陷入早恋的倾向,其实有许多合理的道理及性心理教育类的读物可以提供给这些孩子参考,绝大多数孩子都会适可而止。因为,青春期孩子的性心理需求并非要通过成年人的性交方式来满足,而且绝大多数的孩子也明白"性交"是不利该阶段的身心健康的。所以,只需要保持与异性同学的合理交流或互动,本身就是满足性心理的合理宣泄渠道,这样就够了。

对本能施行压制与道德批判绝对是下策。然而却有无数青春期的孩子因缺乏正确的观念与认识,其性心理被压抑得非常厉害,因此与异性交往时往往也显得胆小、拘谨,于是许多时候只能通过性幻想来满足,而持续的性幻想本身就是一种变相的压抑。总之,成年世界的教育者们若是以绝对的性道德洁癖观来束缚青春期的孩子,这种方式本身就非常荒唐且盲目,亦是日后成为一些心理障碍患者诱发"幼稚性思维模式"的重要推手之一,不可不察也!

焦虑背后的退行现象与阻抗机制

一位业务能力拔尖的男会计师,总是担心在报表上不小心写上一些特殊字符,因此每次做报表的时候都要反复核对 2 个小时以上,似乎一旦写上一些不相干的字符就意味着会发生天大的灾难性事件。

经过分析,原来是他在小学的时候,因为对父亲实行的棍棒教育的严重不满,他时常在小本子上写满各种诅咒父亲的话,有一天他在本子上写着希望父亲死掉等语句,不小心被他的姐姐看到,他跑到卧室,关紧房门,趴在床上并用被子盖着,俨然一副生命受到重大威胁的囧样。闷在被窝里的 20 分钟时间里,他心跳很快,高度紧张,没多久就感到天旋地转,意识明显处于恍惚的状态。接着到了晚餐时间,姐姐喊他下楼吃饭,他战战兢兢地来到饭桌前,看到父亲正悠闲地喝着小酒,姐姐也自然地吃着饭菜,事态并没有像他所想象的那样严重,于是降低了不少紧张感。然而在未来的几个月中,他总是担心姐姐会突然把这个事情有意或无意地告诉父亲,所以总是心有余悸。半年后,随着时间的推移与学业的压力,他也淡忘了此事。不过,那份强烈的道德冲突与恐惧情感的残留却卡在无意识中的某个角落。年近 30 岁时,因为一些导火索,在相当长的一段时间里他总是闷闷不乐,精神处于高度紧张的状态,精神防御机制中的"退行置换机制"(化装)发挥了作用,就开始跑出与早年那次焦虑感非常类似的一种漂浮性焦虑症状。

在他的主诉中,我了解到当事人似乎透过这份无意义的焦虑可以让自己获得一定程度的"赎罪"。同时这种机械化的焦虑对他而言似乎也意味着一种说不出的好处，而这份好处就是"留恋幼稚的好处"。从某种观察角度而言，其漂浮性焦虑症状的本身就是自我与"无意识冲动"冲突妥协的产物与替代品。那么既然症状可以使患者得到某种无意识层面的满足，心理指导师要协助其减弱症状，实际上就是剥夺了这种满足，当然会得到当事人一定程度上的无意识顽强抵抗，因此这就是为何有些个案有时候虽然嘴巴上说很想要快速地获得领悟，但是其潜意识对"取消"症状总是显得不情不愿，软弱无力。（这个通过"生物反馈仪器"是可以测试出来的）

另外一个阻抗的常见原因是当事人已经习惯通过这种焦虑来阻抗工作中的潜在焦虑。许多体验过慢性焦虑障碍的苦痛心灵或许都有这样的普遍经验：如果出现另外一个更大的焦虑，那么之前的焦虑就会被暂时"中和"一下，而这种症状的转移现象本身看起来就是一种说不出的"好处"。就好像擅长装病逃学的孩子，其父母往往会暂时以关怀与满足为主，但长期这样下来该孩子便会觉得通过装病就可以逃避一些在学校的挫败感以及一些人际关系上的失落感，而该孩子一旦对这种伎俩"上瘾"则会变成一种坏习性。

对于许多烦恼心灵而言，当下最重要的工作之一就是克服"无意识阻抗"，一旦粉碎它，"成年成熟情感"便会进一步的"占上风"。简言之，若要突破阻抗，就尽量也养成一种习惯，一种遇到任何焦虑时立刻去面对，立刻去处理的习惯。而后立刻放下，不去多想，即便还有一些漂浮性焦虑，可在心中暗示自己，"等它们发生了再说，坚决不再依靠灾难性联想来消除焦虑"，这个小小的习惯就十分有助于突破这方面的阻抗。例子中的主人公，经过一些系统的心理分析与疏导、启蒙，对症状的形成过程与"化装"不断地加深认识，最终当他明白了表象症状的盲目性与潜抑在症状背后的隐意后，症状就消退了很多。

为何在一些沾染焦虑障碍的心灵知道了症状的真意以后，那些顽固的症状就会减轻或消失？原来，强迫症或焦虑症的内部原因都发生在早已过去了的幼年期，不论是性心理的固结还是初期焦虑，抑或曾经的仇恨体验，在成年人看来早已没有什么意义了。一旦知道了产生并维持症状的盲目力量原来是过了时的，是没有现实意义的经验与幻象，就会如同突然揭示出久猜不中的谜语一样,紧张情绪立即会轻松下来,症状还有什么存在的必要呢!不过,在具体的疏导工作中,并非如此简单轻松,需要通过累积性的分析与启蒙让当事人在表意识层面与潜意识层面都充分地认识与领悟到症状的隐意才行。而通常情况下,为提升领悟的品质,在疏导过程中最好还需要配合其他一些心理学辅助法来协助降低一些焦虑感。(部分观点引用自《认识领悟疗法》)

> **补充:什么是无意识阻抗情绪?**
>
> 在深度辅导中,当指导师触碰到当事人无意识中一个重要的恐惧印痕时,当事人会自发采用过去所生发出来的某种旧有的防御机制来获得暂时的自我保护,也就是说这个心业的惯性力量已经非常强大,完全把当事人深深催眠了,因此大多数当事人都会出现回避、排斥等自我防御行为。那么这个时候如果心理疏导师顺从当事人的防御,或许当下可以让他感觉到舒适,但从根本上来看是非常有害的,因为下次可能会变得更难。
>
> 在深度潜意识探索中,往往会经历一个时期,在这个时期,来访者会暂时经历一些精神上的困难,因为要面对自己真正的软肋与脆弱之处,而这又是人格改善所必需的。也就是说,针对慢性焦虑障碍的深度调心过程中,于某个时期如果没有一点点痛苦,那也将是毫无意义的疏导与成长,仅仅只是宣泄而已,根本无法让当事人获得真正的领悟与蜕变。
>
> 指导师如果和来访者在早期由于过分的共情制造了短暂的"蜜月期",这个时候有些来访者不恰当的人际关系模式在双方关系中则会更明显地表现出来,将会带来一系列的问题。结果往往是来访者反过来无意识地对心理指导师进行各种心理干预,把他和指导师的关系拉向他旧有的模式,拉向有利于他的当下习性。而这时,指导师倘若顺从来访者的各种情绪需求,被当事人的各种短期宣泄性的情绪拉着走,或不断讨好来访者的习性,那么最终不仅来访者无法解脱,指导师也会十分被动。(部分心得源于朱建军教授的启蒙,其代表作《意象对话心理治疗》)

幼稚性焦虑与习性癖好

有一个25岁的小伙子,曾在青春期因为对手淫这个问题缺乏正见启蒙与必要的性心理教育,因此在高中与大学期间,其心灵时常处于严重自责的状态。而当时他潜意识中的防御机制为了避免更多的焦虑,很自然地就发明了一个与症状有关的"故事"。最终潜意识为他量身定做的是一种比较独特的强迫对立情绪,总是让他沉溺在一种毫无意义的"哲学"问题上,诸如:树叶为什么是绿色的,地球上为什么只有人类是聪明的,为什么我们会在地球上,为什么我是出生在这个家庭里等这般妄情、妄识、妄念。

哲学家也曾经思考过类似的问题,但是思考的过程没有痛苦与冲突,而是一种相对专注的心志与充实。但是该小伙子可享受不到这份乐趣,他自己有时候也会觉得思考这些问题十分怪诞与无意义,但总是被一股力量牵引着去被动纠结,好像这种纠结对他心底深处的某个内在小孩而言有一种说不出的好处一样。虽然被强迫观念困扰多年,但他始终抱持着一个比较难能可贵的信念:待我搞清楚自己到底在害怕什么,有一天我也可以对这个世界传播一份正能量。

据他回忆,虽然在大学毕业前的相当一段时间里时不时被动地与这些此起彼伏的焦虑情绪共处,但借着这份充满正能量的信念,以及大学期间从一两位心理咨询师那里学到的一些面对烦恼的积极心理学,而后通过积极实践顺其自然的哲学与充实生活,顽固的症状的确获得了一定的缓解与扭转,虽然还谈不上真正的蜕变,但基本上可以应对工作与常规人际关系事宜。不过,在他找到我建立咨询关系的时候,他的核心诉求并非要处理强迫情绪,而是一种比强迫情绪还要影响他精气神的坏习性。他说,强迫症倒没有让他精神崩溃过,而这个坏习性曾几度让他精神呈崩溃状态。这个坏习性就是每当他遇到一些焦虑的刺激因子或外在的压力时,他的大脑总是会毫不犹豫地选择用"性快感"来抵御焦虑感。

常识小贴士

性能量本身就是个体能量库中非常强大的一股阳性能量，若能将其导入到充实的工作与对生活的创意中，这份能量会提供给个体无与伦比的精气神。相反，若一颗心灵把它导引到纯粹的性欲望的满足中，过度地纵欲则会造成身体的衰疲以及一种恶性循环的习性链，这样也会进一步创化这方面的心灵坑洞现象。

比如，许多NBA优秀篮球运动员以及欧洲顶级足球运动员，其竞技比赛生涯注定是在成功与失败之间不断地切换，如同潮水有涨有落。因此在这个过程中，假使某位求胜欲与企图心强烈的运动员有不合乎规律的目标及欲求，肯定会频繁地感受到失落，因为在人才辈出的竞技圈，只有个别天才级运动员可以保持"常胜将军"的形象，而绝大多数的运动员是办不到的。因此曾经技高一筹的球星的职业生涯进入一种持久的难以逾越巅峰时期的优越感时，就会频繁受到挫败感与失落感，甚至还要承揽许多网友对其疯狂的负面评判与堆积如山的投射式发泄。

所谓的投射性发泄是指网友或"粉丝"会把自己对生活的不满与压力投射到自己所关注的"明星"上，这是一种不容易自我觉察到的自私心理与潜在的人性弱点。如同在心理学治疗中常见的"负移情"现象。许多有良知与素养的心理指导师或咨询师有时候都会不小心承接某位来访者的负性发泄式投射。每当当事人不愿意卸下一些对成长不利的阻抗因素时，往往更容易发生这种变相的投射现象，他们会把早年对某些家庭成员的无尽嗔恨与愤怒借着咨询诉求未被及时满足而发泄出来，这种愤怒与嗔恨会转移到咨询师身上，而一些求助者往往不能自觉，只是单纯地归咎为是咨询师没有照顾好他的诉求，而不能正确地意识到自身诸多诉求都是积重难返的问题，是需要时间与耐心来领悟与精进的。

顶级运动员正因为承揽了许多叠加性的压力，一时半会儿找不到释放的途径，其精神防御机制中的某一环为了提前缓冲预知中的更大焦虑，会退行到一种盲目追求目标可以快速弥补这种空洞感的诉求中，这时，毫无疑问"性能量"的释放是一个看似唾手可得的途径。在性能量释放的过程中身体的确可以分泌出一种类似"兴奋剂"的化学物质,可以让焦虑的身心获得一定的和缓,但这种精神快感也是很短暂的,一旦发展成一种逃避压力的习惯,它就会成为一种顽固的心瘾,后期调和它的难度可能不比一些强迫症来得小。其中有一些运动员发现性能量也已经不够有刺激性时,一不小心就陷入了依靠各式披着兴奋剂名义的新型毒品来满足这个虚假的心灵坑洞的陷阱。我认为大部分因素皆是失落的优越感文化与缺失心灵正见文化的普及。这个是全社会需要引起反思的哲学问题,若把这些现象无知地归咎为个人品行问题,恐怕这个社会已经缺乏最基本的自我净化能力与正确思考的能力,如同哲学中所讲的"未出入已堕入两边"的非中道观。面对各种各样的社会性问题,只要是偏于一端看待问题与决策的,一段时间后就会遭受更大的苦果或灾难。

面对上文所提到的小伙子"依靠性瘾来转移焦虑"的问题,我在初期的几次交流中尽可能地在认知上协助其卸下道德伦常方面的自我批判与负疚感,有时候这种负疚感本身比强迫观念或焦虑情绪都更加容易摧毁一个人的信念系统与能量场。我反复强调他们之所以沾染了一些心瘾与不良习性,是有苦衷的。这些人早已认识到问题的严重性与无可奈何,只是缺乏改变的有效工具而已。而临床中常见的各种性心理失序的个案,我们也不能用道德的色彩去评判这些表象,他们也不想这样,只是一些外界的压力与挫折超出了其能力范围,以及缺乏一些必要的社会性协助与理解,所以才会退行到盲目的性取乐的代偿中。

从东方哲学角度而言,非中道观的评判本身就是一种心业的投射,而平等心接纳则是感化"卡点能量"的基本前提。若要通过沟通来化解一些隔阂,沟通者最需要的素养不是喋喋不休的口才,不是清高的教养或高人一等的"智慧",更不是带着先入为主的成见来交谈,因为这样的沟通过程往往都会投射出沟通者对被沟通者的一种精神施压。

哪里有压迫哪里就有反抗。我认为有些隔阂之所以不容易化解,核心就是缺乏一颗柔软的心,总是缺乏以退为进的智慧和以柔克刚的宽容式自信。因此,破除沟通障碍的过程一定要先尊重对方的心理空间,人与人之间之所以有隔阂就是因为内在空间受到挤压,有时候多说不如少说,少说不如不说，不说不如无话可说，无话可说意味着一切通达。这种不言之教的背后是一种对人性深深的尊重。在尚未点化前，仅仅只是这样一种心念，即可让一些所谓"冥顽不灵"的心灵感受到一股正能量与慈念。因为大部分人在潜意识中都不喜欢被教育，最需要的是获得对方的深刻理解与尊重，而后才会认同一些点化与建议。若直接去说教，不仅容易事与愿违，而且会加深对方的对立情绪与厌恶感。许多沾染不良习癖与慢性焦虑障碍的心灵，多半心智系统没有明显缺陷，道德系统也没有明显缺陷。相反他们的智力水平、潜在道德水平、潜在才华水平均高于普通人，甚至在某些方面的创造性智慧是所有人格形态中最具天生优势的，关于这方面的数据毋庸置疑，有成千上万的人可以证实这一点。

多言数穷，不如守中。我强调它的目的不是为了引发不必要的口水战，而是寄语广大在网络上喜欢扮演评判角色的"宗教掺和者"与"道德清高者"，对许多迷惘苦痛的心灵或误入歧途者要给予一些心理空间与中道的人性观，因为有一天一些无明烦恼或麻烦可能也会降临在那些"好为人师"的人身上。有智者间接启蒙：喜欢对他人说三道四或强加他人罪恶感的，最容易拿走自己的"福气"。除非我们可以帮助到这些迷惘的心灵，否则最好保持沉默。

文中的小伙子的"性瘾"问题，是一种逃避社会性压力以及曾经为了转移强迫观念的焦虑感而被创化出来的。这个问题依靠常规的认知说理或行为疗法中的"厌恶惩罚"原理，作用力是比较有限的。此外，在面对这个强烈的心瘾来袭时依靠所谓的顺其自然哲学，往往会被当事人的习性冲动曲解为听之任之，盲目任其妄为。

诚然，顺其自然的哲学可以与正念觉察哲学应用于各种焦虑情绪的调适中，往往有十分积极的正面意义。但若是运用在针对一些深沉坏习性的纠正上，对于有些人而言则并非是最契合的工具。因为对这部分心灵而言，当那种强烈的"瘾头"来临时，"顺"它还是不"顺"它抑或不管它，似乎都会给自己带来一定的焦虑。若是顺着它的冲动，就会继续沦为这股习性的奴役，而去化作行动继续采取纵欲或"嫖娼"的方式来满足这个心灵坑洞；若是不顺着它，在那边跟它对话，试图用意志力压制它，恐怕会在瞬间强化焦虑感；

若是不管它，带着这个冲动的感觉做该做的事情，如果有一定的内观能力，的确也可以把这股能量适当导引或消耗掉。只是不少此类当事人面对性瘾冲动来临时，犹如足足憋了几个小时的尿意一样，感觉似乎不去释放一下膀胱就会爆炸，所以很快就招架不住而向习性投降。而若是用宗教道德批判来进行压制性教育，有时候的确可以收摄一些习性的冲动，但是依然是一种否定性的自我压抑。那么如果有一种方便法可以处理这个"瘾头"，则意味着很多其他方面的瘾头或坏习惯都可以获得类似的效度。

东方哲学中有：法无高下，法无定法，理通法自明。在具体的临床疏导工作中，心理指导者一定要根据实际情况跳出局限性观点，从人本主义的角度抱持"有效果比有道理更重要""良好的互动关系胜过理论"的价值观作为自己引导来访者的依据。而在多年的求学过程中，我发现在"神经语言程序学–NLP"中有一个方法可以相对良好地处理这方面的问题。面对上文中这位25岁的主人公，后来我教导他掌握了这个自我调适策略，他娴熟地运用并操作了一个多月，效果几乎是立竿见影，最终比较妥当地解决了这个"性瘾"困扰，再一次看见了生命的微笑，欣喜不已。接下来我把这个方法的具体应用方式与细节叮嘱公布如下。（《激发无限潜能》一书中亦有记载，作者乃NLP著名实践者安东尼·罗宾）

神经语言程序学理论认为许多"坏习惯"是以记忆或影像的方式储存在大脑神经元网络中，因此若能改变心理暗示所对应的画面，就能阻断或更换掉这份习性的神经链。简言之，大脑喜欢将听觉、视觉、触觉的感官信息组合成影像的方式储存着，那么我们就可以以相同的储忆方式来替代原先的储存信息，从而改变原先坏习惯所对应的心理画面。

好比当一个人回想起一份愉快的经历时，大脑中总是同步呈现一幅相对明亮且轻快的画面，且画面中储存着特定的声音与感觉。反之，当一个人悲观的时候，大脑中也总是同步呈现出一幅相对灰暗且令人感觉焦灼的画面。一些心理学前辈们根据这个原理发明了"影像飚换策略"，它可以用来处理一些顽固的坏习惯，诸如拖延、怠惰、咬指甲、暴脾气、性欲亢奋、厌食、贪食、购物癖、烟瘾、酒瘾、物质滥用等。其原理也非常简单。当习性浮上心头的时候，通过一些简单的冥想，用一幅积极的"好行为画面"迅速替代坏习惯所对应的画面，再经由多次重复，就会形成新的条件反射。一些研究脑神经学的心理学家认为失落和快乐都不是客观事物，而是通过特定的心理画面、声音和生理行为创造出来的，因此是可以进行人为加工的。

步骤一：花一点时间确定自己想要改变的坏习惯，且将这个坏习惯视觉图像化。比如一个人想要改掉贪食的坏习惯，则在心中预想自己大快朵颐的馋嘴画面。

步骤二：构建期许中的理想画面，也就是说当改掉贪食的坏习惯后，自己所呈现出的新精神状态以及体形曼妙、自信满满的画面。（人的潜意识喜欢正面且具有一定激励性的个人影像画面）

步骤三：此乃最为关键的步骤，需要将这俩组心理画面"飚换"。所谓的"飚换"就是让后者的积极心理画面迅速占上风。当那幅我们想要改变的旧有画面浮现时，通过想象的触发，以一种全新的、活力的方式替代掉旧有画面中所潜藏的各种觉受。具体操作方式：首先让对应坏习惯的那幅心理画面自然升起，这幅画面尽量清晰一些，而后在这幅画面的右下角植入期望中的理想画面，这个画面只需占用很小的一块角落，颜色呈暗淡。紧接着，在2秒钟左右将这个右下角的小图片逐渐放大，使之越来越清晰，直到完全覆盖之前行为的画面。就在完全覆盖的同时，嘴巴顺带喊出一句激情的口号，比如"YES""喔""呼"，这种简单的口号容易传递给大脑一种兴奋的信号。

步骤四：闭上眼睛，感受一下积极的心理画面所带来的美妙感觉以及对生活无与伦比的冲劲与达观。然后过一小会儿再睁开眼睛，进行以上步骤的多次重复练习。这个策略应用的关键就是当我们想象小图片变大时的速度尽量要快一些，同时整个完整的步骤要至少重复21次以上，这样就容易形成一种新的神经链路径。当重复数十次后，再回头瞧瞧原先的心理画面，可能就没有了此前的那种感受或冲动，那么很自然地就不会继续被旧习性牵绊而重蹈覆辙。如果所设计的期望画面不足以引起大脑的兴奋或不够有吸引力，那么最好重新思考设计一下画面。因为人的潜意识与"本我"总是喜欢寻找快乐的元素。如果一个人看见自己不贪食时的良好精气神与优雅形体比暴饮暴食时的画面更具有吸引力，那么就意味着向大脑传递了一种强有力的兴奋信号。

前文案例中的那位被性瘾困扰的当事人就是依靠这个方法成功解除了"冲动",他的理想画面便是:开着自己心爱的车子在风景怡人的山坡上,享受夕阳无限好的平和心境,而画面中的自己因为不再有性纵欲而充满了生气与畅然。通过积极地练习,这种新的状态和之前的沮丧画面同步联系在一起,每当他出现想要依靠发泄性欲来转移焦虑的心理画面时,会即刻用这幅积极的达观画面来取代,而这幅积极画面中的感觉也会代替之前画面中的不良感觉。这样一来,原先的坏习惯就失去了存在的意义与动力。不过,这个技巧不适合针对一些顽固的强迫性妄念,因为一不小心一些心态急躁的心灵会把这个策略当成是控制症状的方法,而控制的过程必然会产生紧张与抗拒的感觉。而一些带给自己较大焦虑的坏习惯是以相对静止的画面储存在记忆系统中的,因此是可以通过想象的方式进行信息再加工处理。

探秘气质、人格结构与性心理失衡现象

> **导言**
>
> 我们亟须了解各种慢性焦虑障碍背后的气质因素、人格冲突模式与性心理基本误区,经由科学的认识与领悟必定会舒缓不少焦虑感。同时,当我们面对困难的时候,最好都从最易明理的地方切入,一来可以培育自信心,二来这是不悖自然规律的做法。
>
> 《沉思录》:宇宙的本性有这一工作要做,即把这个地方的事物移到那个地方,改变它们,把它们从此处带到彼处。所有事物都是变化的,但我们没有必要害怕任何新的东西。所有的事物都是我们熟悉的,而对这些事物的分配也保持着同样的感觉。
>
> 笔者:哪里有恐惧的冲动,哪里就有解脱的隐意。

从疾病文字相中抽离

神经症,从情感上而言我不是特别喜欢这个词汇,尽管该词汇在学术上使用有一定的便利性,而且在临床上一些常见的慢性焦虑障碍都属于它的范围。在我国有许多这方面症状的"患者"都是农村的中老年人,他们去综合性医院的精神科或神经科寻求治疗时,由于医生每天工作量大,根本没有多余的时间对每一个就诊者给予基本的常识性讲解或开导,"患者"的就诊时间平均下来只有15分钟左右,而后医生往往只是机械性地下诊断,"患者"

也就欲言又止地拿着处方单去排队取药了。这其中有一些文化程度相对低的，甚至没有念过书的中老年患者，看到自己是去"精神科"开药，而且还从医生那里第一次听说了神经症（神经官能症）这个词，心里就没底了，有些人就因为这个词，受到了不小刺激。"神经症、精神科、神经病"，这三个词在一些"初诊者"的脑海中不由自主地漂浮着，然后一些原本心理就高度敏感的患者突然发觉：神经症是不是神经病的症状，简称神经症呢？

您不要笑，农村里有很多病人在发病期间就有过这样的思维误区。

几年前，笔者曾经在农村亲眼看见过：一位焦虑症患者躺在一个用小竹排搭起来的简陋的床上，已经有几年了。她不再下地干活，不再有任何茶余饭后的消遣活动，每天充满沮丧地躺在床上。我从她的老伴那里得知，几年前因为一些生活小事上的纠结与应激性压力，她觉得心慌、心跳很快，自觉很不对劲，就去了省里一所综合性医院的神经科门诊，然而并没有从医生那里听到具体的诊断，但她只记得医生说，"回去后好好吃药，必须吃药，不要停，不要到户外剧烈运动，注意静养一段时间……"她回家后，看到药品说明书上写着诸如"本药品适用于……精神障碍"的文字时，就彻底懵了，觉得自己就是得了神经病，而后全身提不起劲，处于极度恐惧与瘫软状态。而这一躺就是数年。躺多了以后，整个人不生病也得生病，后来真的是想起都爬不起来了，因为极度的消沉与恐惧，真正诱发了严重的心脏病与糖尿病。她的老伴也70多岁了，因为她的病，也失去了所有的老年人应有的乐趣与活动。为了照顾她，每个月一半的退休工资都用来买药了，包括不少温补的中药。用他的话来说就是"再等两年吧，再熬两年吧……"，他的潜意识似乎已经做好准备，等待着那辆开往坟场的车。

这是一个真实、令人心酸的故事。笔者当年是被一个老熟人硬拉着坐了2个小时的车过去的，说让我给点建议。然而已经到了这个份上，的确是迟了，该患者听不懂普通话与心理学建议，也拒绝去心理卫生疗养院住院休养，整个人完全处于木讷的状态中，恐怕当时有再好的建议也是多余的空话。后来更多的是为她的老伴疏导了一下常年郁结的压抑。

这就是传统精神卫生诊治中的一些弊端与局限性，但这并不怪有处方权的精神科医生，因为任何一所地区心理专科医院的大夫们每周都要接待数不清的患者，他们也非常辛苦，常年下来，每天都要接触各种各样充满负面情绪与能量场十分匮乏的患者，他们也会感觉到压抑与苦恼。

许多有良知的精神科医生（也称心理治疗师）心底深处也深知心病、心结、创伤、思维模式、行为模式、认知模式与性格陶冶问题最终还需心药来医。只是各大医院的精神科医师受制于传统政策以及一些惯性思维，并没能腾出足够的资源与时间对广大就诊者采取一些必要的心灵干预与系统疏导，通常情况下只能相对机械地开设处方建议。

我们从来不反对药物治疗的手段，有些症状顽固的患者如果对药物比较敏感，也会获得积极的缓解效果。只是当下也有很多苦痛心灵对各式安定类药物与抗焦虑类药物并不敏感，不少人服用多年的控制性药物后并没有获得稳定的转机，反而产生了一定的心理依赖与消极暗示。那么针对此类对药物不敏感的群体，我们这些社会心理学工作者则有责任与义务尽己所能传播一些科学的心灵辅助技巧，以使得更多身陷在焦虑泥潭中的痛苦心灵多一份积极的参考资讯或自助工具。也希望谨以此书的一些助缘，能够引起更多社会人士对广大"患者"的关注与关爱。因为在这些总数量超过乙肝与糖尿病患者的群体中，不知道有多少禀性善良、道德偏高、天性聪慧、有爱心的杰出人士或潜在的英雄豪杰，其无穷的才华与潜能正在被无情的"炼狱之火"所吞噬。其实，这些"弱势群体"并不喜欢被人们称之为弱势群体，他们极力给身边的亲友以坚强的印象，他们常常在夜深人静之时，强忍着心中的苦楚与泪滴。

作为一名普通的心理学工作者，当下谨希望以写作的方式尽可能地给一部分人的漆黑的人生道路上投下一缕阳光。临床中的许多被定义为焦虑症、强迫症、恐惧症、神经衰弱症的心灵，请不要执着于这些烦恼名称，它们的共同核心就是无意识焦虑。当我们足够认识自身的焦虑情绪源自何处，并掌握一些调和它们的智慧时，炼狱之火自然会止息。

焦虑背后的气质模式

在写作的过程中，于夜深人静时会时不时忆起弗洛伊德先生在世时所传播的一些论点，总是心存敬仰。虽然笔者在有些论点上缺乏一些实际的数据论证，但纵观天下数十位心理学先驱，我依然认为弗洛伊德是当之无愧的现代心理学鼻祖，为现代心理学作出了突破性的贡献。虽然后人已经在他的学说上发展出了许多不同特色的学派，似乎效率更高，更好用，但是若没有弗洛伊德那种破天荒式的理论假说，许多东西恐怕至今都无从谈起。弗洛伊德先生的人格学说"本我、自我、超我"至今依然影响广泛，且尚未出现另外一种比这个学说更能够通俗表达一些内在人格的抽象的理论。

为了更加通俗地领会弗洛伊德先生人格理论的内涵，我们可以先从影响人格陶冶的另外重要一面"气质学说"来了解一些我们很容易就能够心领神会的初级概念。

在性格分类与气质学说中，已经发展出了更加严谨的细分概念，但是在教科书上依然保留着古罗马时代医学家的四种通俗划分法，它们分别是：抑郁质、粘液质、多血质、胆汁质。

抑郁质人群的最大软肋之一是容易多愁善感、耐受性相对低、内在情感有时候过度丰富且敏锐，当遇到一些外在重大压力或焦虑事件时，若处理不好则容易钻入牛角尖与完美主义的桎梏中。此类气质类型的心灵往往在早年经历过不少失落性事件抑或未全然经验的事件。**抑郁质气质最大的优势之一便是善于洞察到危机，在某些领域具有极高的细节洞察力，在某种层面而言可能是几种人格形态中智商偏高，道德良知感也相对偏高的一类人。** 抑郁质气质突出的心灵在自我心性认识与修养方面，如果可以调和"超我"的一些不必要的自寻烦恼以及加强"自我"对压力的耐受力，那么一旦进入人生的正确轨道，这方面的人才对社会的贡献往往是无法估量的。

胆汁质人群最大的软肋之一便是脾气易急躁、专制、渴望掌控感、缺乏一些"体贴入微式"的耐心。多数情况下，在整个漫长的青年时代，胆气都比较旺盛，若缺乏一些社会涵养，一不小心就会口无遮拦、过分自我、易得罪人。我们看到许多公众人物时常"语不惊人死不休",往往就是此类特质。他们最大的优势之一便是对压力与挫折的耐受力较强、直爽热情、情绪容易兴奋、有感染力、精力普遍旺盛。胆汁质心灵如果在脾气与禀性方面可以善加陶冶与修养,往往可以成为一些行业里的领导者或精神领袖,也适合成为独当一面的创业者。

粘液质人群最大的软肋之一便是给人一种不紧不慢的感觉,容易循规蹈矩,不喜欢革新,喜欢有条不紊地做事情。这些外在形象往往会令个体收获不少赞美,但有时候一些人生重大机遇也都是在不知不觉间就这样与之擦肩而过了。其个人抱负相对不是很高,容易安于某个职位直到退休。此类特质突出的人群不适合独自创业,不过一些事业单位或公务部门就喜欢招聘这样气质类型的人才,因为"稳定"。这一类型的人群,平时说话一般都是感觉型的,其语速不快,不善言谈者居多,这点和多血质完全相反。其最大的优势就是稳定性强,对一些东西相对容易适应,情绪不容易出现极端的兴奋或过度的失落,相对平稳居多。外在举止看起来也相对比较平和,普遍适合成为公务员、出纳员、会计师、人民教师或需要极高耐心操作完成的一些工程领域的人才,比如经常坐在实验室的科学家、医药家、物理工程师、航天员等。

多血质人群最大的软肋之一就是身边最好需要有粘液质与抑郁质的朋友来适当平衡一些"多变"的价值观,他们有时候会陷入自我感觉过度良好的状态中,有时候也会因为过度的自信而极易忽略潜在的风险。给人的印象通常都是性格外向居多,思维比较活跃,属于乐天派。其最大的优势也是四种人格型气质形态中最不容易产生持久烦恼的,心理强度高且灵活,反应果断且不易死板,行动力敏捷且相对高效,对生命也容易看出希望,善交际,天生不易怯生,精神正能量与感染力充足等,这些都是其他气质类型的人群需要向其学习的地方。比如抑郁质气质突出的人群如果可以拥有多血质气质"不容易自寻烦恼"的优点,那么将有可能成为杰出的幕后人才。他们注定会对这个世间的"漏洞"起到很好的补充与完善。不论是在艺术、科学、文学还是政治、法律等领域皆是如此。

此外,关于价值取向,多血质与胆汁质在一些性格属性上比较一致,多半都是"朝阳型"取向,我们会发现这些人有一个明显的特征就是"动力充沛"。具体来说,他们会乐观地设置一个目标,而后不会因为实行的过程中的一些小阻碍而产生过度的自我怀疑,有时候甚至会越挫越勇。这个特质是任何一颗心灵在做一件事情的时候能坚持到底的有力保障。

那么与之有明显差异的就是抑郁质,抑郁质人群比较突出的是当心灵面对一些潜在的风险或未知领域时,多半会想办法提前规避一些"不可预测"的状况,抑或有时候非常希望能够在确保"万无一失"的前提下再采取所谓的果断行动。那么,抑郁质气质人群的身边最好有多血质气质类型的良友,可以在无形中增加其探索未知的勇气。反之,由于处处要预期式地规避风险,就很容易错过一些良机。抑郁质气质突出的人群过度强调"以防万一",反而会失去"一万之实"。抑郁质心灵价值取向的核心优点是擅长评估风险、擅长补漏洞;缺点则是过度小心谨慎,不容易尝试新的行为模式或进行更多积极尝试。此外该特质人群若无掌握一定的自我正念觉察与调和情绪的能力,当遇到一些突发压力性事件时,则容易诱发一些恐惧心理以及灾难性消极联想。长此以往,这些消极思维一旦形成习惯,就有可能成为临床中强迫症、焦虑症的核心症状的导火索。所以,抑郁质人群最需要学习一些东方心理学禅修的智慧或一些积极的阴阳辩证心理学。

一些正值青春期的孩子如果是属于抑郁质特质相对突出的,老师和父母们则应尽量多加关注他们的一些微妙变化,多给予他们正能量肯定与支持是很有必要的。反之,有许多抑郁质孩子因为没有顺利地度过"多事之秋"的青春期,一些恼人的心理症状在初中或高中的时候就已出现苗头,只是家长与老师并不知情,因为不少临床焦虑症状在表面上未必看得出来。

粘液质人群的价值取向普遍比较"专一",和胆汁质、多血质天性灵活多变的价值观完全不同。比如粘液质心灵如果每年有出去旅游的机会,不会排斥去同一个地方再次度假;他们希望每天走同一条熟悉的路去上班,下班后也喜欢去同一家熟悉的餐厅;去菜市场也往往喜欢购买最熟悉的那几种菜;当他们遇到一些新情况时总是希望回顾过去的经验,以过去的处理方式来应对,所以这类人适合成为公务员、飞行员、火车驾驶员、工程操作员、医院化验员,并不十分适合成为独当一面的创业者。而胆汁质和多血质因为天性外向多一些，他们不喜欢老是去同一家餐厅吃饭，即便去了也希望品尝新的菜肴；若是外出度假旅游，一般很少会选择去过的地方，他们会抓住这样难得的机会去新的地方旅行；他们对机械性的东西很容易感到乏味甚至厌倦，他们的人生注定是丰富多彩的。

　　气质是人格的重要一部分，在笔者看来其本身没有好坏之分，而且随着一些生活阅历的丰富以及正能量的陶冶，也都会发生微妙的变化。所以我们强调的是用发展的眼光来看待一个人的气质类型，只要没有严重的人格障碍，气质中的一些缺陷也都是可以完善与转识的。因此，在不同的社会角色以及处于不同的人生阶段中时，关键是学会扬长避短，经营自己的优势。对自己的劣势有所觉察后依靠一些智慧的书籍或有营养的心灵课程来向上提拉，而不能依靠"超我"的强行压制与批判。

　　以上关于气质特点的论述仅供了解常识。现实生活中，人格在（包括性格禀性）原则上是很难发生逆转性的改变，但气质是可以陶冶的，只要把气质中的一些软肋调和一下，性情就会改变。所以原则上性格是不需要去强行改变的，因为没有一种性格是绝对好的，只要不断地促进自我认识，积极培育达观的心态，让内在空间的平静多一些，焦虑少一些，那么或许就都已经是最棒的自己。

焦虑背后的人格结构冲突模式

　　现在我们来直观地说明本我、自我、超我之间是如何相互制约与运作的。

　　"自我"相当于大脑皮层，在意识层面常常饰演平衡冲突的"天命"，它是一个善于使用逻辑推理的角色。它每天醒来最大的任务之一就是在本我与超我的价值观冲突中找到平衡之道。它不仅要考虑适当满足本我的需求，也需要慎重考量如何不会太"得罪"超我。自我除了必要的逻辑思考外，在大部分情况下只想更好地适应外在充满不安的环境。实际上"自我"是在现实的反复教训之下，从本我中分离出来的一部分。

"本我"是人格中最原始与最不易把握的部分，它是由一切与生俱来的本能冲动所组成。"本我"也可以通俗地理解为"原始的我"，它是为了满足个体本能的一些生存欲望及享乐欲望，它的存在使得人类拥有自驱向上生长的力量，以及推动这个世界物质繁荣发展的力量。许多时候如同飞蛾拥有天生的趋光性一般，本我对可以引起快乐与满足的东西或许没有理由拒绝，诸如：喜欢好的车子，喜欢大的房子，喜欢好看的衣物，喜欢美味，喜欢又挣钱又快乐的工作，喜欢爱情中经常有初恋般新鲜的感觉，喜欢拥有权力的快感，喜欢捷足先登的优越感，甚至幻想成为皇帝或上帝。由于"本我"的一些欲望时常在"自我"看来已经违背社会最基本的道德观与一些伦常约束，所以"自我"必须让其不能太赤裸裸地表达自己的欲望，需要对其监控。

"本我"通常占据潜意识的大部分底层，天生喜欢遵循"人不为己，天诛地灭"的享乐原则。在犯罪心理学中，心理学家已经向世人揭示了一个人究竟可以坏到什么程度，有时候会令人类自己都无法相信。对于"本我"而言，虽然它像一个充满自私的小孩子，但是没有它，人类就无法启动最基本的生物自我保存与延续的能力。不过，正所谓哪里有压制，哪里就有反抗。如果它的一些需求持续被一股力量所压制，它就一定会找机去发泄自己的焦虑，至于以怎样的方式还要看"超我"的约束力。

"超我"是从自我发展起来的一部分，是道德化的自我。"超我"的行事风格明显倾向于理想化的方式，且尽量做到合乎道德标准，有时候甚至会盲目地追求"至善全能"原则，就好像自己是老天爷所选定的"不一般的人"，注定是一个带有十足理想主义与完美主义气质的家伙。正因为这种根深蒂固的气质，有时候会让"自我"感觉到非常压抑与恼火，"自我"会经常因为"超我"的制裁而感到疲劳与缺失成就感，因为有时候不管怎么做，在"超我"看来似乎都还不够完美。

"超我"也可以视为早年教育的化身，其往往都是与外在的各种约束和批判有关，因此也有心理学家认为超我就是一个被动人为创化的"良心"，作用就是监视"自我"有没有怠惰。然而有时候它看见"自我"有点抑制不了"本我"的冲动时，也会自发地赶来成为"自我"的援兵，而后联合去摆平"本我"的一些冲动欲望。

当个体因遇到一些重大压力或持续受挫而陷入能量匮乏的时候,"自我"的调节力量就有可能占下风,那么如果在一段时间里持续占下风,就会进一步强化吞忍型人格特质,表现为当预感到某种潜在的无明焦虑时,会提前投降或以强烈的不安来主动示弱。在这种情况下"超我"依然试图去制裁"自我"的不作为,于是内耗进一步升级。

从少年到青春期的这个重要的心智成长时期,如果这三股力量在互相抗衡约束的时候,最终都是"本我"的冲动力量获胜,那么此人成年进入社会后往往容易形成一个心智不成熟,缺乏理性的任性的人格。在某种压力的作用下还会充满一些攻击性,抑或擅长以偏执的自虐或假装寻短见的方式来报复他人;如果是"超我"经常得意忘形,此人很可能会具有各种道德洁癖,完美主义、敏感多虑等特性,严重者会生成强迫型人格;如果在多年的生活中完全是"自我"占上风,就有可能发展出失序的个人主义与自恋情结。弗洛伊德也曾说过:**本我是马,自我是马车夫。马是驱动力,马车夫给马指引方向。自我要驾驭本我,但马可能不听话,二者就会僵持不下,直到一方屈服。**

有一个上小学六年级的孩子,从小娇生惯养,看见班级里其他几个同学书包里的平板电脑与苹果手机,他也觉得这很不错,有助于产生优越感。于是他的"本我"很快就萌生了拥有它们的意欲与冲动。但是该小孩的家庭只是普通的工薪阶层,不如其他同学的家庭条件宽裕,父母很有可能不会答应。这个孩子很清楚这个基本事实,但有一天这个孩子突然看到他父亲的抽屉里有一沓厚厚的现金,抽屉没有上锁,父亲也不在,此时他会如何选择呢?他的"本我"极有可能会这样想:"拿一部分钱自己去买,买了再说。"而此时"超我"也可能即刻对"自我"发出指令:"这绝对不可以,父亲可能需要这笔钱做一些事情,偷钱是可耻的。""自我"此时遵循的原则就是"现实原则",它通常都是希望一方面可以满足"超我"对社会规范与道德伦常的诉求,一方面也的确很想适当满足一下"本我"的诉求。所以这个时候,"自我"就开始陷入了矛盾状态,开始左思右想,希望找到平衡的好办法。

一个人的"超我"若长时间将过度的良心与道德伦理套在自己身上,本身或许没有问题,但如果没有适当考虑一下"本我"的需要以及"自我"的为难,那么这个标准就很容易把"主人"套死,有时候用力太猛也会"套死"其他人。比如有些刚结婚的新人,婚后三个月就开始闹离婚,究其原因往往有相当一部分就是彼此的"超我"都以自己的标准要求另一半。大部分人格相对健全的人,通常情况下是"自我"的力量能够平衡两者。但是在烦恼世界,尤其是在强迫症、焦虑症、抑郁症的世界中,往往是"超我"的力量过大了,甚至有点无法无天,所以才会让"自我"感受到一系列的焦虑不安与自我否定。

有一个男孩子在职场中持续遇到了一些不愿意面对的压力,许久以来其"自我"发展出了一种减压的方法,即经常去桑拿场所感受按摩女郎的风情并进行短暂的亲密抚慰。

这种减压的方式同时也会带动性欲望与性能量的释放,释放的过程中体内会产生一些类似"内咖肽"的物质,会令精神感到愉悦,所以这样的双重好处对于天生喜欢追求快乐与崇尚享乐主义的"本我"来说通常情况下只会去进一步"怂恿"自我,而没有理由抗拒。然而一次、两次、三次、数次过后,当事人会感受到一种额外的心灵作用力与痛苦,这个痛苦就是他觉得自己是一个缺乏意志力的人并为此深深自责。这个自责的声音就是"超我"的化身。彼时,"超我"时不时地对"自我"说:"为什么你总是这么没有自制力,你这样做对得起女朋友吗,你这个没有教养的混蛋……"

于某个夜深人静时,由于当事人长期被内在的几股力量所牵绊,心感觉到累,不知不觉睡着了。在梦中,"自我"有所觉察,发现并非自己没有主张,之所以不去约束"本我"的一些性冲动,恰恰是被"超我"逼出来的,于是它憋足气跟"超我"说:"为什么你总是在搞一些马后炮式的说教,为什么你总是让我陷入一些自责,为什么你对我这么无情,我去放纵一下还不是因为你,谁让你平时动不动就完美主义,谁让你平时把我压得喘不过气来,谁让你不分青红皂白地给我施加一些莫须有的道德压力,你以为你是圣人吗,你知道我为什么会那么累吗,都是因为你要求太高了。你对自己是这样,对别人也是这样,你到底在害怕什么呢?"

此时"本我"对"自我"说:"好样的,你就应该去对付"超我",而不是来压制我,我明白你平时压制我的欲望是为了更好地符合社会的标准,这个我可以配合的,请你相信我。我只有一个要求,就是不要完全的压制,你若把我完全捆绑起来,你也不会好到哪里去,因为我就是负责生与死之间的最根本的驱动力,没有我的驱动力,你们根本见不到未来的任何'光明'。你们若把我干掉,就相当于'春天'不让草木发出绿芽,'冬天'不让草木枯萎。有时候我是有点贪婪,那是几千年来人类集体无意识为了延续下一代与避免种族灭亡而自然进化出的各种本能需求,这些需求现在看起来是有点矫枉过正,但是只要环境与能量可以有所保障,我也可以把一些欲望升华成一股精微的能量来协助'主人'更好地完成自己的人生使命或实现自我。"

"自我"听到"本我"的这番话后,感动得流下了眼泪,它深深地忏悔平日里不应该为了自己的虚假面具而让"本我"受到无条件压抑。于是"自我"对"超我"说:"超我兄弟,我知道你存在的意义是为了避免我们感知到更多的无明焦虑,某种意义上你就是'幼年自我'的化身,是那个曾经受过惊吓与诸多破坏性批评的'我'的化身。因此你总是担心这个万一,那个万一,宁图万一之虚也不去重视一万之实。为了避免所谓的万一,你一个劲地要求我不能做这个,不能做那个,我完全明白你的良知与好意,但是这样的方式是过度的。我们是时候需要一起来反思以及做一些与清醒有关的事情了。"

"超我"在梦中隐隐约约地听到"自我"的这番心声,虽然它还不太完全相信"自我"的调和能力,但表示可以进一步与"自我"协商关于如何拥有更多安全感这个重大议题。

"自我"跟"超我"说:"我们的智慧是有限的,我建议请教外面的过来人或参考一些具有正能量的书籍,掌握一些直面心灵坑洞的无为法,且下定决心面对一些失落的心灵坑洞,一次把事情做对,你看如何!"

"超我"对"自我"说:"还是你小子聪明,我完全同意,要是你以前肯这样跟我沟通,我也会通情达理的。"

关于三个"小我"的角色分工

从上文的对话中我们已经得知,"本我"喜欢自由自在的快乐生活,也喜欢各式各样可以带给自己快感的事物,甚至有点痴迷其中。

探秘焦虑——化繁为简

"超我"渴盼内圣外王的气质与境界，其执着源自于早年的失落情绪与受到的太多不满意的指责的内化。其实它就是"幼年自我"的投射，但是它却想要当成年人的"爸爸"。

"自我"知道"本我"有一些东西绝对不能让外人看到或走漏风声，所以必须给它带上一些面具，这样才可以经营好自己的社会角色。所以"自我"在某些时刻把"本我"的一些欲望以及与性有关的一些幻想压制得很厉害，绝对不能让其他人知道自己的一些"小秘密"。诸如看见大街上的美貌女子总是心花怒放，对团队中的漂亮女性成员总是开小灶，"本我"还希望拥有很多钱，但是在领导面前或一些有一定修养的人面前，"自我"必须立刻全副武装压制住"本我"面目的显露，必须摆出一副对钱财清高的假象，必须表现出自己的一些思想早已经超越了对金钱赤裸裸追求的表象。

这三个各自拥有精明算盘的"我"，也可以通俗地统称为"小我"。那么，这三个"小我"在各种强迫情绪与焦虑情绪中是如何进行角色分工的呢？

"超我"面对"自我"在一系列问题上持续表现出来的种种瑕疵与不完美，时常气得急火攻心，当它发现持续下达指令而"自我"没有执行时，就会主动闹起抑郁情绪，也想让"本我"瞧瞧自己为了这个"主人"真是操碎了心，自己才是"自我"最大的掌控者。"自我"在这种情况下欲罢不能，两股力量（本我与超我）把它往两个相反的方向"厚颜无耻"地拉扯着。它想用最大的意志力，将这种冲突的感觉使劲往下压，不让其影响到自己的心理功能与社会功能。然而"自我"发现意志力越是使劲，反而会感受到来自"本我与超我"的更多反作用力。因此，"自我"开始变得害怕，惊惧，它不敢想象若这种冲突的感觉持续两年、三年、五年对自己意味着什么。它发现"超我"的力量太大了，它发现"本我"也只知道在生与死之间催化一些驱动力来完成这个生命的循环。此时聪明的"自我"也已经意识到"超我"是一个极其善于使用"贼喊捉贼""欲擒故纵"的家伙，每当关键时刻不仅不能放下"屠刀"，反而哭哭啼啼地诉苦，自艾自怜。简而言之，"自我"已经看透了"超我"，但是许多时候却甩不掉"超我"的消极影响。

在内忧外患之下，"自我"开始使用一些防御机制来避免精神崩溃，于是，但凡遇到一些不愿意面对的焦虑或压力时，就喜欢放纵"本我"，开始盲目地享受吃东西的快感,盲目地享受拼命购物的快感,盲目地浸淫在风花雪月场所得到的短暂快感中,以及盲目地外出度假以逃避等。"自我"很显然堕入了极端,它需要依靠一些强有力的正见与调心策略来平衡自己的精气神与壮实自己调和"本我与超我"的情感能力。因此,我建议调整心病之前可以先依靠各种方便法来缓解一下"自我"的焦虑与衰弱感,待"自我"的能量场与精气神有所恢复后一定要让"超我"卸下一些顽固的禀性。最终必须要让"超我"学会灵活、果断、无所谓的情怀。

进一步洞悉自我的误区

我们在上文中"无情"地揭露了"本我"与"超我"的一些特质和一些软肋,通过一些简单的陈述及隐喻,读者朋友们或许也已经比较直观地了解了它们与各种内在冲突之间的关系。然而我们不禁要问,"自我"难道就没有过失意或楚楚可怜的伎俩?有,否则古圣先贤怎么可能会劝解世人:放下我执。

是的,不管"超我"与"本我"的力量多么大,对个体长远调心进度的影响也不会超过50%,准确地说是49%,最后51%完全取决于"自我"所持守的知见以及所采取的行动。

古智者云:一心有滞,诸法不通。智者以手指月,指出的是一个人的"我执",也即指执着于一些不合理的欲求、成见、偏知,以及各种所知障。笔者也发现"自我"最大的原罪便是:脆弱的自尊。人类最大的悲哀也都是背负着这个又沉重又脆弱的自尊。许多心灵为了维护这个脆弱的自尊,采取了一系列的"错误代偿",诸如:嫉妒、膨胀、自大、矫饰等,时间长了就会丢失最初的本真,进化出各式各样谄媚他人的面具。但是偶尔在夜深人静的时候,或许从心底深处会浮上"何其空虚,何其茫然"的哀叹。

"超我"的确在许多时候会拉扯着"自我"或批判着"自我",但是"自我"依然是个体防御机制的执行者。只要其具有一些强有力的正见,就可以用智慧之光与正念之光去平衡"超我"的过度要求与"本我"的贪执享乐主义。反之,若"自我"从青春期开始就缺乏这方面的智慧引导,没有习得一些必要的心理卫生正见与自我觉察能力，那么它有时候就会很脆弱，稍遇外在打击，就会表现出过度的痛苦呻吟的假象。

"自我"总是非常主观，容易对事物持有以偏概全的认知倾向。当感觉到一些不愉悦的压力时，时常上演以攻为守的把戏，也就是所谓的"发脾气"。"自我"有时候为了体现比别人高明与优越，就会表现出盲目的自大。有时候为了矫饰自己的潜在过错，会以虚伪的谎言来袒护自己脆弱的自尊，而一旦进入这个循环，就不容易虚心接纳别人的意见，这样一来就会一步步产生负面的蝴蝶效应。

带着脆弱自尊的人群，若进入了工作单位，在某种情况下也容易生出盲目的优越感，易膨胀，而后开始喜欢追逐权力的快感，想要驾驭或支配更多的下属。不少企业的领导，有时候为了撑持自己的"优越感"，会喜欢在身边保留一些唯命是从以及爱拍马屁的庸才，因为只有唯唯诺诺的下属才会衬托出自己的"君临天下"。依笔者个人所见，也说明这些领导者并不希望某些成员能力过强，因为这样就不容易享受到那份脆弱的优越感。而这样的风气，势必会产生嫉妒心理，不会客观地提携真正德才兼备的人才，那么，也会不利于单位的发展。

念念不被嫉妒染

现在是智能手机独步天下的信息传播时代，每天打开手机就会看到不少充斥着报道者一己之见的新闻。许多文章总是语不惊人死不休，或许这些编辑们早已深谙如何"卖弄"才能迎合一些"小鸟"的口味，编辑们也早已深谙一大群"叽叽喳喳的小鸟"总是喜欢关注一些离经叛道的小道消息抑或他人的八卦隐私。而编辑们或许还认为一些八卦文章可以缓解这些人的一些苦痛。事实也的确如此，许多小道文章总是引来无数"小鸟"叽叽喳喳地发泄各式口业与脏话。这就是人性的恶，总是幸灾乐祸的多，持守中道观的"主人公"少。社会若被这些糊涂的"编辑"与"小鸟"所蒙蔽牵引，最终所带来的恶果一定超越一场旷日持久的战争。

许多人不清楚人性的恶可以恶到什么程度。恐怕只有修习过"犯罪心理学"的人才能窥见一二。人类的恶可以坏到六亲不认,可以坏到让一群人"陪葬"(已有新闻报道:飞机失事与驾驶员的轻生情绪有关),还可以坏到希望大部分人都死掉,而后让自己享尽世间所有……

智者启蒙:君子也要有三怕,方能进一步保持明镜之心,否则能够出淤泥而不染的仅仅只是少数。

在大自然界里,有云虎毒不食子,但在人类身上却总有例外,人的"性恶"在某种情况下不仅可以杀死自己的孩子,而且还可以使用非常残忍的方式。网络新闻媒体对这方面的报道记录,已不在少数。同样是哺乳动物,所谓犬马皆有养,但在人类身上却总是例外频出。许多人的"性恶"表现在不赡养自己的父母,让年迈的老人出去沿街乞讨,在寒风凛冽中被冻死。这些仅仅只是因为父母早年溺爱了他们,但有必要性恶到如此程度吗?

古时圣贤荀子所指的"性恶论"不是夸张的论调,而是社会常情。而孟子所讲的性善论,本身也是真理,但这种"本来的面目"早已被后天的习性所蒙蔽,若要寻到它,是需要通过长期的修为,到达真性不善不恶的真情流露境界,这是需要数十年的心性修炼,而不是依靠读几本经典就可以达成的。

冲突背后的漂浮性焦虑

笔者认为在异常心理学领域,漂浮性的焦虑体验几乎是大部分焦虑障碍患者所共有的,也是影响最广泛的一种负性心理状态,它并非焦虑症中的"广泛性焦虑障碍"所独有。它的本质是无意识深处的一股心灵负荷在作怪,为了便于理解,笔者把它称之为"暗能量"。也就是说,但凡有固着的某种"卡点"或"症结",基本上其"病灶"的内核中都有一股压抑多年的"初期焦虑能量",以及与第一次出现症状前的那段时间里所承揽的精神压力未获得释放有重大关联。笔者认为慢性焦虑障碍中的不少强迫对立情绪与灾难性联想,其背后的无意识焦虑冲动都是这股能量在作祟。

长期的"自卑恐惧心理"其本质也是一种否定性的自我吞忍压抑,这般心灵有时候在运动完后,或一个人偶尔独处时也会感受到一股低频的漂浮性焦虑。不过那时候的焦虑能量级数还不是很强,对心理功能与社会功能的影响基本上也可以忽略不计。

例如,长期处于职场高压状态的人群,在某个深夜莫名其妙地做一些噩梦,且会从梦中惊醒,而后会感觉到心堂或脑门有一股低频的、说不出的"麻麻的"力量,有的人可能是一种胸闷的感觉,而后可能还会失眠一会儿。这种漂浮性的焦虑在个体当下看来似乎也没有什么明确的挂碍对象,但就是有点莫名的坐卧不安与呼吸急促感。

如果个体在过去的生活中没有持续受压,被动吞忍许多不愉快的负荷,以及当下在脑中浮现出一些与自责有关的痛苦记忆,抑或再现儿童时期体验到的"分离性焦虑",那么绝对不可能会莫名其妙地焦虑起来。而临床中定义"广泛性焦虑障碍"的若干学者都倾向于认为个体当下没有明确的担忧对象或具体的引发事件,实际上这或许并非精准的定义。俗话说无风不起浪,许多看似偶然的背后其实都有一定的"因与缘"的种子在催化着。

临床异常心理学中最大的失误之一就是把一些心理障碍说得过于标签化,似乎研究者就是心理最健康的人,被研究对象就是所谓的心理疾病患者。这是一种很微妙的不对等的意识心态。有时候不少"烦恼疾病"本身就是被一些过分定义的"知识"与某种不对等的意识形态所创化出来的。比如许多大学生在学心理学的时候,一听到精神分裂这个词汇,大脑前额叶里的表意识就立刻会将罹患精神分裂的人和"疯子""失常""废人""可怕""终身服药"等知见联系在一起。一个搞学问的人有这种先入为主的不平等知见,就已经是一种不可思议的治学局限,这种局限性的观点会影响未来几代人的研究。

其实所有人的心灵深处也都有一些分裂的基因,这个是人类集体无意识在几千年的生存中所共同创化出来的。所以从本质上而言,在某种契机下,"正常"与"异常"是可以相互切换的。因此,我们千万不能先入为主地带有任何主观色彩与文字相去看待这些弱势群体。所有的人类集体潜意识都属于宇宙的一部分,这个朴素的道理叫作"天人合一整体观"。当一个人每天对周遭世界产生大量嗔恨与看不惯的意念时,就意味着在对这个集体潜意识添加不安的因子。反之，当一个人常有乐观心境与正念，本身就是对集体潜意识最大的贡献。

笔者所主导的心理工作室，将大部分心力都聚焦于漂浮性焦虑以及各种冲动性的灾难性联想，因这两种思维的泛化，可以生成顽固的心灵卡点或天马行空式的症状。大部分泛化的症状就集中在神经衰弱、神经性抑郁、强迫情绪、强迫行为、急性焦虑、余光恐惧、表情僵化恐惧、部分躯体化障碍上。在多年的实践与洞察中，还尚未发现症状完全一样的心灵，其多多少少都存在着一些差异，但最明显的共同点即都有一种莫须有的漂浮性焦虑情绪。一些所谓的躯体化障碍或身心症状，也都是拜这些焦虑所赐。此外，喉结、肠胃、右肩膀、后脑勺、两边的太阳穴处都是最容易感受到这种负能量的区域，但只要恢复了平常的心境，这些身心症状大部分都会逐步自动消退。

漂浮性焦虑情绪是个体无意识表达自我的一种重要信号。有一位沾染强迫洗涤意愿的个案，认为只有通过不断地清洁或许才可以避免一些未知的更大的潜在焦虑，很明显当事人也知道这是错误的逻辑，但是这份盲目的焦虑情感明显占据上风。对他的无意识而言，似乎通过这样一种自我折磨式的焦虑可以带来一些"模糊的好处"。

有一位沾染灾难性强迫联想的个案，总是会把自己的一个无意识言语过失或动作，迅速联想到会不会因为这个言行而伤害到了对方，而后进一步担心对方此时是不是也已经开始担心着自己（个案），会不会因为说了那句话而担心自己正在焦虑一样。而后进一步忧虑，若对方焦虑的心态升级，害怕他会受不了而崩溃，而后做出过激的疯狂报复行为。有了这些灾难性强迫联想后，当事人的心脏就像被小狗啃过一样残缺不全，并缩成核桃般大小，充满了惊惧。这种飘忽不定的焦虑情绪的背后就是"幼儿模式的幼稚性盲目情绪"，并非成年人的理性逻辑情感思维（分析式心灵），所以不适合采用说教说理疗法，而应直接从这份幼稚性的情绪切入，通过一些无可挑剔的综合性心理分析，让这颗焦虑的心灵在情感层面充分领悟到症状的"幼稚性与荒唐性"，以及通过适当解释无意识冲动背后的一些心理学现象，就有可能以最快的速度让当事人缓解症状。

不少沾染强迫情绪与漂浮性焦虑的心灵，在症状趋于和缓后，正在享受一些乐趣或放松的时光时,"超我"的无明识也会下意识的提醒主人好像缺少了一点焦虑,也会有点不习惯。似乎在焦虑中也可以享受到一种好处,于是一股漂浮性的焦虑能量立刻就接受其指令,飘上来了。在这个飘上来的过程中,首先"本我"是很支持的,因为"本我"觉得这股暗能量若不能释放掉一些,无意识内在空间会很难受。实际上一切外障都是内障感召而来。漂浮性焦虑背后的根本因素就是早年在一些未全然经验的事件中,没有充分地掌握表达自己力量与学会平衡愤怒情感的技巧。因此将愤怒与批判转向了自己,并对自己说:你不应该表达愤怒,你不可以愤怒……由此,我们身体里的那个内在小孩(幼年情感模式)才会不断地感召一些莫须有的焦虑幻象,并希望以此能够重新学会如何表达自己的情感与力量。所以我们无须避开那些焦虑的故事,因为这些"幻象"正在教我们关爱自己、宽恕自己与他人的功课。我们早年无法恰当地表达自己的力量与愤怒,因此现在才会变得如此害怕潜在的冲突与"万一"。

从人类整体观察的角度而言,我们都是来人间学习自己该学的功课,以期变得更善于制造出能为我们效劳的事物。其中最重要的功课之一或许就是学会协助幼稚性情感模式结束未结束之事,并解开幼年模式的心业锁链。

简述精神分析的核心观点

精神分析理论学派毫无争议是现代心理学中的重要理论基石,亦是第一思潮,其理论构建者弗洛伊德先生是一位充满智慧与洞察力的心理学先驱,亦是当之无愧的现代心理学开山之祖。虽然在某些阶段有一些前沿的理念引起了不小的争议或非议,但他对现代心理学的贡献恐怕多数晚生都会自叹不如。弗洛伊德在所有心理学前辈中,也是最早关注到"神经症"这个群体的,虽然当时的神经症分类与临床症状定义与现在有一定的差异。弗洛伊德先生在谈及神经症的病因时,特别强调幼儿性欲发展各阶段留下的"症结"。所谓的症结就是儿童性本能(范围广泛的性驱力,成年前的几个阶段:口唇期(0~18个月);肛门期(18个月~3岁);性器期(3~6岁);

潜伏期（6～12岁）；生殖期（12～18岁））在发展各阶段未能得到解决的欲望的固结。这种固结的欲望虽然处于无意识内，但仍然不时地要求表现，因而成为神经症的内在原因之一。

由此可见，弗洛伊德认为"焦虑"同时来自于对力比多（一切与保存生命有关的本能或欲力。泛指一切身体器官的快感，包括性本能，它是一种内在驱动力）与攻击驱力（泛指竞争、追求卓越、控制欲、满足自我基本需求等）的压抑。换句话说，由于"力比多"与"攻击驱力"受到压抑得不到正常宣泄，就转化为焦虑或以焦虑的形式宣泄，这是从生物本能性驱力的立场上看焦虑的。同时弗洛伊德也采纳了这样的观点：认为人出生时和母体分离引起的恐惧亦是焦虑的雏形之一。

第一次世界大战以后，弗洛伊德发展了人格结构论，研究了自我功能，且进一步研究了恐惧症和强迫症的临床特点，他发现并非"自我"先对性驱力实行潜抑，然后被潜抑的性驱力转化为焦虑，而是"自我"先预感到焦虑，为了防止焦虑的发展才施行潜抑，并施行精神防御机制的化装，从而可以避免感到痛苦，但是却形成了顽固的症状。有些患者想自动取消他的强迫行为如反复洗手，便会感到极度焦虑，最后还是要做出这些行为，也就是说其焦虑感就隐藏在强迫动作之下，从而免除了焦虑的继续发展。由于自我力量的减弱不能完全抑制住无意识的初期焦虑或性本能冲动，自我便使用精神防御机制这个特别技巧，对急于求表现的性本能冲动加以化装，最终两种冲突着的力量取得妥协，以神经症症状的形式表现出来。这都是弗洛伊德先生对神经症的基础观点。

早年的精神分析体系，也就是以维也纳、柏林为根据地的学术中心组织。在这个组织里产生了许多充满智慧与洞察力的先驱，诸如阿德勒、荣格、霍尼、佛洛姆等，他们的理论虽然与弗洛伊德的理论产生过一些火花，但也都基本承认弗洛伊德的一些重要贡献。

第二次世界大战结束后，欧洲许多大城市都变成了废墟，几大精神分析的根据地与组织也几乎被清零，一些重要的可行性研究则被迫中断。然而意外的是，第二次世界大战结束后不久，于20世纪50年代后，虽然没有一位心理学家再创立出一套可以比肩或颠覆精神分析体系的理论系统，但有许多思想自由的心理学者在美国这片充满包容与强调创新整合的土地上，使各派"后精神分析学派"的观点互相渗透、互相整合、互相提拉、互相依存。每一个学说的代表者和信仰者都使用了相对精准且严谨的语言强调了自己的独到见解，但他们也都有一个共识，那就是尽管存有百家争鸣的喧嚣，但每一个新学说都承认自己的原型属于一个大的系统，这个大的系统就是最早的以弗洛伊德先生的理论为主的精神分析学说。

这是现代心理学成功延续发展的重大转折与幸事，恐怕当时也只有在美国这片政治稳定、经济发达、学术活跃的土地上才孕育得出。而我们的祖国在那个年代还处在工业百废待兴、自然灾难频繁导致的持久的饥荒、社会阶级斗争中……

在那个年代，不管是对医学层面的内外科还是心理学研究领域的推动，一群杰出的美国人对这个世界的贡献都是巨大的、不可磨灭的，后来者们都要尊重这些人类共有的智慧遗产以及感恩这群杰出的先驱。最终经由美国一群杰出心理学者的持续推动发展与达成越来越多的共识，此前的一盘散沙，也都客观地承认了一些共同点，而这种"共识"对于每一位"自助者"而言，皆有着极其重要的参考价值。这些共识分别是：

1. 强调人有无意识的心理活动、承认精神防御机制对个体的作用以及经过无意识化装过的置换机制。

2. 承认现代心理学的鼻祖弗洛伊德先生的人格结构论，即精神结构分为本我、自我和超我。

3. 承认人在幼年期、孩提时期，各种外在环境因素对心灵发展的影响，包括性心理压抑与重大创伤体验。

4. 重视个体没有意识到的各种心理困难与早年重大挫折以及深入地认识自己是心理治疗的奠基石。

5. 神经症的基本问题是焦虑，只是它们的表达形式不同而已。

从某个层面而言，精神分析依旧是探索内在与认识自我的最佳模型之一。笔者理解精神分析的究竟意义就是通过有迹可循的科学修通过程来协助个体与过去各种"关系纠缠"和"创伤阴影"告别，而后将心力导入到当下，唯有如此，力量才会奏效。

简述对部分无明焦虑的看法

许多固着的症状都是在一次偶然的恐惧经验中,由于我们的头脑不了解一些心智运作的规律,不了解一切现象内在的无我无住本性,当时出于内心安全感的严重不足,或现实生活中遇到一些应激性的挫败或叠加压力,心智系统在一段时间内便持续处于紧张焦虑的状态,而后某"内在小孩"无意识地抓取了那一束电光火石般的瞬间错觉,就在此时"自我"坚定地把其定义为一种"病"。**潜意识中的某个尚未充分成长且有过深刻创伤史的内在小孩把这个"妄相"当成了内在自我力量对一些初期无意识焦虑防御能力不足的替罪羊,并十分满意自己的创作结果,而后居然被这个"妄相"反催眠**。也就是说原先仅仅是一股纯净的恐惧性能量被某个极度缺失安全感的内在小孩从汹涌的表意识经验之流中切割出来,然后大脑边缘系统中的"杏仁核与海马体"将之加工编码,从而形成"病灶"的最初兴奋点。

当事人在初次"邂逅"这个无明焦虑后,在接下来数月的时间中理不通,法不明,只能默默地采取极端的抗拒与吞忍,结果把这个原本虚幻不实的精神现象固化成一个条件反射的负能量场。于是,许多心灵陷入了多年的内耗与苦痛中,叫天天不应,叫地地不灵,欲罢不能,这就是许多慢性焦虑障碍的缘起。其实很多普通人在生活中也会遇到重大的应激性压力或震撼的体验,但似乎并没有转化成各种持久的无明症状,这究竟是为何呢?

这里头无非就是性格缺陷以及负性思想起了导火索作用。诸如性情与气质中的习惯性完美主义、习惯性自责、习惯性悲观、习惯性过度敏感反应、习惯性自我否定等。而这些性格中的软肋非一朝一夕形成,它有很多因素都要追溯到我们孩提时期不恰当的家庭教育模式以及充满不安的成长环境,而且和我们的一些先天业习、后天创伤印痕导致的吞忍性人格、自主神经能量场失衡、被无明症状反催眠以及"超我"习惯性的患得患失、灾难性联想、预期恐惧等心气反应模式都有一定的关系。

根据我自身的经验,在对部分慢性焦虑障碍进行深度的探索与疏导中,往往会经历一个螺旋向上的时期,在这个时期,个别心灵会暂时经历一些精神上的困难，因为要卸下一些错误心理防御机制并去面对觉察自己真正的软肋与脆弱之处，而这又是人格改善所必需的。也就是说要改变长久以来根深蒂固的烦恼习气是需要时间的，否则经验再丰富的指导师亦无能为力。

有一位都市白领，她在职场中应对各种业务总是娴熟有余，且有一个相对幸福温暖的家庭，她的爱人更是一个不可多得的三好男人，她的潜意识时常引以为傲，也时常在朋友面前无意识地展露这份优越感。然而因为一次错综复杂的因缘，她出轨了，自此以后她的心头总是有一股"黑暗魅影"笼罩着。她一方面十分自责，一方面对自己的这种过分自责也感到几分抗拒与苦恼。几个月过去，这种持久的激烈冲突开始严重影响到她的工作状态，她的爱人也似乎有所觉察，而每当伴侣关心地询问时，她的内心更是呈现出一种欲罢不能的极度焦虑状态。这种焦虑状态久了，便诱发了强烈的抑郁情绪，而抑郁情绪反过来又加重了焦虑情绪。症状不仅没有缓解，甚至开始躯体化，表现为头痛、肠胃不适、颈部发麻等。一段时间以来，下班后她回到家不是去准备做饭或吃饭，而是"瘫"在床上，且会莫名地哭泣。后来她在伴侣的鼓舞下，她来到我的心理咨询工作室。

经由一些简单的问询与心理分析，笔者感觉她的核心冲突并非所谓的创伤事件或早年苦痛记忆，而是一种道德洁癖所形成的自我否定性压抑与吞忍式自我惩罚。当然，一开始的疏导工作进展得并不顺利，因为强大的"隐私阻抗"使其不能把前因后果明了地宣泄出来。她道出前因后果的时间，是在间隔2个多月后通过邮件的方式告知咨询师的。

我们不禁要问，仅仅只是一次性出轨，是否就一定会导致漂浮性焦虑情绪或抑郁情绪如鬼魅般如影随形？在笔者看来这仅仅是因为"超我"的性道德洁癖思想在主导着这场情绪的异常波动。这般心灵，通常情况下家庭教育者都在早年持续灌输后代：女子要绝对地保持圣洁、忠贞，绝对不允许出现非分之想，抑或一定要安分守己，不想不该想的东西，更不能做不该做的事情……

那么，这些绝对性的教导与道德施压就会"内化"成这些心灵"超我"的一部分。因此与其说是出轨带来的焦虑，不如说是个体面对早年父母压力时产生的一种无所适从的吞忍压抑与害怕被强烈指责的情绪的外投射罢了。在这种情况下,有经验的指导师只需要化繁为简,集中火力协助当事人调节一下"超我"就可以了。一旦"超我"认识且领悟到:虽然这是不光彩的事情,但也绝非多么了不得的罪恶,或许正因为有了这样的"失误",在未来才会更加珍惜眼前的幸福以及在日常生活中多了几分包容爱人的思想。那么在这份罪恶感中所携带的心灵反作用力就会消失,痛苦自然就会解除。

因此,对于此类心灵而言,思想上的性观念解放是非常有必要的。但是这里头所指的是针对一种性道德压抑的解放,它不等于性放纵,而是解除违背自然的那些绝对化思想。许多时候,"本我"的性能量是可以被升华的,它需要的只是理解与尊重,并非不可调和。有了这个尊重与理解的基础后,个体的"自我"只要在"性禁欲"与"性放纵"之间找到一条符合现实的平衡路径即可。而对于这种平衡的路径,每个人都可以根据社会与伦常的正常约束来做出妥善的回应。

正确认识性心理坑洞与杂念

不仅是男孩子,有一部分沾染慢性焦虑情绪障碍(余光恐惧)的女孩在青春期的时候也有手淫的行为,而后通常因为学业的压力转移了一部分关注力。但是在某一段身心持续衰疲的时间里,心灵会不小心再现曾经的那份被压抑的焦虑,这份焦虑经由个体防御系统的化装,披着成年人的外衣,而后有可能投射在一个"幼稚性症状"(余光恐惧)上来获得一种象征性的释放或满足。而后个体在此时若缺乏必要且及时的心理修通,一旦在"超我"强烈道德洁癖思想的持续作用下,就有可能陷入严重的自责与焦虑情绪。而后一旦被强化数个月或一年以上,一部分心灵就会把这种巨大的焦虑感潜抑在与人对视的状态中,表现出似乎自己已经被他人看出是非常龌龊的,非常邪恶的,甚至自己的这种眼神已经伤害到了对方等。

事实上,青春期出现性欲望,情窦初开,性幻想和偶尔的手淫都是正常的。若用"宗教禁欲主义者的理想化道德标准"去错误谴责普通人青春期的这些正常情感则是不合理的做法。对处于"多事之秋"的大多数孩子而言,哪里有强烈的压抑，哪里就会有强烈的无意识反抗，他们身上的"性心理动力"需要在这个时期充分合理地正常度过，才不会成为心理障碍的推波助澜者。

传统意义上的性禁欲思想是针对一部分苦行者或出家人，这些修行者为了彻底去妄存真，往往立志收回所有的七情六欲，从根本上去断掉欲望，包括各种情欲。对这些修行人士的人生志向，世人保持尊重即可，而大部分没有这种观念的普通人，就好好地在工作和生活中体现自己的价值与正能量即可，事实证明，如此照样可以获得内在的无量智慧。

许多沾染强迫情绪与漂浮性焦虑情绪的心灵多半也是在第一次出现"妄念"时，因为"超我"的严酷批判，造成了自我的慌乱，而后"自我"害怕会控制不住，害怕会恶化，所以终日惶惶不安。比如有一个女子因为工作压力比较大，一阵子睡眠不好，导致其身心能量场相对低频、衰疲。一次她在小区散步时，突然出现一个"将孩子扔到沟里"的杂念，刹那间她觉得自己怎么可以有这样的邪恶念头，对自己亲生的孩子为何会有这种念头，为何自己有一定的道德修养还会出现这种思想，她越想越害怕，而后没多久就发展成了慢性焦虑障碍，这属于强迫性焦虑障碍中的强迫意向。

实际上，只要明白这些电光火石般的杂念是某种初期焦虑的外投射以及适当调节一下"超我"中的道德罪恶感，那么这些念头很快就可以在最初随风而逝。反之，就会错过调适转识的最佳时机，从而有可能因为持续的抗拒心而形成泛化或固化。

其实有无数的普通人在日常生活中都会出现一些"荒唐"的杂念，这种杂念是潜意识的调和身心压力的一种正常无意识释放手段，没有任何现实性的代表意义，仅仅只是如微风拂过山头一样自然。比如，一些男性看到一个端庄且性感的女性，会产生想要和她发生性关系的念头，大多数情况下个体并不会对这个念头加以排斥或施以严酷的精神罪恶感，所以下一秒就飘然而去，根本不会对个体的精神系统形成怎样的杀伤力。但如果一个有性道德洁癖或精神道德洁癖思想的人士，产生这种杂念的时候，且当时恰好身心能量场也处于低频状态，可能就会把它定义为一种"病态""不合理""不道德""无意志力""无道德修养"的思想，那么接下来等待他的可能就是一种恼人的"自寻烦恼式冲突"。

许多人的"超我"将第一次产生的杂念定义为"病",也就是说把这些"杂念"当成是不合理的、不道德的、非理性的、荒唐的、绝对不允许出现的坏思维。而实际上这种自我否定的声音多半都是小时候对父母的一种吞忍式压抑的外投射,这些吞忍式压抑本身就是一种残留的无意识情感能量,它并没有因为个体的生理成熟而自行消退,它依旧卡在那里并储存在无意识中。部分有完美主义倾向的个体在现实生活与工作中,遇到持久的无法应对的压力时,就相对容易诱发那些初期焦虑,抑或退行到早年某个阶段的卡点上。明白这个道理后,我们可以学会适当的自我科学调节,直接针对"超我"下手,而不是傻乎乎地针对"自我"下手,因为"自我"是被"超我"压制的,所以要找对"人"办事。

针对"超我"的陶冶工作,一定要逐步养成"无所谓"的随便态度。对日常生活中的一些杂念都保持一种无所谓、随它去的态度,这样渐渐地量变到质变,最终就会陶冶"超我"的禀性,而后性格自然变得相对果断、灵活与自信。反之,不断地将微不足道的一些事物看成是非常严重的,那么越来越多的"麻烦"就会接踵而至。

"无所谓的心态"本身就是一把威力强大的"义剑",依靠它就可以斩断各种思想情识与情魔的干扰。当日后再遇到一些"第一次"时,就如同再次邂逅了初吻一样,有何了不得?("第一次"喻指的是各种正常的杂念)没有了"初吻"就要寻短见?献出了"初吻"就活不下去?失去了"初吻"就要惩罚自己把所有内在能量都耗掉?即便被人偷走了"初吻",也不至于就要把大好青春全部扔掉吧!("初吻"喻指的是出现各种"第一次"症状的时候)

我们一定要深谙"水至清则无鱼"的道理,深谙瑕疵是对完美的最好注解。不追求完美本身就是一种完美,若要"超我"当家做主,没有一样东西可以入其法眼。许多时候"超我"就是被"幼年模式"所奴役,因此它自己也分不清什么是现实,什么是想象。因为"幼年模式"是以想象作为分析的依据。而成熟的"成年模式"是以客观事实为依据,可以分清什么是幻想,什么是现实,并且擅长以逻辑思维来窥见事物的因果链,此外它还具备一定的调节情绪活动的能力。因此,赶快放弃不成熟的自责、焦虑心理,积极调解"超我"

的幼稚性与完美主义,即得解脱。

不论多么焦虑,先动起来

潜意识有时候扮演的是一个考官的角色,它会使潜抑在无意识中的心灵负荷浮现上来,从而获得对其"意识化"的机会,而此时最佳的策略就是保持正念。我们还可以在《黄帝内经·素问》"习以治惊"正见的辅助下,把潜意识浮现上来的意念当成是考试的机会。那么许多人第一次可能只得50分,不会一下子就得高分。但是,只要坚定这个方向,每次"考试"的时候都把这些意念当成是再平常不过的体验,并且告诉自己:"害怕很正常,但它不是病。"那么就会少一些分别心的作用,可以考得比上次再好一些。

有时候潜意识不会一个劲地考这个主人,考完后它有可能会自讨没趣地溜走一小阵子。为何它会溜走呢?主要是个体在日常生活和工作中,为了应对生存压力与社会角色,需要以行动为导向。往往因为个体专注于工作,很自然地少想多做,且对那个卡住的意念视而不见,那么这种充实的方式本身就可以消耗掉不少无意识焦虑。一旦投入充实的生活中或埋头于眼前非常吸引自己的工作创意中,一般情况下没过多久就会不知不觉地消除掉不少焦虑感。

有的人出去爬山、游泳、行脚,这个过程也会缓解焦虑感,主要是这种身体力行的有氧运动,本身会内耗掉许多此前因为情绪波动所分泌出来并残留在体内的肾上腺素与皮质醇。已有越来越多的研究数据证实,这两种化学物质的过量分泌若没有及时分解掉或内耗掉,长此以往对身心健康必定会造成一定的影响。所以,我们经常讲一句话,不论多么焦虑,先动起来,只要动起来,事情就有出现转机的可能,而且大量事实证明这样十分有助于潜意识暗能量的自动化释放。看看那些因为慢性焦虑情绪而喜欢躺在床上的人,其结果是越来越不敢外出,越来越束缚,越想越慌,身体亦越来越衰疲。而后形成进一步的抑郁情绪,而抑郁情绪和焦虑情绪是一对孪生姐妹,最终将不断上演恶性循环。

明理后，我们就要强有力地抖擞起精神，在暂时"磕磕碰碰"的自我调心道路上，能做多少是多少，不要责备行动后的任何结果，也千万不要再自责自己的心路历程。这是为何？只因为你也不想这样！在能量学中，自责是诱发心业最快的方式之一。所以，请擦掉悲伤的眼泪，以普适的自然法则为皈依，以亲身亲历的真知为上帝，抛弃旧有的一切阻滞性观点，那么天自会助自助者。

"超我"大部分情况下就是"幼年恐惧"的化身。打个比方，一个成年人要让一个幼儿闭嘴实在是不费吹灰之力，只要跟这个小孩说：你再哭，晚上我让魔鬼咬掉你的屁股；抑或你再不听话，我就带你去打针。通常情况下幼儿都会被吓住，因为幼儿分不清什么是幻想什么是现实，他们遇到外在压力时，总是以灾难性联想为分析的依据，所以会立刻无条件投降，这种无条件投降的心灵反应方式就叫作"无意识反应式心灵"。而成年人所具有的"有意识的分析式理性智能"则在大部分情况下都可以让自己拥有调节情绪活动的能力，他们对那些"万一"根本就不会害怕，即便是万分之百的概率，对于一个成熟的成年人的情感而言是完全不会受影响的。

因此，在螺旋向上式无为而无不为的造化过程中，要经常识别"超我"的完美主义陷阱，而后务必先动起来，少想多做，明白它只是一种虚假的心灵坑洞现象。

焦虑背后的自我破坏冲动与性心理失衡

有一个人平时工资收入不算高也不算低，他的消费观是不该花的尽量不要花，该花的也要酌情考虑，这样的价值观在他的潜意识中总是带给其正面的感受多一些。然而有一天，因出门办事时间略紧，他开车的时候不小心连闯了三个红灯，要罚款600元以及扣除驾驶证18分，他心中五味杂陈，十分心疼。可就在当天晚上，他因为闯红灯这个事件，去商场购买了好几件平时无论如何都不会去买的高档衣物，花费了数千元。

闯红灯不是故意的，在懊恼之余，内在有一股力量驱使他做出"破罐子破摔"的冲动，这种冲动是带有一种"变相自我破坏"的性质。仿佛潜意识中的"本我"对他的"自我"发送了一个指令："你自己看看，平时省吃俭用委屈本能的快乐，遇到无常依然是破财呀，早知道你就应该对我好一点嘛，今天你最需要花一些钱来讨好一下自己，赶快行动吧，一定可以消除全部焦虑。"这种心态表面上看起来已经有点类似弗洛伊德所讲的"死之本能"（人类有重返终极原始状态的本我冲动，即自我破坏的冲动）。也就是说当个体遇到一股力量刺激，并意识到原先因为一些自我约束所带来的徒劳无益时，"本我的冲动"就会趁势跑出来，并以一种彻底享乐主义，先放纵的冲动心态催眠"自我"。倘若"自我"正好也处于焦虑中，当下可能也比较希望可以借由一股快感的力量来消弭这种自责且懊恼的心态。

就像有些公众人物之所以染上毒品，并非被他人唆使或强迫，而是一种相对自主的选择，可能是当下遇到一些无法应对的挫败感或因无常变化所带来的焦虑沮丧感令其十分不能适应。其内心深处明知吸食毒品是违法的，也明知毒品有可能会带来不可自拔的危害，但是依然在某个时刻如飞蛾扑火般带着"自我破坏"的冲动能量而铤而走险。

弗洛伊德说："人类有重返终极原始状态的本我冲动。"因此一些看似具有破坏冲动的表象下，似乎意在协助个体找寻一种永远的安定。而对于人类而言，诞生前的状态或许就是安定的状态。

城市道路里的绿化景观树木，在春天的时候一定会不约而同地冒出一大片新芽，而到冬天的时候一定会不约而同地大片落下叶子，以求得新的循环。这种周而复始的循环中是否也具有一种类似生之本能与死之本能的造化因子在驱动，这或许还缺乏一定的严谨的研究数据。但是如果只是单纯地观察大自然的一些规律，就会发现许多周而复始的现象背后一定有一股力量或一种"物理"在推动着。同样，人从出生到死亡，不管是生之本能或死之本能，我们先把这些名词统统忘掉，只是单纯地反复观察，是否会发现的确有一股力量在牵引着个体来走完这一趟生命旅程呢？

我认为生之本能（性本能与自我保存本能）中有时候也必然以"从紧张状态释放出来"为追求目标。

在我国最大的咸水湖畔（青海湖），几乎每年，青海湟鱼都要溯河洄游为延续下一代而产卵。然而由于拦坝的障碍与"过鱼通道"的先天缺陷，造成许多聚集于此的湟鱼随时面临搁浅，或者因为无数次失败的跳跃而耗尽它们的体力。它们每次洄游产卵都会造成自身大量死亡，其死亡的数量则可以多到让人踩在上面而不触底，画面触目惊心。湟鱼之所以要逆流而上，只因为青海湖盐度高，不适宜产卵。但是他们逆流而上的强悍本领与义无反顾的精神，让人很快就会联想到自己。这些湟鱼为了顺利延续自己的后代，千辛万苦临近转折处时，所面临的绝境场面令人无比揪心，只有为数不多天赋异禀的湟鱼奇迹般地完成了跳跃，而大部分则都会死在途中。它们为完成繁衍后代的神圣使命所付出的代价催人泪下。它们无数次竭尽全力地跳跃，都以自己身体被重重地撞在坝墙上弹回水里而告终。这就是青海湟鱼面对残酷环境时，其生存本能奋进不屈的画面。它们为何要做这种事情？因为如果不去做，似乎会更加紧张和焦虑，或许只因为它们也有从紧张状态释放出来的本能。

大自然中的许多动物也都有类似的自我保存与延续的本能，目标达成的过程就是一种释放紧张的过程。身为万物之灵的人类，历经残酷的地球生态演变，从类人猿慢慢进化成具有灵性且充满智能的生物体，这里头有许许多多的记忆，变成了我们集体潜意识中的一种本能。还有各种各样伟大的"母亲"，为了避免孩子被其他物种吃掉，会自己吃掉孩子。养育和毁灭之间，或许就是生之本能与死之本能的一种无奈释放。

不错，人类在生之本能与死之本能（自我破坏冲动）之间，比所有动物都更加擅长"从紧张状态中完全释放出来"为目标。

动物定期发情只为交配，而成年人为何要频繁地性爱？或许人类具有更多的自主性和原始性能量，其"本我"中的性本能也是一种协助人类延续下一代的生物性本能，但是如果不加以节制，就会耗尽体能而面临衰竭，所以生之本能中更强大的"自我保存本能"会适当压制这股原始的性冲动，不让其无节制的满足，否则会影响正常的生活与工作。但是如果一点都不满足它，似乎也会存有一种漂浮性的焦虑，因为毕竟它是本能的一部分。对于生活在七情六欲中的现代人而言，它或许有适当自我满足的权利，但是合理满足并不意味着泛滥或需要不断转移性对象。

探秘焦虑——化繁为简

弗洛伊德先生只是强调了性冲动与生之本能的实际存在，但并没有鼓励人类遇到持续焦虑后就要采取性放纵的方式，他本人也是反对性放纵的。而且，我认为性能量不一定要通过性交来释放，完全可以通过情志上的升华陶冶从而将其转化成一股宝贵的精气神。性能量发动时可以通过正念觉察，而后在特殊手印（双手平行交叉贴在小腹）的作用下，就会变成下丹田的一份强大的生命力，可以让个体更加神清气爽，长此以往也十分有助于个体完成一些需要付出巨大心力的事业。

总之，人拥有从紧张状态释放出来作为追求目标的本能。但是如果人只是在性冲动的驱使下，不断地追求性快感以致废寝忘食，那么最后身体也会被彻底掏空，可能会走向自我毁灭与衰竭。所以为了避免这种结果，许多时候，生之本能（自我保存的本能）会压抑性冲动。

在心理学家的观点看来，性对于人类而言，一定有其合理的地位，本身顺其自然就好，无须去执着。宗门哲学中所告诫的要节制淫欲心，知道其道理的人自然明白，不会生起任何烦躁或嗔心。不知道道理的人，就会异常排斥这样的话，甚至还会因为自己的排斥而迁怒宗教人士。一些道德良好的正统宗教人士严厉指责淫欲心并暗示有很多果报，其主要正面动机是希望世人能够明白一旦调伏了这个淫欲魔，其好处极大。许多悲心人士的说辞上的"反"是为了导引"正"，我们可以再来简单探讨一下这方面的道理。

新儒家文化里有许多正能量的人生信条与经营家庭的启蒙哲学，就是填充性焦虑坑洞最好的良药之一，但是中国在国家人均读书数量排行榜上总是垫底的。据报道，在以色列、英国、德国、日本、美国等国家的人们，他们阅读书籍的总数量远远超过中国人的平均水平。有大量上班族一年下来没有完整地看过一本书，而在许多发达国家的人们阅读书籍的数量在5本以上。古人云：三日不读书，便觉面目可憎。多读几本圣贤书以及一些充满正能量的有助于提升志气的书籍，会在无形中陶冶一个人的性情与消除不合理的畸形欲望。

很多读者这几年来也都已经在互联网上听闻一桩又一桩性丑闻以及所谓的艳照事件。一些人原本宿命中还是比较有福报的，只因缺乏一些必要正见教育，因而在物欲横流的社会中不断助长了自己的淫欲心，而后种子起现行，现行熏种子，习性不断地被强化，因未能及时闲邪存诚，当因缘具足时总是会被"天公至律"揭发。

　　事实证明，倘若对一个普通人注意力影响较大的性冲动反应都可以被调和升华，那么恐怕外界的许多虚假的诱惑都很难能够撼动其心志了。因为有这样的自律修为，就一定会生发出更多的定力，最后由定生慧，因此一些大任总是会被这些有智慧的人担当。

焦虑背后的家庭教育坑洞现象

导言

一位父亲很为他的小孩苦恼,他的孩子已经15岁了,一点男子汉气概都没有。他去拜访一位禅师,请求这位禅师帮助他训练他的小孩。禅师说:"你把小孩留在我这边三个月,三个月后,我一定可以把他训练成一个真正的男子汉。"三个月后孩子的父亲来接小孩了。禅师安排了一场空手道比赛来向父亲展示这三个月的成果。小孩的对手就是他的教练。教练一出手,小孩便应声倒地,但是小孩马上又站了起来,如此来来回回总共16次。禅师问父亲:你觉得你的孩子够男子汉吗?"我简直羞愧死了,他来这里受训三个月,结果是他这么不经打,被人一打就倒。"父亲回答。禅师说:"我很遗憾你只看到表面的胜负。你有没有看到你儿子倒下去又立刻站起来的勇气及毅力?那才是真正的男子汉气概。"(引用自网络)

科学的早年教育可以规避人格创伤

在此书的前面一些章节中我们已经探讨了不少调和情绪的一些正见与可靠的心理学辅助策略,但不少情绪背后的坑洞形成的过程与时期,往往有多半源自于儿童时期充满不安的教育环境。

我们现在来严肃与认真的讨论这个现象。有些问题我们现在探讨它的目的不是为了批判,而是希望引起我们家庭教育者与学校教育工作者的一些觉知，而后卸下一些防御性观念，打开一些见地，从而轻装上阵更好地从沟通引导工作中感受到伟大的正能量与价值感，那是一种人生的真正乐趣与道德愉快，同时也是遵照人类的真正利益来工作。许多东西修复总是比破坏难上许多，如果教育者在起始阶段错得离谱，就很难指望孩子们在成才路上没有缺憾或心灵危机。

20世纪自体心理学理论先驱科胡特认为一个功能良好的心理结构，最重要的来源是父母的人格，特别是他们以没有敌意的坚决和不含诱惑的深情去回应孩子需求的能力。也就是说，如果孩子长期暴露在父母不成熟的、敌意或无意识控制力诱惑的回应中，将会在他们的青春期诱发强烈的焦虑与过度的刺激，从而导致成年后精神成长的乏力。因此孩子的内驱力与内聚力潜能的很大部分就被压抑了，而这部分被压抑的心灵资源就无法参与孩子心灵的发展。许多心理学家都认为父母是什么样的人格比教育内容要重要许多倍，父母的人格健康水平直接影响后代的心理健康水平与气质。

从人格心理学角度而言，母亲如果有持久的内在人格冲突，那么在哺育后代的过程中就相对容易投射给孩子。在儿童时期母亲对孩子内在培育安全感的意义要比父亲的作用重要许多，母亲早年的冲突心境状态若时常表现在与孩子的互动关系中，久而久之就容易内化成孩子人格的一部分。笔者认为不少当事人的漂浮性焦虑情绪皆是人格中"内在迫害者"在作怪，它时常会"勾引"周遭环境中的"人事物"不断复演对早年父母制造出来的糟糕环境的"忠诚"。而这个内在迫害者就是从父母那里"租用"过来的自我功能，因此有时候甚至可以说不少人的心理疾病是为父母得的。

在心理治疗中所谓的人格创伤修复就是在相对温和与涵容的疏导关系中协助来访者重新经历一次童年，凭借与咨询师重构出来的能够被恰如其分对待与尊重的良好关系，会在潜移默化中升华或修复当事人早年在与父母的互动关系中制造出来的那份初期焦虑的残留情感。从而自然而然地将"内在迫害者"转化成"内在协助者"。

言归正传，我们继续着重来谈谈早年教育与焦虑情绪之间的关系。一个家庭中必定有一位在家中占有相对"威权"的地位。当这些教育者把"掌控力"作为行使监护的第一工具时，一些失误就有可能随时发生。因为成人世界的一些价值观会在无形中强加给孩子,而有些价值观可能都是偏离中道的。

从心灵哲学角度而言,无时无刻都喜欢掌控力的父母,无形中就是强加自己的"心业"(心灵作用力)给孩子,也会不知不觉间将孩子纳入成人世界的"优越感"比较中。然而孩子的行为总是骗不过他们的心灵,对一些教条性的教育他们总是"头脑明白,身体不明白"。

为何许多家境优越的孩子经常做出一些与父母愿望背道而驰的事情?为什么他们遇到一些不顺意的事情时非常容易泄气?为什么在"接班上"的表现让父母大失所望?如果我们愿意从中道系统的角度来观察,而不是从世俗偏见的角度来观察,我们很快就会发现这些所谓的"问题孩子"只是因为教育者一些观念上的问题而创化感召形成。并不是因为这些孩子只会惹麻烦抑或不开窍。若是从中立的角度而言,可以说父母本身没有问题,孩子本身也没有问题,症结就出现在"联结"的品质上。

在一些经常惹事的孩子中,一旦有人深刻了解了他们的内心世界,他们会自动地"改邪归正",而后极有可能做出一些让父母刮目相看的正能量事情。这就是人性观的感应,可谓浪子回头金不换。**许多"问题孩子"缺乏的只是一种全方位的理解、共情与倾听,这个和心理治疗的基础是一样的。**父母也不能把成年世界的优越感情绪投射到与孩子的互动关系中。比如:如果父亲社会地位相对杰出或取得了一些民众的喜爱,那么有些孩子的潜意识中有可能会觉得自己的成就很难与父亲等量齐观,这样他们就容易泄气,而后喜欢通过各种娱乐活动来填充这个内心的失落坑洞。这里不是说父母不可以成为杰出者,而是指当某位家长成就比较高的时候,需要和孩子多进行一些平等的促膝长谈。过程可以简单轻松,不需要讲什么特别多的大道理,只需要带着一颗平等心让孩子了解"父亲"的一些心路历程,以及在父亲成就的背后是哪些因素,一定要尽可能客观地表达,少一些个人的自恋情怀。同时一定要让孩子明白,父亲与后代的成就之间没有任何对比意义,因为时代不同、因缘不同、环境不同。而后再强有力地肯定孩子的一些比较突出的优点,或许这就够了。

**教育就是这么简单,只需要在中道观(中立、不偏不倚)的基础上,不去过度干预孩子的自然造化，那么孩子们就容易拥有独立的人格，这样一来就不容易生发自卑情结。而后在长期的家庭生活中，母亲与父亲的地位尽量保持一致。许多母亲经常在呵斥孩子的时候会说："等你父亲回来收拾你，看你还调皮……看你还胡来。"其实此言一出，立刻于无形中拿走了母亲自己的力量，孩子的潜意识中很自然地就会觉得母亲对自己的约束能力与管教能力是可以忽略不计的。这样长此以往，母亲的许多话即便是正能量的，富有理性的，也很难影响孩子。

我们还关注到社会上许多网友对一些"富二代"的各种嘲笑与随性讥讽，其实这样的言行是不明智的。或许我们需要看到这些孩子内心深处的"坑洞"。这些孩子长期感受到来自社会各种舆论的对比性压力。这种持续的不对称的社会性比较，会让这颗好胜的心灵苦不堪言。

在这种情况下，父亲要尽量在孩子面前与他平等地沟通，这里指的不是谈天说地、谈情说爱，而是客观、中立地讲述父亲的一些心路，也就是成就背后所经历的各种迷惘与苦痛，这样孩子就会很容易感受到一种平等的姿态以及不易承接到父亲无形中的那种优越感所带给自己的压力，反而会非常理解父亲，甚至还会觉得父亲才是自己最好的老师。所以就只谈这个话题，不要谈太多人生哲学或大道理，在平和的沟通氛围中只需要尽量淡化那些所谓的成就与优越的感受即可。这样几次交流下来，该孩子就会以父亲的人格品质为榜样，树立起自己的奋斗目标。反之，则很容易陷入两极的思维怪圈，会导致其潜意识中认为：反正我的任何追求都很难在家庭中获得优越感，反正我现在不用工作也有足够的遗产继承，那么我就选择乐在当下，今朝有酒今朝醉吧！

总之，亲子之间只要去掉一些权威隔阂与气场隔阂，亲子关系就可以非常融洽，并具有正能量。对于家庭教育者而言，我们一定要深谙作为被沟通者的"问题孩子"没有我们想象的那么愚钝，也不是我们所想象的那么不可救药，很多道理他们其实都懂，甚至有些孩子比父母看起来在未来更有资格成为合格的父母。因此有许多说教都要收起来，只需要在一些成长的关键时期，以平等的姿态，以人为本地全方位倾听与无条件尊重孩子的个性特征，且相对用心地观察孩子的独到优势，而后多肯定一些，这样一来孩子的心底深处就会感受到不可思议的隐性力量与安全感。

我们一定要清楚，很多时候孩子也是成年人的"爸爸"。其自性中的智慧都是一模一样的，他们需要的只是父母的谛听与深刻的理解。许多青春期孩子的心灵坑洞与焦虑的背后最迫切需要的就是父母在其儿童时期与青少年时期所给予他们的这份心灵财富。

我不愿意在此谈论更多的教育后代的观点，只想强调一个简单的道理：人性观。

不妨来回顾一下从小学到中学的一些教育奇观。我们稍微回忆一下就会发现在从小到大的集体学习中，假如一个班级里有几个学生的表现一枝独秀，那么这些孩子很可能就夺去了教师的大部分"恩宠"与"关注"。几乎每次提问时，老师的眼神总是最先瞟向那几个成绩优秀的孩子，这样的情境在每节课中都在重复上演，而没有人知道这样的习惯是一些学校教育者"人性观"上的失误。几个得意的孩子的确是感受到了"优越感"与更多的学习快感，但是其他的孩子的潜意识深处是非常憎恶这种差异性待遇的。因为，任何一颗独立圣洁的灵魂若要无条件屈居于他人之下而不心存怨怼之心，是不可能的事情。

一些孩子在小学阶段是很容易受"权威教育者"暗示的，如果他发现老师的一些严肃神情与不经意之间所流露出的批判语气是在针对自己，会认为自己就是属于反应慢的、智商不足的一类人，久而久之，这个孩子的潜意识就会内化默许，而后表现出来的就是一个"差生"的状态。这也完全符合潜意识里应外合的原则：内在是如何想的，外在就跟着如何配合。

有这样一个孩子，从一年级到四年级期间，数学和语文成绩都是90分以上，但是居然从未在六一儿童节的时候被评为优秀干部或三好学生。而对于其他得奖的同学，他并不认为这些家伙的"德行"比自己好到哪里去，这样的待遇让他对这个世界一度产生了错觉：难道我天生就不配得到一些奖励？难道我天生就只能默默吞忍？（注：每个孩子最初都是好孩子，每个孩子也都有强烈的被爱的需求）于是从五年级开始他的潜意识需要发明一些动作来吸引"教育者"的关注。他开始在任何一次阶段性考试中都第一个交卷子，他开始放弃晚上看课外书的安排而改为打电子游戏机，他开始和一些更加调皮的学生混在一起,且带头给几个老师取一些难听的绰号。当班主任打算在一次家长会上把他的这些"不良表现"反馈给家长时,这个机灵的孩子为了躲避父母与老师的唇枪舌剑,于是在开家长会的这一天并没有去上学,而是在床上一直躺到下午。当父亲发现时,他紧紧地捂着小腹,并呈现出一副非常痛苦的表情……

果然他的潜意识为了协助"主人"避开一些莫须有的压力,便下达"指令"给身体,身体就配合上演了"阑尾炎"。而后当孩子进入医院进行手术与疗养期间,他的潜意识非常享受这种来自父母的关爱以及能避开班主任训斥的压抑感,而当医生说可以出院时,他又再次"发烧"起来,以拖延被爱的时间。(注:潜意识非常聪明,产生症状是为了让我们不再遇到更加糟糕的创伤与失落感)

许多心理学家早就发现这个现象,这是青少年的一种潜意识置换代偿机制。孩子的这种行为虽然是幼稚性的,但的确也不能责怪他们。他们只想得到更多的爱,这种潜意识诉求本身没有任何过错。爱孩子不是说只要让他吃得好、穿得好。有些充分感受到慈爱滋润的少年,即便小时候和父母住过一段时间的窑洞,也非常快乐,性格活泼且有韧性。所以,重点是朴素的人性观。

作为教育者,在与孩子或学生沟通的时候是不是早已先入为主带着一些偏见?是不是自己都非常不耐烦?在沟通中是为了更好地控制孩子的行为以维护自己假惺惺的权威感还是用爱的眼光发现孩子的天赋。爱不是狭隘的满足与讨好,爱是一种开阔的见地,一种深深的信任与理解,一种无条件的平等对话以及与孩子同行在一个轨道上,而不是用成年人的成熟度去否定孩子的一些幼稚性,并认为孩子具有一听就懂、一教即化的成人心智模式。

有一个初二的学生,他的"短板"是数学和语文,其他科目的成绩在全年级中都居于领先位置。但如果数学和语文中的一门不能提高20分以上的成绩,那么他在中考的时候,注定要面对无法考上"第一中学"的事实。不过他很清醒地认识到这一点,所以他一直在努力地补习中,只是还尚未有明显的提升。有一天,在下午第二节语文课后,他对学习语文的热忱度开始了不可思议的高涨。原因是这样的:他的语文老师是一位很少会心微笑的人,私下被学生取了绰号——"白骨精",虽然不是班主任,但她的语文教学业务能力是全年级最好的。该老师有一个特点,她的眼神很少对一些成绩优异的学生特别地"微笑式光顾"过,在她看来成绩好的那几个学生需要适当地收敛一些优越感,因为这会影响到其他学生的学习态度,她深知一视同仁的重要性。就在这一天,这个端坐笔直的男学生,"莫名其妙"的被这位语文老师赞美了一番。因为该老师发现这个男孩子今天坐姿非常端正,眼神炯炯地看着书本并用心地记录着一些东西。所以,这位语文老师抑制不住,对其狠狠地赞美了一番。

接收到这般赞美后,这个学生犹如久旱逢甘霖一样,心田间满满的都是热血澎湃、兴奋不已的觉受,他的大脑神经元网络也接收到了强烈的兴奋信号。他暗暗自喜,并下定决心把语文成绩搞上去。就这样,在那次醍醐灌顶式的肯定之后,在短短的一个学期内,他的语文成绩与作文成绩达到了班级第一名。其实那一天,并不是他有多么用心,仅仅只是因为户外的太阳火辣辣地照射着他的脸庞,他的眼神略显呆滞,所以给人造成看起来非常专注的假象。

这是我曾经听到的一个故事,终生难忘。我们在此都想到了什么呢?

其实,人性观就是建立在对人性弱点与优点深刻觉知与无条件尊重的基础上,且以正能量的方式去发现对方的优点,对一些软肋不要去否定与打压,因为任何一颗心灵皆有人性中脆弱的一面。**当孩子把这最脆弱的一面呈现在教育者的眼前时,我们需要多一些耐心、平等心与孩子分享自己的心路历程与克服困难的一些经验,这样孩子会进一步感受到对生命的热忱与斗志。**把这一条做好了,再看一些有意义的教育类书籍,我们就会发现教育工作本身亦是一种自我心性提升的契机,是人生的一份尊贵职责,更是在生与死之间留下的一笔宝贵的财富。

务必重视多子女家庭成员的心灵坑洞

接下来谈谈多子女家庭中的一个教育上完全可以规避的坑洞。

走出焦虑风暴

有一个小男孩在家中排行最小,前面有两位姐姐。在这样的多子女家庭背景中,这个小男孩的童年生活未必会像邻居们、亲友们所认为的那样是最幸福的一个,或许他将是这个家庭中最容易产生心理障碍的一员。该小男孩经常听到父母说这样的话:我们现在做的一切都是为了你呀,你要乖乖听姐姐们的话。而姐姐深知父母有根深蒂固的重男轻女知见,早已在自己的心中烙下了印痕,因此她们可能从小就会觉得男孩子就是天生的比自己高一等、好一等,从而打小在潜意识中就埋下了对"优越感"的渴求。

当两个姐姐看见弟弟降生的时候,虽然有时候表面上会觉得新奇、好玩。但意识深处或许对未来已经埋下几分担忧,她们担忧父母在未来不能一视同仁地分配一些资源或对自己长大后提供平等的协助。她们感受到自己必须和另外一个家伙分享父母的关爱与零花钱,老大(长女)曾经唯我独尊的时光早已不在,老二(次女)好不容易适应了父母对自己身份再次是女孩的失落,而现在她们打心底深处不会觉得弟弟的降生对自己的成长有多少欢乐的意义。而对于这个最小的男孩子而言,在整个孩提时期与青少年时期可能会被姐姐们塑造成一个"玩具",很可能会面临一段"两面受敌"的历程,有时候姐姐们为了表达对父母的一些偏见,会把一些气撒在这个小弟弟身上,她们的内在小孩试图证明即便是男孩子也没有什么值得骄傲的,虽然表面上看起来依旧是姐姐们在保护小弟弟。但是这个小男孩有时候会感觉到不安,这种不安有可能是因为受姐姐们的欺压造成的,也有可能是对姐姐们联合起来的力量感到十分的抗拒和不自在,他会往消极的方向联想,有时候潜意识中会出现一些极端的念头,诸如:通过一些自虐或自我惩罚的方式来报复家人的不重视。

姐姐们仗着年龄上的优势与身高上的优势,会经常对小弟弟下达各种指令,诸如:你怎么可以这样,你不能这样,你为何要这样,你再这样试试,我跟你说多少次了,你怎么老不听话等。这样的言语表面上是一种合理的管教,但是下达这些指令如果只是为了满足自己的欲求与巩固地位,那么这种把戏是骗不过小男孩的灵魂的,渐渐地,他会感觉到非常压抑与孤立无助。如果这个小男孩天生性格不容易叛逆或比较怯弱,那么就相对容易发展成"抑郁质气质类型",慢慢地就会变成姐姐们眼中好像永远都长不大的孩子,那么这个所谓"长不大"的问题孩子,究其一部分原因都是由兄弟姐妹们从小变相的挤压内在空间造成的。他的自我防御系统已经无法抵抗外界的持续挤压与否定,因此开始慢慢地演变成了吞忍型人格特质。

在二十多岁的时候其无意识甚至经常跑出以自残或沾染忧郁情绪的方式来表达对家庭成员的不满,包括对父母。他会认为父母说的都是假话,唯一的传宗接代的"香火"不仅小时候零花钱最少,而且长大后父母慢慢地为两个姐姐操办各种事情,轮到自己的时候发现父母精力已经不足,抑或年老,甚至因为连续帮两个姐姐带孩子,轮到自己的时候却已经浑身都是毛病,已经无法来照顾自己的后代。所以他与姐姐们的关系表面上看起来挺和谐,其实那份隔阂及残留的愤怒情绪一直都在无意识深处。倘若这个小男孩天生能量比较足,血气也比较旺,那么他就不会持续压抑自己的不满,而是会自主思考找到挣脱枷锁的机会,想办法早点避开这个环境的负性辐射,比如和爷爷或外公住在一起,抑或喜欢学校寄宿式的生活。因为较早地独立生活,心智相对容易早熟,忍耐力也会超过同龄的孩子,只要遇到一个能够启蒙他们心智的好老师,借由一些科学的人生观引导,他们日后往往最容易成为社会上杰出的领导者与时代弄潮儿。

那么如果某个孩子天生能量场不够强大,家庭教育者可以如何科学地介入?其实并不难,首先家庭教育者(父母)可以选择在较放松的氛围中,当着所有孩子的面,重复告诉他们:你们都是我的好孩子,爸爸妈妈都很爱你们,你们都有自己独特的优势与可爱之处。你们之间虽然排行不同,但彼此都是平等的,一定要学会互助与合作,一定要学会彼此分享,不要互相挤压空间,你们未来都会成为最棒的自己。你们不需要互相比较,因为每个人都有自己不同的人生轨道,前提是你们都要付出自己的努力。爸爸妈妈因为要顾及家庭的生计与各种人情世故,所以有时候会忽略了你们之中某个人的一些心理感受与诉求,但这并不意味着爸妈不在乎你,以后你们可以在爸妈空闲的时候独自与我们交流一些私人问题,我们都会倾听,如果诉求是合理的,我们也都会支持;如果诉求是比较自私的或盲目的,我们也欢迎平等的探讨,所以我们也需要你们几个孩子的合作。

说完类似的一些话语后,一定要继续真诚且坚定地肯定每一个孩子的独到优势与可爱之处。这个事情要重复做，莫要小看对话的意义，大道至精也至简，这样可以很快调和几个孩子之间不应有的失序的竞争关系与压抑感。此外，尽量不要从大人的角度大谈一些成年人的哲学，这样一来会让问题变得复杂。一定要先进入孩子的频道，先让孩子对父母产生信任，只回答孩子会思考到的一些问题。私底下要经常单独与他们每个人都有一些针对性的沟通并化解一些私密性的成长烦恼。这样孩子就可以避免因为彼此之间都缺乏安全感而形成的竞争关系与建立在彼此痛苦基础上的优越感。

诚然，很多父母认为必须对孩子施加一些棍棒式的教育，孩子才会乖乖臣服，这样也可以维护家长的权威，并认为这样做会十分有助于日后的"统治"。事实上，真正有力量的父母并不需要通过这样的方式来展现自己的力量，有时候放低姿态，保持一颗平和的心，以充满关爱的眼神和孩子们客观地探讨一些他们正在困惑的东西，只要取得孩子的信任，借由耐心的启蒙并让其看见一些反面的例子，让他们认识到某某想法对应的是更多不安的后果，并使其心服口服，孩子们自然会收摄习性，对父母产生更多的敬佩与自豪感。心理学家研究发现，一个人采取任何行为的背后，要么是追求一种快乐，要么是逃避一种痛苦，而有时候逃避痛苦的力量会更大。所以若要纠正孩子的某种不良念头或行为，只需要一些具有说服力的口才，让其认识到某个错误的想法最终所对应的是巨大的损失就可以了。所以不打骂孩子不代表无法建立权威，事实上可以建立得更好，且可以对孩子的未来成长不留下负性的印记。长大后，孩子自然会明白父母的高明之处！

此外，父母可以在孩子面前营造夫妻和谐的磁场，但在孩子面前不要太亲热，这样会降低孩子对父母的神圣感，以及偶尔也会产生父母似乎对彼此之间的爱超过对孩子的爱的这种错觉。对于有一些有恋母情结或恋父情结的孩子，更应该重视这一点。同时，父亲在家里尽量不要收藏一些与情色有关的书刊与成人影片，小男孩只要过早地接触到这些东西，就会提前对"性"产生猎奇感，会提前男孩子初次手淫的时间。而过早手淫，若没有正确的认识又很容易产生不必要的罪恶感与恐惧感，这种状态若持续两年，就很容易诱发出早年慢性焦虑情绪，并合力形成一种对身心能量消耗更大的心灵坑洞。那种坑洞就是日后许多人沾染焦虑症、强迫症、恐惧症、神经衰弱等的缘起之一。

总之，父母只要愿意善于观察孩子的细微变化以及适当谛听一些他们深层的心声，慢慢地就会找到适合该孩子心气反应模式与气质类型的教育心法，而无须照搬他人的经验，每个家庭都可以有所不同。有时候多则惑，少则得，知道了一，就知道了全部，毕竟也没有一位教育专家比我们自己更了解孩子的成长情况与背景。

教育者需要了解行胜于言的朴素哲学

身为父母一定要深刻了解"上行下效""行胜于言"的朴素哲学。

康熙帝一生作为颇多，兢兢业业，可谓一代明君。他深知守江山比打江山更需要智慧与勤勉努力，所以他迫切希望自己能够培养出一批有智慧且能干的皇子，在未来共同协助太子来治理江山。所以他为包括太子在内的皇子们安排了非常严密的读书学习计划，这些孩子每天大部分时间都在学习，自由活动的时间并不多，早上起床的时间甚至比那些上早朝的官员还要早许多，当个别上早朝的官员们路过书房听见孩子们的读书声时，都于心不忍。

勤奋苦读本身没有多少问题，问题出在康熙帝对待皇子"老师"的随性态度上。许多博学且年迈的老师几乎一整天都是在站着讲课，而皇子们却可以一直优哉游哉地坐着。有一次老师因为体力不支晕倒在现场，事后该老师不仅没有得到应有的慰问与改善，反而遭到康熙帝的嘲讽。那么这样的处理方式就给这些皇子们幼小的心灵产生了不可磨灭的印记：老师仅仅只是奴仆而已。而在这些皇子所学的四书五经中，包括康熙帝都深知儒家孝悌尊师的重要性，但是表现出来的却完全不是，因为他的权力大到无边，在这位"独裁者"看来：再有智慧的国学老师或皇子启蒙老师也不过是一个奴仆，一个教学工具而已。

然而这样的不尊重还不是最要命的，最要命的是康熙帝曾经当着皇子的面，让侍卫用大板伺候他们的老师，有年迈的儒学老师被打得几乎断气。

所以，这样的行径无形中对孩子们的影响是颠覆性的。这其中对太子的影响最大，并慢慢地内化成太子的自身信念，私下他也开始对老师更加放肆无礼，本来是老师在教育学生，结果老师反而被这群无知幼稚的孩子用其恶劣的习性拉着走，而康熙帝却蒙在"我执"中。直到康熙帝有一次在户外安营扎寨，深夜发现太子有暗算他的居心，才恍然醒悟自己早年在教育上犯下的严重过失。他发现儒家中那么好的做人修为全部因为自己的"示范"而破坏殆尽，甚至造成苦果，一度懊悔不已。

太子因从小看到博学多闻的老师只不过是一个微不足道且可以随意惩罚的奴仆而已，并且多年耳濡目染了权利的快感，所以他内心深处的贪婪野心和畸形的权利称霸观过早地被错误诱导。于是私下他也经常带头捉弄呵斥老师，其他阿哥们也不敢反抗，只能由着他胡来。当康熙帝领悟到自己埋下的祸根后，虽也想通过一些方式来感化太子，但发现其性情已经十分拙劣，更不用说治理一个国家了。

在家庭生活中，有些父亲不仅能干，拥有一定的社会地位，且深谙在教育后代中行胜于言的哲理，因此当他下班回家后并没有对妻子下达这个指令，那个指令，而是自己闲适地拿着扫把在打扫客厅以及孩子的书房。只要后代禀性不坏，当他们看到父亲的这一面时，心中都会产生一些微妙的正能量。同时这份自然的示范，也会让孩子对父亲的成就不会有高高在上的压力感，而是会相对放松地立志以后超越父亲。这就是无声胜有声的微妙法，父亲只需要一个简简单单的动作，不领导口号，只领导"结果"，这个结果就是行不言之教：若让孩子学会自觉地打扫房间，就示范给孩子看。因此，孩子的一些关键性成长技能与修养只需要父亲的示范就可以了。而在广大的家庭中，许多父亲并没有示范，也不愿意示范，只是一天到晚在酒酣耳热之际，开始传播一套又一套的"做人"哲学，一个聪明的孩子对这样的套路是不会"买单"的。而对一个拘谨内向的孩子而言，则会更加敏感地认为父亲只会夸夸其谈，缺乏力量。有些孩子只是忍着这些说教，不敢说破而已。

要让孩子在青春期前变得坚强抑或提高心灵强度，最好的办法就是父亲亲身示范，这是最可靠的教育方法。 比如先从一些简单的地方切入：有机会可以时常带他到农村体验用柴禾烧饭，去田地摘菜叶，然后一起分工，参与做饭与洗菜的一些环节；或带孩子去"跋山涉水"做一些农活或是植树等，晚上各自烧水洗澡，睡破旧的木板床等。总之可以根据孩子的禀性与适应度来灵活地设计这样的体验，并在孩子有一些抵触的环节加以循序渐进地引导。一定要深知温室里的花花草草摆到马路边一晒就容易病快快，夏风一吹就会萎靡，而生长在乡间小路上的野花野草，有时候烧都烧不干净，即便被火烧了第二年也会照样长出来。因此，爱孩子不是无条件地满足他的物质诉求，而是让他通过实践习得一些充满正能量的人生信念，这是最好的加持与恩典，也是协助孩子在日后打下坚实心理卫生基础的重要因素。

记得以前有一个报道，有几个国家的孩子一起去参加夏令营户外拓展，主题大概是只给予这些孩子少量的矿泉水，而叮嘱他们在登山的过程中要合理分配这些水资源并且要克服沿途的酸痛，最终必须到达山顶驿站。结束后，组织者统计了一下，中国的孩子在这个过程中的表现是最差劲的，几个孩子还没有走一公里，水就已经喝完了，并开始怨天尤人，甚至产生一些极端的念头。这些孩子因为过度地受保护，过度地被满足，过度地被讨好，一旦遇到不顺心的挫败，其内心深处就会产生一种念头：我不属于这个星球，你们这样对我，会后悔的，我死了算了。而据说日本的孩子综合表现相对优异，他们在登山过程中对遇到的问题持开放的态度，并依靠从幼儿园到小学期间的教师们所教导的解决问题的创新能力来新奇地接受眼前的"危机"，并积极依靠自身的潜能独立而勇敢地完成了挑战。

坚强的心灵是嘴巴喊不出来的，它必须依靠在环境中的磨砺。所以说早年给孩子设计什么，都不如设计一些恰当的历练，一些真实的经验与磨炼对孩子而言才是最好的心灵财富。

父亲对孩子青春期前后的影响大概占了八成，母亲只占两成。如果在青春期前后孩子没有感受到父亲的精神力量与信任理解，那么当孩子成年后，父亲基本上就很难再影响孩子的性格了。反之，若能在青春期前后引导孩子不断地尊重每一个挫折，尊重每一个挑战或困难，且让孩子明白正因为有了一些挫折与压力才能够强化自己的人生阶段性目的，让自己对未来的梦想有更多的承诺与生命力，那么孩子进入社会后潜意识会自发地感恩父母一生！

所以，千言万语抵不过亲身示范与积极的导引，任何冠冕堂皇的清高说教都是事倍功半。就好比公司的老板自己每天都比多半员工早到一会是不是更能够彰显企业的文化与活力呢？如果老板自己言行不一，而大谈所谓的文化建设，员工们恐怕只会感受到条条框框式的束缚而非心悦诚服。

失去空间就等于扩大心灵坑洞

什么是空间？我们都知道一个房子造得再好也要提前留一些空间用于做窗户，否则即使房子造得再豪华也没法居住；一个人能力再强也要适当地给自己留一些空间余地，因为势不可用尽，一旦用尽就会有麻烦；同样一对伴侣感情再好，也要给对方一些私人的空间，这样彼此才不会感觉到被对方所占有。而在亲子关系中更是如此。

事实上，道者反求之。若懂得给他人空间，自己也会拥有更多宽容性情的空间，拥有更多从容的空间，以及拥有更多智慧的空间，而后一个人自然而然就会懂得什么是"生活禅"。**因为禅的本质内涵就是带给自己更宽广的心理生活空间。当内在空间开阔了，一些纯真的性情才会真实流露，而后更加容易去接纳生活中的各种"无常律动"。**

在这个世界上，国与国之间，人与人之间都面临着生存空间的挤压与竞争，从某种意义上而言，"空间"可以说是旦夕祸福的关键因素。比如一个城市的公务员招聘数量是有限的，当每年报考的人数是其十倍以上时，一些经过细致准备而没有获得名额的考生，就会感受到生存的压力，感觉到生存的窒息感，因为空间似乎又小了一点。

在每家公司的业务部门中，不论是卖车子、卖房子、卖白酒、卖设备，由于公司业务量是有限的，多半员工肯定都希望自己的业务奖金是丰厚的，因此有些成员就开始钩心斗角，挤压其他团队成员的发展空间。而一些业绩相对突出的业务员因缺乏一些中华文化的涵养，没有意识到古人所讲的"见利忘危"的辩证道理，只管自己的成功，漠视了其他成员的失落感受，这样就会给自己留下几分"危险"的空间。

正确的做法应该是适当地帮助其他成员提升一些业绩，这样老板自然看在眼里，最终得到更多的依然是自己。若一个人在团队中过于领先其他伙伴，就会让一些伙伴感到压抑，所以要懂得舍与得之间的辩证关系以及深谙以退为进的气节，这样反而可以成为团队领袖，成为团队领袖后再带领团队超越年度业绩，自己自然可以获得团队整体业绩的更丰厚奖励，而后或许很快又被公司提拔。所以有时候看似让出了一些空间，其实是赢得了更多的空间。

大自然中长得最挺拔与强壮的竹子最先被砍伐，而长势一般的竹子往往能够生存下来。这就是生存辩证法之一：柔胜刚。生活中，说话强势的人最容易被视为眼中钉，说话温柔看起来还有点憨厚拘谨的人反而会获得他人的同情，这都是智慧的回旋空间。

古人讲：好话不可说尽，势不可使尽。就是希望我们在无常面前给自己一些回旋的余地，因为天道无常，无常亦能杀"小鬼"。所以在市井生活中，往往那些看起来强悍的人，实际上是没有头脑的人；而那些看起来有点柔弱的人，有可能是相对有智慧之人，他们清楚在这个世间如何保存自己的实力，以及如何规避浪费没有必要的心力，而全心全意着眼于自己的蓝图与志气。

回到人际关系中，不论是男女关系、亲子关系、师生关系，任何冲突的缘起必然是内在空间上的压抑。你去压迫对方的空间，对方虽然暂时采取吞忍的方式息事宁人，但它会觉得身体与精神的内在空间多了"压抑"的感觉，这种感觉若存储太多，恐怕连生存在臭水沟里的老鼠都会受不了。所以，压迫他人的空间，并形成一种长期习惯，对方必定会有爆发或"变相报复"的时候。反观一个家庭中，若"父亲"跟性格相对羸弱的"母亲"三天两头地吵架，于这样的背景中，母亲是第一受害者，孩子是第二受害者。母亲若长期吞忍，到了中年就很容易诱发糖尿病、高血压、心脏病、神经性肠胃炎、肝功能不足、肾功能不足等问题。而这个父亲因为发泄了大量口业以及大量自私愚痴的念头，有可能在日后所感召的疾病是更大的。

很多西医也都已经证实，情绪和那些常年慢性疾病或癌症之间有着重大关系。一个人生气与嗔恨激动的时候，肝承受了非常大的"气压"，肾脏也会分泌大量诸如肾上腺素等化学物质进入血液，长此以往对身体是非常不利的。然而这种简单的道理，有多少人在临终前还不明白，依旧我行我素地嗔恨人世间的种种。从儒家心学角度而言，喜欢无端发火与躁动的人往往是彻头彻尾无福的表现，因为即便有一些福气，也会被自己给"烧毁"掉。

身边有多少模范恩爱夫妻，没过多久就以离婚收场了，并非其中一方移情别恋，究其原因仅仅只是一些鸡毛蒜皮的小事情。这些小事情本来平时也不会太在乎，但就在那个节点上，缺乏一些智慧回旋的空间，不断刺痛着彼此之间的自尊心和敏感度，才造成冲突升级，最后挤压掉了全部的宽容空间。

比如有些女性一定要坚持大部分存款由自己保管，丈夫每个月的工资必须如实上缴，而这种要求的背后是一种不安全感的投射。但是这样一来，就拿走了男方可以灵活自主消费的空间，而任何约束与控制的背后往往会造成更多的离心感。如果某个男子因为有钱会变坏，那么他没钱的时候可能会更加有理由因为压抑而"造反"，而在私底下存一些"银子"。所以说来说去，都是因为空间的问题，尊重空间才是信任的表现，否则所谓的信任仅仅只是说着玩的耳边风。有些缺乏生活历练与智慧的女子，就非常憧憬韩剧式的美好的浪漫爱情童话。新婚不久，她也会无比甜蜜地对外展示两个人如胶似漆的恩爱生活，且认为这是可以永恒的。然而她不明白物极必反，物壮则老的道理。因此，甜蜜几个月后，很快她的伴侣就产生了一些厌烦感。

或许，慈悲的上天不希望一个人每天都过着很甜蜜的生活，因为甜蜜的东西吃多了，也会让人麻木与倒胃口。我们不要走向两极，最好学会中庸之道，也许唯有中庸之道才会感受到花样年华中更多的喜乐。

任何一个教育者只要深谙如何尊重孩子的空间，自己的空间也会变大起来，也才会明白真空妙有的禅意境界。

空间究竟有多重要呢？

一个冲突、一次打架、一次辱骂、一次车祸、一起战事、一场灾难，都是因为失去空间而造成的。在哲人看来，宽容是性格成长的宝贵空间，所以有容乃大，孩子的性格被扭曲，一半都是因为早年缺乏教育者的一个宽容中道的正确评价。再比如从容是规律作息的空间，所以要少安毋躁；自律可以让心灵有更多独处的空间，所有要不奴役于物；舍得是发展的空间，有舍得心才有欢喜心，喜不劳而获，是吝啬病，无远见，将来注定越来越匮乏；禅定心与正念心是智慧的空间，所以要学会中道观，智慧悟性才有更加深入的可能。根据易经与道德经启蒙，经常给予他人自信宽容空间的人或教育者，不仅可以累积浩然正气，长此以往可以化凶暴为和谐，还可以大大提高心理学上所谓的自我心灵强度。心灵强度良好的人，有时候几乎是百毒不侵，犹如神助，比较能经得起挫折和失意的打击，心理相对健康。

然而，在现实生活中，无论是亲子关系还是夫妻关系，爱得太执太深了，双方就没有彼此回旋的空间；工作太忙碌了，就没有了空间体验生活情趣；个性太急躁了，就会刚愎自用而坏了大事，丧失了洞察事理的空间；贪便宜欲望太多了，就会陷在贫穷的意识里，失去了福德的空间；读书太用功了，过于照本宣科，必定会失去原创性的智慧，因为失去了慎独思考的空间。

人类很会自寻烦恼。社会上许多人明知别人不一定会真心赞美自己，但却想尽办法得到别人的青睐和美誉，于是频频陷于失望困顿之中，却因此埋下了抑郁焦虑的痛苦种子。给善良的自己一个自信宽容的空间吧，给身边的被教育者一个自信宽容的空间吧，那么大家则都有体验幸福的空间，理通法自明，水清月自现！

论无为的家庭教育观

体验过无明焦虑的心灵，早已深谙越是排斥什么，自己的小我意识就越容易吸引那些与自己所排斥东西相近的同类。就像一个每天喜欢对孩子嚷嚷的主妇，每当她对小孩子咆哮，"笨蛋，别把牛奶打翻了"，孩子往往就更容易把它打翻。还有一些中年女性喜欢每天和邻居或在朋友圈里说自己的儿子何时才会让自己放心，何时才会有出息，总是表现出一副自怨自艾的苦相，其实潜意识深处有部分动机只是为了缓解一些父母教育失误的道德性压力。然而人的一些言不由衷的意念是有反作用力与感召力的。若持续地释放"口业"而不自觉，迟早会感召到苦果，古人说这叫祸从口出。许多"母亲"喜欢对各种事情习惯性地表达一种哀叹与絮叨，其根本原因就是因为没有把自己的事情管好，或者无力管好。同理，身为"父亲"也尽量不要把工作情绪带到饭桌上，也不要因为自己的婚外恋情结而开始对原配生发厌恶之心，而后在孩子面前，吵吵闹闹不停。

《道德经》中说：我无为而民自化，我好静而民自正，我无事而民自富。

当父母可以"言行一致""知行合一"地把自己的事情管好，本身就是对后代最伟大的教育，也符合阴阳辩证观的和谐原理。若父母平日自己推崇爱慕虚荣的作风，而对已经拥有一定独立思考能力的孩子给予专制呵斥并告诫对方要朴素节俭，恐怕难以产生有效的身教。若父母自己都是小心眼，斤斤计较之人，那么不论自身是清华还是哈佛出身，从中表现出来的教育智慧都已经缺乏正能量，甚至还略带有一些毒性。因此，当家长的可以在管好自己的一些事情后再去教育后代，根本就不需要再看多少教育类书籍，因为那时候已经可以无师自通，道法自然。

在家庭生活中我们需要的不是担心，而是自信的宽容，宽容的自信，它是一种对人性深刻的洞见与无言的关怀。家庭教育者若"持之以恒"地自叹这个，啜泣那个，本身就是对后代最严重的变相"诅咒"，这个朴素的道理用各种心理学皆可以轻而易举地通达解释。同样，在身心健康与心智领域，教育者自身过度地忧虑也会让五脏六腑受尽了"气压"，而许多身体器官是很容易因为压力而产生一些功能上的变化。许多常见的肠胃不适、肝肾功能不济、口干舌燥、面相枯槁、呼吸短促、尿频、神经性头疼或偏头痛、后肩背持久酸胀等，都是拜持续的压力与忧虑所赐。

人生苦短，许多爱干预他人的"闲人"直到晚年才恍然醒悟自我修心的深刻意义，但是那个时候已经没有太多心力去处理自我积重难返的业习。孩子也是大人的一面镜子，教育者能够管好自己的事情，本身就是对家庭成员最大的贡献与布施。此外如果家中有孩子沾染了"心病"，父母最好的支持方式就是管好自己的事情后并给予孩子一些无形的精神支持，而后孩子"潜意识"中对父母的一些不宽恕因子，也相对容易放下。

不得不强调的是，教育孩子也应尽量遵循"平常心中有认真"的奥妙之理。所谓的平常心就是不去和其他家庭比较，不去计较是否输在所谓的起跑线上。一定要明白那些赢在起跑线上的人，未必有足够的耐力与稳定性跑完终点。拥有平常心的父母意味着不去追求孩子未来的"大出息"，也不在乎是否要给孩子报这个补习班或那个钢琴班，而是在心平气和、顺其自然的基础上，适当约束孩子的不良习性，同时适当引导孩子某方面的积极天性和禀赋，而这样的教育观就是"生"，是真正助孩子的，而不是"克"孩子的。许多父母过分在乎孩子的出息，同时过度满足孩子的习性欲望，看似是一种"生"，一种爱，但是孩子长大后反过来责怪父母，甚至制裁父母的大有人在，这就是"生中有克"，一切只因为父母缺失了"平常心中有认真""认真中有平常心"的中道和谐观。

宋代大才子苏东坡，早年是一个类似小痞子的道混子，他研读过不少儒家经典，却经常恃才傲物，看不惯一些修为之人。有一次闲来无事，来到著名的金山寺和佛印行者一起打坐。苏东坡觉得身心畅通，就问佛印："禅师！你看我做的样子如何呀？"

佛印对他说："好庄严，像一尊佛。"

苏东坡非常高兴。佛印就问苏东坡："学士！你看我坐姿如何？"

苏东坡总是不放过嘲弄行者的任何机会，就说："像一堆牛粪！"

佛印听了也不以为忤，一笑了之。

苏东坡自以为在这次谈话占了上风，碰到朋友就说他赢了佛印禅师。这消息传到聪慧绝顶的苏小妹耳中，便对苏东坡说："哥哥！你输了！禅师的心中有'佛'，所以他看你如'佛'，而你心中有粪，所以看禅师才像牛粪。"苏东坡听后，惭愧不已。

如果我们在周遭看到的都是"坏人"，有可能我们自己也是"小混混"；如果我们在周遭看到的都是没素质的人，有可能我们自己的雅量也有待提升；如果我们在周遭看到的到处都是群"魔"乱舞，有可能我们自己已经是小鬼；如果我们动不动就口无遮拦，好像他人欠你一样，衰气则与日俱增。我们都是普通人，没有必要做到绝对的完美与宽广，但至少不能以偏概全，因噎废食……如果我们凡事能够从阴阳辩证的角度来相对看、发展看、全面看，就会是一个开明的人。

调和身心焦虑的十五个策略

一灯除万年暗,梦醒乍见日下孤灯,虽失照但已晴空万里,锦绣大地尽在眼底。

黑格尔:"哲学的首要条件乃是对真理的勇气。"

马克思:"哲学家们只是以不同的方式解释世界,但重要的是改变世界。"

笔者(韩非):"所有复杂的心理学说辞最终都是为了守护那些简单的道理,这些道理甚至越单纯越好。"

安全感究竟在哪里

导言

强大源自于对自己的认识能力。

有的人喜欢去征服珠穆朗玛峰,认为只有爬上去了,才是战胜了自我。当他爬上去的时候,突然发现代价太高了,内心也并没有感觉到多么的强大,充其量只是感受到了一些登高望远的快感。下山后,他想到为了刻意证明自己的强大,而让一群可怜的家人每日为他焦虑忧心、牵肠挂肚,自觉不孝和愚痴。

还有一个人为了证明自己不是胆怯的而是强大的,跑到非洲草原去猎杀咆哮的狮子。最终他成功了,回国后媒体大赞他是英雄。可他发现自己在面对镜头时,依然是发抖的,依然是羞怯的……之所以会这样,主要是"幼年幼稚性的残留情感"依然卡在无意识中,所以即便成年人历经沧桑、阅人无数、十分老练,也不意味着能自动消弭所有无意识创伤残留的情感。实际上,唯有通过深刻的自我认识领悟与人格修为,方能有机会逐步放弃"幼年模式"。

不做寄居的虱子

《庄子》里有一段寓言：有一种苟且偷安的东西，就好比是寄生在猪身上的虱子，它选择住在猪脖子上相对粗疏的鬃毛区域并不断回旋，自以为已经占据了广大的宫殿和庭园，洋洋自得，傲娇愚痴。有时候这些小虱子也会选择住在猪的后腿弯曲处的缝隙中，或是藏在乳沟或股沟的夹缝中，自以为找到了最得天独厚的完美归宿。殊不知有朝一日，那屠夫鼓起双臂操刀杀猪，并拿着稻草木材，生火准备烤猪的时候，那自以为找到安全避风港的虱子，势必会最先被烧个焦黑。这个道理告诉世人，时常把危险的地方当成是避风港而不自知，其实是相当危险的，隐喻了世俗中苟且偷安的人。

"濡需者，豕虱是也。择疏鬣自以为广宫大囿，奎蹄曲隈，乳间股脚，自以为安室利处，不知屠者之一旦鼓臂布草操烟火，而己与豕俱焦也。"

——《庄子·徐无鬼》

这个道法自然的无常世界，本身亦是提升心性的最佳锻炼场。只是有许多人在外遇到挫败与持续的应激压力时，便会觉得这是一片污浊恶世，这样一来，"小我"就养成了一个习惯：必须在确定做某件事情是绝对安全的时候，才敢相对放心地去践行。

然而，"小我"就是"小我"。不仅没有抵御住外在更多不安事物的入侵，反而在自己的生命旅途中出现了越来越大的"万一型焦虑"，也就是宁图万一之虚，而不做一万之实，舍本逐末，妄想颠倒。

古时，圣贤们苦口婆心地鼓励人们在茶余饭后洞悉一些攸关生死的智慧与人生苦乐的真理。这其中有许多教导并非圣贤们在强行推广自己的意志与人生观，而是他们早已觉悟到，在这个世间唯一可以真正永存的安全感不是外在的声色犬马抑或荣华富贵，而是宇宙天地中既存的那些生生不息的人生真谛。而许多人生真谛的智慧其实就隐藏在每个人的心性中，只是它常常被人们过度的七情六欲或错误信条压迫得毫无喘息的空间罢了。因此，关于天地万物之间的天理、地理或物理，我们实际上不需要去操心太多。当下我们最需要在茶余饭后做的事情就是正确地认识与领悟烦恼背后的枢机并致力于使本性中生生不息的造化机能再度显现,那才是自己真正永存的安全依靠。

哲人说,分辨得出本末大小的,我们称他为有智慧的人,坚守得住本末大小的,我们称他为有气节的人,而本末大小不分,或不能做出正确取舍的人,我们就称他为短视愚痴的人。所以,智者所颂赞的聪明人就选择了真正长远的心灵港湾,因为身外的各式优越感终必溃散。因此若执迷一些"优越感",何异于那只寄生在猪身上的虱子呢,有朝一日必将与之俱灭!

心想事成前需要静思的问题

市面上不少关于身心灵的畅销书一度流行"吸引力"法则与"增多律"法则,其核心要诀就是借由一种相对惬意的想象,提前感恩未发生的事情,而后集中一些心力在自己所喜欢的事物上或具体目标的临在感上,最后在冥想中不断地视觉化,这样就会加快心想事成的速度。

该哲学的传播度犹如小龙虾或亚洲鲤鱼在美国一些大湖泊里的泛滥之势,并且已经完全渗透到各种追逐煽情文化的教育传播领域中,包括应用在励志学、潜能开发、企业销售培训、青少年夏令营以及一些大公司早会的激励口号中等。许多培训师都喜欢引入这些振奋人心的西式迷人哲学,而这种哲学之所以被高度拥戴,甚至一度风靡全球,主要是因为它听起来完全符合现代人的深层习性诉求,即通过不太费力或唾手可得的心法,让自己的生活、事业、财富、人际关系、未来运程都能够自动达成"小我"欲求中的期许与愿景。

存在即合理。笔者从系统中道观的角度出发,完全肯定这些哲学的积极一面。然而,很多传播者并没有看到那些,不仅没有产生正面改善,反而徒增烦恼与哀叹的个案数据,甚至一度有人因为痴迷"吸引力"法则而诱发了一些比较难以调和的执着症状;也有人对这个法则的信仰度,已偏执地进入了一种如同每天大量买彩票,就一定可以中大奖的误区中。

诚然,从古至今没有人可以否认积极思想的正面意义,只不过许多心灵每天对外发射的意念基本上都和自己的过度欲乐有关,无法生发出正气与美好的祝福:其大部分愿望基本上都是希望自己过得更好,而不是希望周遭的世界或某个群体变得更好。因为这一念的阻碍,许多人永远吸引不了真正的心灵财富,也因为这一念的所知障,许多痴迷"吸引力"法则的饮食男女,在持续的求不得苦后,不仅对这个"心法"无比嗔恨,而且还创化出了更多的执着心。

古印度伟大的精神先驱寂天大师曾这样说过:

我所见到的每一点苦,

都是希望自己过得更好;

我所见到的每一点快乐,

都是希望他人过得更好!

诚然,如智者所言,如果一个人用足以塞满无量世界的七宝来布施,不如在本性中奉行正念,与其盖一百座庙宇,不如教一个人长养正气以及持守如是的心。人如果没有正气,即便吸引了很多对自己有利的东西,也终究不能明白受苦的真正意义。一个人在做好本分工作的同时,亦能够对周遭世界发出一份良好的祝福,便会获得天地间那股最精微的中气的共振,这或许才是最有力量的自我加持。简言之,当我们能够自然而然地卸下一些阴私罣碍与不合理的欲火,而后时不时地从心堂中发射出对周遭世界浩然正气般的祝福,那么上苍便会让个体邂逅更多的正能量与好运势,从而在未来的人生道路上不知不觉地加快"心想事成"的速度。这也是《道德经》《易经》《孟子》《圣经》中所隐藏的最朴素的真理。而真理永远只有一个:我们住在同一个地球,享受着同一个幸福快乐的真理。

一些哲学经典中确实存在类似"吸引力"法则的表达,只是在吸引美好的东西之前,智者们曾反复告诫:在此生,有一些事情比如何吸收一些外在的"幸福"可能重要百千倍。也就是说,如果我们能够提前做一些功课,再去践行"吸引力"法则,或许就能真正如愿以偿。简言之,一个人只要存有过度的吞忍型羞耻、自责、罣碍,就会产生很大的心灵反作用力。这个也符合东方心灵文化的基本调心观点。中华禅宗开山之作《六祖坛经》深刻地揭示了"真心发露忏悔"的现实意义,经典中虽然有一定的宗门色彩与深奥的概念,但其中提及的"发露忏悔"对解除一些心灵负荷的强大作用与殊胜机制,从现代心理学的角度来分析,完全是站得住脚的。

现在,笔者邀请你找一个相对安静的角落独处,扪心静思觉察以下有助于解除部分心灵负荷的问题:

有什么事,是你该做而没有做的?

有什么事,是你不该做而去做的?

有什么事,是你不想让某人知道的?

无明恐惧为何会持续发生在你身上?从这当中你看到了自己的哪些防御机制?

还要选择幼稚性的投射?

烦恼背后的隐意是什么?

有什么羞耻的事件是我一直没有去面对的?

有什么失落的未完成事件是我一直感到缺憾的?

症状里面有什么"功课"是我还没有看到的?

我到底在害怕什么?无意识为何要自我赎罪?

曾经的那份失落到底有多强烈?

这份焦虑情绪是在避免哪个更大的焦虑?

我曾经失去了什么?我曾经拒绝了什么?

什么是我一直没有去面对的,无法接纳的?

最初的焦虑源头与哪些事件有重大关联?

症状与印痕种子之间的作用力是如何形成的?

以上的诸多问句有助于加深自我认识与探索,从整体完形角度而言,一些焦虑症状本身不一定是"病",这些天马行空的症状或许只是扮演一个"邮差"的角色。而这个"邮差"此时此刻跑来,或许只是告诉那些正在梦魇中的人们,有一个很重要的"真相"要转达给主人,而这封信的内容才是心病的核心隐意。因此,请抱持一种专注且用心的态度,让自己的心灵像扫描仪一样无所分别地谛听心底深处自动浮现上来的答案,包括各种图像、记忆、感觉、情绪、失落、恐惧、渴望以及最深处的"小我"价值体系。

潜意识就像一座冰山,它无限宽广,无限深。冰山所露出来的一角,仅仅是表面上我们看得到的一个行为或情绪,所以觉察要往深处去探索。首先你有没有觉察到行为之下还有什么样的思维模式造成你的行为?而在思想的下面还有所谓的感觉;比感觉更深的地方有情绪;比情绪更深的地方有所谓的伤害;比伤害更深的地方有恐惧;而比恐惧更深的地方有一份失落的渴望;而在其下还有我们早年自己预设的价值体系。

借由这般谛听与觉察内在的心声,我们的心就会得到一些正面涤荡。**因为静思觉察的过程本身就可以把一些无意识的负荷意识化、当下化,而力量永远只存在于当下才是奏效的。**因此,当你彻底领悟到以上这些枢机问句的真正意义时,一定会感受到从心底深处涌上来的一股莫名的安全感与如释重负的积极觉受。

人生如戏与安全感

在充满不安的无常世界中,每个人或许都需要对生命这个过程作一个合理的隐喻,这样有助于我们在遇到心灵迷雾的包围时迅速恢复正能量与斗志。

诚然,有人说人生如河流,一江春水向东流逝不回头。这样的人生隐喻的确是有正能量的,问题是许多"小河流"经常死水一片或是干涸的,在这种情况下似乎更需要祈求老天爷的雨水恩典。而我个人多年来更喜欢"人生如戏"这个词,人们若能悟出其中的禅机,也将是一种良好的心理卫生之道。

什么是戏?

我们从小到大看过无数的电影与电视剧,许多经典的男主角或女主角早已从青年步入到了老年。他们从巅峰时期的万人空巷,到晚年被人遗忘,这让你想到了什么呢?许多人可能会感慨:繁花自有落尽时,人生仅仅只是一个过程。

没错,这就是人生最基本的实相之一:从哲学角度而言,每个人似乎都披着一层隐形的业力外衣在演一出戏。有哲人说:生命中的每一段冲突都是业力(思想与行为的相互作用力),直到学到该学的之前,人都置身其中。

"业力"一词源自宗门文化，从心理学角度作通俗的理解就是心灵反作用力，源自于我们最初播下的一切念头与行为所对应的阴气或阳气。如果是正面的输入多，气就相对"清"一些，如果是负面的输入多，气就相对"浊"一些。古人形容一个人的气场或能量场高低的时候，就通过"气"的质量来直观判断，总之它很抽象，但却非常简单好用。**当一个人的内在空间储备了大量嫉妒心、嗔恨心与各种不平衡心态的时候，都会叠加减损自己的"气场"，而气场的稳定性和各种自主神经功能的正常工作又是紧密不可分的。**

许多人在春风得意的时候，也只不过是在"假戏台上"得意而已，切不可忘形。不然，一旦过度膨胀，自身气场便会受到挤压，而后就会殃及福气。有些人日进斗金，有能力拥有最高级的轿车、最宽舒的大宅、最时尚的物品，但是内心并不快乐，甚至焦虑异常。这究竟为何呢？因为不少人在追逐财富或权力的过程中，时常活在得失中，活在不安的期许中，活在永不满足的追逐中，总是以占有欲代替最基本的利他精神，对自己的习性也没有反思转识，反而把它们变成了更加复杂的心业。这样能不焦虑痛苦吗？有痛苦就说明"心灵反作用力"已经临在。

有些人会觉得"人生如戏"是一种消极的比喻，而事实恰恰相反，它有着非常积极的意义。在这个世上，人人都有一本难念的经，免不了都要受一些苦头，我们必须认清，只有最好的演员，才能演好苦旦。那些能够演好苦旦的人，一上戏台就可以在苦中感受到充实的乐趣，下了戏台之后就更加容易享受平和的喜乐与自在，而这种人往往懂得真正的生活艺术。然而，许多接受过高等教育的孩子，在生命的旅程中因过度执着于自我的虚荣与优越感，总是把"这出戏"演得乌烟瘴气。诸如，不少处于花样年华的大学生因一时嗔恨做一些伤天害理的事情，网络上关于这方面的悲剧事件时有曝光。亦有一些名牌大学的高才生使用极其残忍的方式表达了自己的怨怼，以极其无知的方式强调着个人的自尊，事后尽管认识到了事情的严重性，但懊悔哭泣已是徒劳，其父母面对这般情境早已悲痛欲绝。

还有一些成绩特别优异的应届毕业生，可能都有自恋型人格特征或发展倾向。他们从小学到大学的成绩往往都是优异的，收获了大量的赞美。他们潜意识中已经认为自己就是被老天爷选出的"特别人物"，因此他们总是在举

走出焦虑风暴

手投足之间充满了"优越感",热衷于未来的财富与权力,热衷于风调雨顺式的成功。然而进入社会工作后,一旦事与愿违,他们则普遍缺乏弹性与灵活的调试心态。如果外在的一些"刺激因子"严重损害了其虚假的自尊,他们有可能在短时间内会做出反社会或自残的极端行为,而不会充分考虑行为后果。他们与典型的反社会人格障碍是不同的,平时,在他们的道德层面与理性智能层面看不出有什么问题。以前媒体上报道了多起关于归国留学生的事件,他们回国就业时因不堪忍受自己与一些普通大学生同等级的实习工资待遇,觉得人格受到了极大的羞辱,愤然选择轻生,而轻生背后往往都是一种"报复行为"。而这并不是用人单位的过错,谁该反思呢?他们仅仅因为被一些错误人生观导引,而把这出本应充满风趣幽默的"人生大戏"演成了癫狂闹剧。

中国哲学里经常引用"拈花一笑"的典故,许多心灵智者或许是要传递给世人一种不被诸境所惑,在真情流露中透露对生命的喜乐之情。当一朵花儿将自己最绚烂的一面与潜能静悄悄地释放时,是值得人类报以欣然微笑的。因为花儿没有压抑,花儿没有被物欲所屏蔽,花儿不逃避困苦,花儿不执着于养生,花儿经常布施自己的香气与纯洁,而它在释放被天气、地气、阳光加持过的正能量时也是没有声音的。

其实,你只要稍微仔细洞察与聆听,或许就会发现许多时候大自然中的花儿也在为人类说理讲道,的确让人不可思议。在盛开野花的地方,你只要用心感应,放下一些被琐事牵挂的欲念,很快就会感受到花儿的巨大磁场,顿时间心旷神怡,神清气爽。回到自己的花样年华中,我们则时常需要提醒自己,要像花儿一样在生与灭之间留下一些必要的正能量与静悄悄的作为,或许这就是生命的究竟意义,也是激发自身浩然正气的绝佳途径。正气具足的人,有些时候犹如身边有"保护神"一样,在生命旅途中往往可以持续逆流而上,拨云见日。此外,当我们具足了正气,就能获得自性之光的照耀与加持,亦有能力在这出人生大戏中催化他人的心灯抑或在他人漆黑的人生道路上投下一缕阳光。长此以往,内在次人格也越来越信任自己的本真,就像狮子不怕声响,风儿不怕网罗,莲花不怕污泥。

补充：心灵尘埃与安全感

在生活中，人们一谈到灰尘，很多人的第六识（表意识）便会立刻浮现"肮脏"二字，总之就是不喜欢，因此他们"时时勤拂拭"，要去之而后快。但在另外一些人眼里，灰尘反而是最干净的东西。总之这是关于灰尘的两种看法。然而，对于真正探求真相与真理的人而言，他们可不这么看，他们深谙灰尘其实是无所谓肮脏与干净的，灰尘就是灰尘而已，而垢或净则都是人为的自心分别罢了。

人的分别心本身才可能是产生所谓肮脏不肮脏的源头，这不正是一些人所谓的"心灵尘埃"吗？当然如果我们更进一步探求真相，也许还会发现：灰尘本身没有垢净，分别心更不存在所谓的垢净。有分别与无分别，都不过是心的本质实相的一种呈现与投射罢了，因此也都不可能用垢净来形容。这就是"本来无一物（自性本清净），何处惹尘埃"的真正含义。也因此可以说，对于垢与净，我们是无法用"时时勤拂拭"的方式来清除的，"清除"一事本身代表我们还陷在梦境里面。

这个世界上没有任何东西会平白无故地彻底消失，可能在形式上可以发生转变。因此从根本上来说，我们最需要了解的是垢和净在本质上是不存在的，它们来自于我们自心的分别。一旦看清楚了这种分别，自然也就不存在所谓垢净与拂拭它们的问题。而在那个时候，我们所期许的真正安全感或许就在眼前。

树立坚不可摧的信心：心能转境

心物关系即物质与精神的关系问题，是哲学上的一个根本问题。反应在心理学上即主观与客观、主体与客体的关系问题。正因为它是非常重要的问题，所以历史上才会有众多学问家与思想家都讨论过这个问题。

物质是第一性的？还是精神是第一性的？这是哲学界唯心和唯物两大哲学观点，也喋喋不休地被争论了千年。唯物派中的"一元心物论"认为是物决定着心，而不是心决定着物，客观现实是心理的源泉和内容。唯心派中的"一元心物论"认为心理、精神是客观世界的源泉，客观世界是心理精神的产物和展现。

为什么两大阵营争论至今却不见分晓？其根本原因在于，双方各偏执一方，未能从整体完形角度阐发心物之间是阴阳互根、相互影响的关系，且在一定条件下可以相互转化。

东方哲学中有强调"唯心所现，唯识所变"，许多人看到这句话时会误认为这是主观唯心主义，这里存在着一个"所知障"问题。其实，东方哲学中的"心物辩证法"就完全证实了一些先知们对心物统一的认识，直接道出了心和物是统一的辩证关系，是同一事物的两面，是一不是二。因此，"心物辩证法"其本身就是顿悟之法，只是大多数人没有悟到而已。

"万法唯心所现，唯识所变"。这里所谓的"心"，并非一般人所理解的"意识、心理、精神"之心，此"心"意为真我本性。万事万物都是真我本性的显现，从此角度讲"万物唯心所现"，却也真实不虚。而唯识所变的"识"，才是指心理意识，"唯识所变"讲得正是心理意识对各种物质现象的作用和转化。

在唯识心理学中讲到："现行熏种子，种子起现行"，正是在强调心物之间的相互作用和转化。如果是上士（喻指悟性足的人），仅一个"心物辩证法"就可使他从妄念中走出来，合二为一，发生蜕变。那么，对于广大自助者而言，要想正确地把握心物辩证的关系，莫可把心物一分为二来看，也就是说焦虑与平和本身就是一体的，毫无对立。心和物（包括各种精神症状）各有各的作用，在一定条件下可以相互转化。心可以转境，境也可以转心，就看你如何把握了。心随境转还是境随心转，这是自我调心火候的分界线。不擅长自我调心的人则心随境转，随波逐流，被各种恐惧性的精神物质能量所束缚，生命层次趋于下旋。而擅长自我修心与调心的人则是把心定在自性上，身虽入境，但心不受预期恐惧的气机所奴役，只要心不被境转，那么生命力和生存状态皆趋于上旋。

不少涉猎中华国学与本土心灵文化的人士虽然也知道修为即修心，但"知道"不等于"悟到"，"悟到"不等于"得道"，"得道"不等于"了道"。口头上说修心、养性，但在行动上仍然是在向外找，向外求。行为总是与修心联系不起来，况且整天在网络上到处求秘诀，心往外驰，心驰则神往，心又怎能清静？

许多人正是由于执着外求，在外圈转得时间太长了，才退化了自觉与领悟的能力。许多立志于解脱慢性焦虑障碍的都市心灵都知道国学文化中的修为就是修心，但又不知道怎样才算真正的修心。简言之，修心指的就是要按照宇宙的本性，自然的规律，内在心智运作的健康模式，来修正自己不符合本心本性的错觉知见和各种条件反射的烦恼习气。其中最大的习气与逆道因素就是"分别心"。

不仅自卑和自信是我们分别出来的，就是对各种"境"的好恶也都是"小我"的分别心制造出来的，因为宇宙本性里根本就没有善恶、是非、对错与好坏。"人与天"本身是一不是二，但"小我"的分别习气不断导致清净的本体渐行渐远。例如：芥末本身不分好与不好，爱吃芥末的人说它好，不爱吃芥末的人说它味道很不好；生活中大家都爱闻香味，不爱闻臭味，但是臭豆腐非常臭，爱吃的人就吃得很香。由此可见，万事万物的本性是没有好坏之分的，好坏是由人们根据自己的需求分别创化出来的。人们养成了分别心的习气，对一切事物都要根据自己的利益进行分别和选择。这种念念都要分别、取舍的习气，在人们的表意识中已经形成了定式思维，形成了根深蒂固的条件反射，如同烙印一样，牢牢地输入在含藏识（在现代心理学中指的是深沉潜意识）里。

许多慢性焦虑障碍之所以会成为人类痛苦的浓缩标本，最初的根本原因之一就是源于自我习气中的各种"分别心"，正是它们造成了日后无尽的对立观、矛盾观与各种受苦的自我心像。如同自卑与自信，恐惧与安宁，它们只是一条温度计上的不同温度而已，你首先要明白它们是同一物质属性，而不是两种不同的东西，仅仅是它们振动的物理频率不同罢矣。

根据《易经》与《道德经》的启示，宇宙中的生命由"圣"入"凡"的程序是："道生一，一生二，二生三，三生万物"。如果由"凡"入"圣"则应该是抽丝剥茧，逆炼归元：万物归三，三归二，二还一，一还道。因此，你要想彻底出离心灵炼狱，首先要断掉爱分别，爱执着的习气，而这个过程需要系统的有始有终的修为与自我认识领悟，急不来。当一颗心灵面对恐惧的时候，既不说它好，也不说它恶,一切只是一种存在的状态,那么念动急觉,久久收摄,你的心自然从枝梢末节的万事万物上逆反归元,从万物、三、二归还到一,此时"大我"的清静、平等心才能油然而生,康庄大道自动浮现。

要学会灵活运用与变通方法

笔者反复强调,诸多天马行空的慢性症状就像是一个"快递员",它只是跑来告诉那些正在梦魇中的人们,有个"真相"要转达给他们,信的内容才是疾病本身。大部分人直到中年、晚年都没有认真谛听这个"快递员"要告诉他们一些什么。此时我们也不禁要问:究竟是谁从梦魇里走出来投入世事的梦,又从世事的梦走到梦魇里头呢?究竟这个做梦的人是谁?究竟是谁在"梦"中沉浮?

当下关于各种慢性焦虑障碍背后的真相,是一个需要我们用心来面对的大课题。首先我们应当了解到,慢性焦虑障碍是一组以强迫情绪、社交对视焦虑、漂浮性焦虑、恐惧性对立意念为主要临床表现的心灵顽疾,其顽固的病灶主要根源于一颗长期失落的心孕育出的患得患失、灾难性思维、完美主义、安全感不足、自我价值感缺失与吞忍型人格特质。关于这本难经,我们亟须花上一些时间来重新审视焦虑背后鲜为人知的蜕变哲学。

爱在臣服内在众生的道路上,即使是最悲伤的人,也会有绽放笑容的时刻。焦虑并不能持久,重点是你要记住,问题是在我们的内在,唯有如此,各种顽固性的焦虑障碍才有转化的可能。原则上蜕变成长的艺术应该是具体、清晰、有助于己,而且可以在当下即刻体验的。同时,如何称呼解脱烦恼的技术名称并不重要,当务之急是获得一些平和与安定的体悟。

诚然,心无妄念、神清气爽是每一颗焦虑心灵所企盼的境界,然而达成它也并非易事,它需要系统的调心智慧。应对焦虑情绪(漂浮性焦虑、应激性焦虑、广泛性焦虑)的心理卫生之道从长远来看必定是一个系统的工程。古人所提倡的"众术合修"即便在今日的心理疏导中也有着重要的指南意义。就好比我们探讨一个人长寿的原因,它绝对不会是单一的。实际上,一些长

调和身心焦虑的十五个策略

寿者也有一些不良的嗜好，本应与长寿无缘，但是依然活至90岁上下，可见影响长寿的因素一定是综合性的。大家最熟悉的莫过于我国改革开放总设计师邓小平与英国杰出政治家丘吉尔首相，稍微细致观察就会发现，两位政治强人都是烟不离手，且丘吉尔先生还嗜酒。他们在政治舞台上长期饱受各式各样的精神压力与起起落落，常年下来睡眠时间低于常人，饮食与作息也不见得规律，但是在高效率完成政事的情况下，能够保持身心的相对健康与长寿。一些研究者发现，两位杰出政治家都擅长劳逸结合，都喜欢运动，且性格达观、志气充盈、满腔正气、百折不挠、风趣幽默，这些特质或许都是他们长寿的最核心因素。

面对各式慢性焦虑情绪，我们也十分需要坚持一份信心与系统观，影响最终品质的绝对不是一个面向的问题抑或仅凭某一点就能达成，它必定是多方面身心共修的综合结果，这方面许多时候和长寿是一个道理。因此笔者建议长远的心理卫生之道必须包括这些方面：生理、心理、自然、社会、人生价值观。而此书的诸多章节皆是从这几个面向来阐述的。

在此书第一部分中我们已经了解到幼稚性思维的特点以及识别它、领悟它与放下它的朴素道理。但是有时候这些幼稚性焦虑思维所携带的残留能量会使我们感到疲惫，因此我们需要额外掌握一些调节疲惫与残留负能量的辅助性策略。临床中有不少心理学调适技术需要心理指导师的针对性建议以及系统的疏导。而此书中所分享的诸多辅助性方法皆是笔者从多年的心理疏导工作践行中特地提炼出来的，这些方法最大的特点就是通俗易懂，就算完全不依赖心理指导师也能自行调节，它们招招皆能进入心灵深处，且能够有效地解除心灵疲惫与残留的焦虑毒素。

在该部分所分享的15计锦囊中，其中有一些名称源自古代兵法的术语，笔者取其寓意，意在生动地表达一些实用且充满乐趣的行动哲学，大家可以根据自己实际所需灵活运用。但有一点需要注意，无论自我练习还是体悟何种方法，均需先悟透原理，理通法自明。要学内涵思路，而不要死学一招一式，在自我调心的某个阶段，许多心灵一定会领悟到所谓法无定法（没有固定不变的方法）的内涵。总之，一定要学会灵活运用，变通方法。悟透原理之后，自己都会编法、变法，把方法用到充满灵感与自然直觉的状态，才算真正通达，不被文字相与概念相所束。

> **补充：正见常识：法无定法（喻指灵活运用各式心理学方法）**

妄念（强迫观念、灾难性联想）最初是"无中生有"的，各种妄念各归其根后，并非跑到哪个"居所"，而是归于自己的空性，因此从本质上而言并没有什么被消灭，仅仅只是见到了"无明烦恼"的空性而已。

《金刚经》中讲："一切有为法如梦幻泡影，如露亦如电，应作如是观。"这段文字的哲学内涵其深无比，并非人人都能够悟到。然而若将其引申至现代心理学中，我们或许也可以获得这样的启发：面对一些扭曲的"症状"，并非我们不需要方法，而是对一切暂时的"对治法"都不要去执着，唯有心中"一法不见"，才有最终"无法可舍"的自然无为清净境。而一切对治烦恼的方便法，其属性是空，了无实在，仅仅只是暂时的"渡河之筏"。同时，世界上所有既存的心理学调适理论也都是平等的，不存在哪个方法最高明的说法，每一种理论方法都有相契合的应用范围与局限性。一颗苦痛心灵在对任何有用的心理学学问都不执着，也都不排斥的前提下，根据自己的实际所需自然地运用某一法，这样就可以避免因为自己的所知障而与某个真正适合自己的心理学方法擦肩而过。

这个世界需要有因地制宜的多元文化才能将其打扮得万紫千红、富有生机。同样在身心卫生预防领域，只有互相谦虚地汲取，互促共进，才能构筑出较完整的预防与干预体系，在面对心理求助者时才能够根据实际需要，随时采用最适当的疗法，也唯有如此才能真正造福于人们。比如：中医、西医、特医、民间土方等都可以调病，但各有所长，又各存所短。西医的优点是见效相对快，但针对一些慢性疾病，常年下来往往治标不治本，一些抗生素与止痛药的副作用有时候也相对较大；中医治病的副作用小，虽然长期使用可以对一些病灶治本，但在一些急性病发作时往往见效较慢；从我国古代中医留下来的特医理论是从人体阴性磁场、中脉、任督二脉的能量场角度入手的，虽层次较高，但那些观点不易被现代人接受和普及；一些民间土方虽难以登上大雅之堂，但俗话说，"祖传偏方"在某些关键时候也可治病，而且省钱方便，许多少数民族与生活在山区里的人们便是偏方的拥戴者。

心理学也是如此。无论是精神分析、认知疗法、行为疗法、人本主义、格式塔、NLP、催眠术、意向对话、心理剧、脉轮能量学、自然顺势疗法、新时代课程,还是生物信息学,都没有谁高谁低、谁好谁不好的说法,皆是因缘而生,殊途同归,互相补充,法无高下。但是,由于许多人不懂得这些道理,总是以分别心来看待事物,非要分出好与不好,然后去排斥另一方,徒增烦恼,这就是偏知与傲慢。如果我们存有分别心,排斥某一种方法,到了该用这一种心理学方法的时候,就会因自设障碍而不能得到最佳的疗效。即使在宗门哲学领域,在浩瀚无边的东方哲学文明中(儒、道、禅、密、中观、维识、净土、瑜伽行派、禅武医),法法也平等无差别。同样,世人若能把传统宗门哲学文化中的一些精华引入到现代心理学中,势必如虎添翼,乾坤绝配。

简言之,宇宙间的一切事物虽分阴阳与清浊,但阴阳本身不分好坏,阴阳是一不是二。阴阳就是为了起到相互平衡的作用,人们在这个充满无常的世界中无论偏左偏右都会使事物失去平衡,物极必反而导致溃败。因此,只有平衡才能可持续发展。另外,每一位自助者都要遵循自己的速度与脚步,不要在网络上与他人对比。许多烦恼心灵总是沉不住气学习自我觉察之道,往往喜好引颈往外去探秘各种只适合一些出家修行人的宗教方法,结果几年下来什么都没学会,反而产生了对宗门文化的嗔恨心,实在是无明。从系统整体角度而言,小学、中学、大学是平等无差别的,但有不少自救者连"小学"的基础都不稳定抑或没有,就幻想着彻底解决人生烦恼抑或大彻大悟,其结果往往是庸人自扰,头上安头。如果没有"小学"的基础铺垫,怎能一步登天进入中学、大学呢?

所以,对于广大选择自救的心灵而言,一定要重视自己"小学"的基础,不要天天幻想着追求各种幸福,而应在当下幸福地去追求。对于"小学阶段"的自助心灵,最重要的功课就是借由每一次勇敢的行动,慢慢地在顺应自然中创造出一个具有驱动力的未来。而后在某种契机下深刻领悟到"心魔"其实就是上苍提供给我们觉醒的助力,通过它最终我们才能深刻地体会到:一切因缘而生的烦恼现象其本质皆悉无常(如露亦如电);所追求的一切外在欲乐皆无法令人彻底满意;任何现象都没有永恒的实体,有的只是成长的过程与心性提拉。

温馨提示：在某种层面，"创伤"与"心魔"本身也在为我们说法。如果没有"创伤"，一颗心灵就无从获得自我疗愈的契机，也无从开始深刻地认识自我。如果没有"心魔"的阻碍，一颗心灵的灵明永远无法变得更加聚气。这或许就是先知们讲的唯有大"魔"才能助大"佛"的禅机。同时，所谓的自我疗愈过程其实就是破解恐惧焦虑冲动背后的无限风光与回归本我的觉醒过程，这过程始于"创伤"，终于系统疗愈。

习以治惊

人非圣贤，在最广大的都市心灵中能够打心底深处看破无常与无住本质的人可能不会特别多。在我们的生命旅程中，当一些事件发生不合"我"意时，"我"就会感到不顺心、不自在。当一些无常的逆事发生后，"小我"内在的心气反应也会忽上忽下，直至变得郁结。许多有慢性焦虑情绪障碍的苦痛心灵有时候都不需要一些特别大的事件的干扰，就会自动地漂浮性焦虑，而后因为"法不通，理不明"，持续地拼命排斥眼前的"真相"，不愿意去体察这份"真相"，最后导致身心俱疲，蓦然间发现生命的苦涩是如此临在。

对于许多深陷焦虑泥潭的心灵而言，似乎摆在眼前的唯一途径就是拼命地祈祷老天爷大发慈悲，如"我"所愿几次，抑或跪拜在"菩萨"面前，让"我"有求必应几次，以阻抗这些恼人的焦虑情绪，但很显然这完全行不通。诚然，生活在这个世界上的每一个人，只要有追求，只要有奋斗蓝图，只要有追求幸福快乐的愿望，就一定免不了被焦虑情绪所侵袭。问题是，要如何才可以不盲目地产生过度的焦虑反应？如何才能成为自己的情绪平衡大师？

答案就是踏上"认识自我与认识焦虑"的调心之路！简言之，解开人生痛苦之谜的钥匙就是"心"，世间万事万物包括各种无常焦虑情绪都是由心所生出的"妄相"。在炼狱般的烦恼世界里，许多苦痛心灵所迷惑的各种妄念、妄识、妄情都是由于人心无明识（患得患失、分别取舍、预期恐惧、灾难性联想），一时迷茫执着而产生的。这些外在天马行空式的症状都是内在"本我、自我、超我"不协调的投影。所以调和"心"的问题简单地讲就是要无为地降

走出焦虑风暴

伏无明识,由于大家认识不到"妄相"对人的误导,往往陷入对"妄相"的执着中,为那些实际上并不存在的"症状相"而痛苦。如果能够摆脱对"妄相"的捆绑束缚,就能立刻解除心中的痛苦,因此系统修心的意义就是为了剥离妄相。当下,面对一波未平,一波又起的内在焦虑气机,我们首先最需要领会"习以治惊"的朴素行动哲学。我们需要在潜意识还没有改变与释放的前提下,先依靠"习以治惊"的正确指南来缓解自身的燃眉之急。

有一个人一直想出人头地,然后过上非常富有、非常自由的生活。有一天晚上他做了一个梦,梦见自己在路上捡到了一打金砖,捡起来后拔腿就跑,伺机躲藏起来。然而,很快他发现有一条狼在后面紧追不舍。他非常害怕,只能拼命地一直跑。终于,他看到岸边有一艘船,于是立刻跳上船,疯狂地划。可是划了5米后,他还是听到狼在后面咆哮狂吠不止,于是更加拼命地划……就这样,他一直划到了天亮,直到筋疲力尽。然而,就在此时,他猛然间发现自己的船并没有离开岸边多远,他简直无法相信,心想:这怎么可能呢?我明明划了一个晚上,付出巨大的努力,船为何没有动呢?在极度焦虑彷徨时,他回头一看,发现原来是这艘小船的锚绳并没有被解开。

这就是很多人面对焦虑恐惧时的前后过程,**当恐惧来临时总是急促地逃避,然而几年下来,不仅恐惧没有解除,反而增加了对恐惧的预期焦虑**。实际上当我们与恐惧相遇时,其实就已经站在美妙的新生与解脱的入口处。然而许多人缺乏对焦虑与恐惧本质的了解,也没有系统地学习过与其坦诚相见的技巧,出于本能,他只有逃跑,于是很自然地掉入了幻象的深渊而无法抽离。

金元名医张子和在《儒门事亲》中解释说:"《内经》云:惊者平之。平者,常也,平常见之,必无惊。"

我们知道无明焦虑情绪的幼稚性,它们不属于成年人应有的反应,仅仅只是被"幼年自我"的恐惧印痕所奴役。这种幼稚性的灾难性联想,就是一种类似"小痞子"一样的思维模式,但这个"小痞子"并非抄着家伙的嫌疑犯,它根本不可能让我们失去性命,它仅仅只是过去的失落印痕,它的一切预期焦虑都是源自于过去的记忆与幻象,与此时眼前所发现的事情毫无关联,跟所谓的真相也完全没有任何关联。

简单了解这个道理后，我们要果断地对其视而不见。即使感到不安，若能泰然处之，那么这种不安就一定会逐渐消退，而后即使发生了不安也如同没有一样。然而，在具体的实践中自然不会那么简单，总会有一部分心灵因为症状的程度较深以及信心上的不足，表现得不情不愿，抑或一不小心又开始欲罢不能。这种现象的根本原因之一就是多半人的心底深处埋藏着一个机制：对当下能让"本我"有快感的，会舍不得放下；对当下"自我期许与愿望"有妨碍的事物与感受，通常会表达自己的抗拒心。

对于这种情况我们唯有进一步强化正见基础：我们一定要认识到头脑中有杂念是很自然的，这也是心智系统的珍贵处之一，也可以说是我们身为万物之灵的尊贵处。如果我们以不生杂念、不生一切能量感受为目标，那就等于跟自己的心性过不去，就好像水要与自己往低处流的属性作对，抑或树干要与自己往上生长的属性作对一样，注定如人在泥坑中洗衣，白做一场。

当焦虑情绪来临时，如果你是在胃部这个区域感受到它，那么就请你安住在这份觉受上。我们的身体是一部精密机器，请试着去感觉胃部的所有体觉。你不需要改变任何事，只需要和已经存在的本来面目联结起来。此时此刻，同意你的一切情绪反应，同意你对这份情绪无力的怨叹，也同意自己过去的所有不如意与内耗。不去批判自己的批判，不去排斥自己的排斥，仅仅只是把它们当成是非常平常的体验，就像跑步时胸口也会闷闷的、紧紧的。当你能够这样去面对的时候，不论多么调皮的焦虑情绪，也一定会有歇下来的时候。所以，当心灵感受到焦虑的时候，你就是河床，让所有的念头如河水一样自然地流经河床，河床什么都不用做，任其自在地流过，河床只是静静地觉察着水流的速度及物理实相。这样一来，恒顺着自然呼吸，我们的心在不知不觉间就会归于凝定。继续抱持着相对诚恳的态度去探秘焦虑，就会进一步觉察到，情绪上的各种焦虑活动都是在排斥眼前的真相，是在渴求另一个属于"下一秒"的东西。对你而言，尽管放手和我们的理性生存法则似乎十分相悖，但是在面对无明的焦虑情绪时，在你掌握更多的无为法与深入的体察前，它就是此时此刻的上上法。

清与浊，动与静属于大道的两个层面，也如同硬币的两面，本身无好坏。有些人培育出了一定的正念品质，因此能够把焦虑的觉受当成是非常养生的内在气机,深爱并接纳自己,即使在焦虑的时刻也一样。天下没有几个宝宝只需要花两个礼拜就能学会走路。从相对恐惧的状态变成相对不恐惧的状态,再变成完全不在乎的状态是需要时间的。因此关于什么时候进入相对无所谓的状态,请不要担心日期,不要急切期盼,耐心地等待,一段时间后不知不觉就会出现。你已经播下了种,现在你可以坐在阴凉处看着,种子会发芽,它会开花,但是你不可能加速这个过程。坚信这个造化过程,坚信飘风不终朝,骤雨不终日,只要耐心地等待,雨很快就会停,太阳必定会再度照耀。

当下就是未来与过去的真宰,你现在唯一能做的事情就是放弃掌控,那些不断升起的淫威(得失心)只是一层幻觉。从禅修角度而言,担心自己要崩溃,要爆炸的并非我们的本心,而是那个"识",那个只不过是过去一堆因分别心造就的"妄情""妄识",它所伤害的也只不过是我们虚假的"幻梦"而已。为什么有的人真的可以打心底深处呐喊"让暴风雨来得更猛烈些",或许对于在禅悟中已经窥见明心的人而言,根本不存在被暴风雨摧毁的自己。或许他已经看清楚所有那些焦虑的对象以及想要去保护自己的动机其实都是一种虚幻的"识",它从解释到解释、从记忆到记忆、从印痕到印痕、从执着到执着,而这一切仅仅只是"小我"最初"分别心"的把戏。

我们此时此刻得到的是自己所不想要的感觉,这仅仅意味着内在某个部分想要你去体验这份未全然解决的情绪,说明表意识与潜意识并不是协调一致的。妄念频繁地光顾,其中有一个很重要的正面意图就是协助个体放下由于不了解自己的本来面目而创造出的不必要的内耗。因此对焦虑症状的负面感觉仅仅只是反映了我们无法接纳内在幼儿园里的某个内在小孩罢了。你现在或许非常不喜欢焦虑的觉受,但是你一定要明白任何你不喜欢的事,也都是自己制造出来的,请发现它背后的隐意,发现它的动机,而后不带评判地如其所是,既是解药。

此外,习以治惊的另外一个重要的内涵需要悟透"逆来顺受"的吉义。一直以来,"逆来顺受"这四个字常被一般人理解为懦弱、软弱、无力、任人欺负、没个性、没原则等。但这句话在古代的很多修为人看来,唯有大勇的人才做得到,而且还是高尚德行的进化。碰到非常大的委屈或是事业上遭遇艰难困厄的逆境时,我们就把它当作是一种人格修炼,当作是一件无可逃避的考验去接受,本着无愧于天地的灵明良知,及成人成己的人格雅量,用合情合理的平衡原则去面对、去办理,去忍辱,即使一时委屈了自己也不在乎。这样的身教行仪,会使自身的心性得到更好的提升,这或许就是所谓"逆来顺受"的真义。因此,逆境之终必是顺境,逆来顺受,福虽未至,祸已远行;跟随"小我"的感觉走,祸虽未至,福已远行。

清末思想家王凤仪老人启蒙:常人的性子都有所偏。偏于火的率性争理,偏于土的率性欺人,偏于金的率性伤人,偏于水的率性厌人,偏于木的率性顶撞人。能化除这一偏之性,自然得道。性存天理,心存道理,身尽情理,才能返本归根。人只知有个身我,不知天上有个性我,世间有个命我,禀性"怒恨怨恼嗔"烦化了,天上的"性我"自然得天爵。老人家进一步指出,找人好处是"聚灵",看人的毛病是"收赃","聚灵"就是收阳光,心里温暖能够养心;"收赃"就是存阴气,心里阴沉就会伤身。有人惹你,你别生气,若是生气,气往下行变成寒。有事逼你,你也别着急,若是着急,火往上行变成热,寒热都会伤人。修心人遇好事不喜,遇坏事不愁,气火自然不生,就是降龙伏虎,否则就是魔障。受了受了,一受就了,逆事来了,是给你送德来的,不但要忍受,还要感激它。一切事没有不是从因果定律中来的,逆事来了若能乐哈哈地受过去,认为是应该的,欢喜受,乐呵呵,随它去,自然就了啦。若是受不了,心里含有怨气,这件事虽然过去,将来必有逆事重来,正是受而未了的缘故。

王凤仪是从性理的角度来开导世人。那么在具体应对一些焦虑情绪时,习以治惊(逆来顺受)就是一种见怪不怪,其怪自败的开放心态。简而言之,在我们拥有足够多的止见与定力前,不妨对焦虑先保持一种见怪不怪、其怪自败的心态。也即是说以一种开放的态度来觉知任何不舒适的感受,不要做任何判断,也不要拒绝和攀附这种感觉,而后自然地呼吸。不论是在禅悟中还是日常生活里,开放的觉察力都被认为是一种高等的治疗,不要让自己的心习惯性地奔向烦恼,或者排斥烦恼,单纯地让负面情绪存在,或许过一会儿它们就会飘走。如果它们不飘走,请温和地放松你的心,将你的心和焦虑的情绪气机融合到一起,安住在那感觉中,不管这感觉是什么,迎接它,不要加以任何评判,也不要在它上面贴上标签——好与坏、正面与负面——让这些标签飘走,只是单纯地将觉性与感觉相融合。而后把所有情绪都当作是养生的能量来看,而不把这股能量当情绪看。就如同一个人跑步的时候,并不会觉得胸口闷闷的那股能量会妨碍到自己的心情与畅然。

以下的说明,我建议每次都可以重复阅读三次以上,以使得这些正见沉入到你的潜意识中,并成为你信念系统的一部分。文字是有能量的,当我们不断阅读它们,就可以进一步协助我们打破固守的局限。

提示一:每个人都有不少烦恼习性,可能有些习性对自己的控制力相对较小,有的却很大。因此有些心灵在此时此刻一觉知便会有习以治惊的良好体验,而有的人虽然不断觉照,但还是充满情识与强迫情绪,这都是正常的现象,说明已经在进步中了,千万别因为某些妄念一时无法解脱而心生怀疑。只要不断地在心堂上放下知见,心甘情愿地迎接那股能量的流动的练习,你将发现自在的层面会渐渐扩充,焦虑冲动会越来越少。所以不要误认为自己面对无法放下的罩碍时,就是全盘不行了。你要为发现自己有所不足而感到谦卑,也要为还有可以进步的空间而感到高兴,更要为那一时无法降服的障碍感到敬畏,这才是一个踏踏实实的自助者所应有的态度。

提示二:对于焦虑情绪的开悟,意味着一个人可以如实如是地允许他所有的感受与所有的觉察自由地揭露此时此刻所体验到的一切。对许多心灵而言,敞开我们的心去体验快乐和喜悦是很自然的,反之对各种焦虑情绪关闭心门也是很自然的,这似乎也是一种本能。那么,在当下请允许自己与自责的那股"能量"待在一起。这对你来讲将是一个转折点,你会意识到,原来这是你心底深处的某个内在小孩希望你可以看到的,你在外头学习如何变得更加强大对它而言一点都不重要,重要的是你在此时此刻已经学会了倾听这个声音,且慈悲与中道地谛听到这个内在小孩的脆弱与彷徨,这就是爱自己的重要一步,也是释放早年失落负荷能量的重要方式。

提示三:在过去,你从来没有好好地倾听过内在的脆弱,你从来没有学会尊重那个"懦夫",你总是表现得太急,你急着找方法发现自己的软肋,你忙着想自己的太多不是,你从来不懂得请走懦夫的第一步就是承认他,尊重他,并让那个懦夫的感觉持续地安在内在的本然觉性中。从整体中道观角度而言，恐惧就是你，你就是恐惧，你与它无二分别，你在消除懦夫就等于在自我破坏。有了这一条正见，其他的各种辅助性心理学策略才会有意义，反之就依然是停留在二元对立中，不论用什么方法，其方法中已经带有几分'毒性'。因此，此时此刻你要爱那个在经历这些痛苦和感觉的你，这就是爱自己。此外，在焦虑情绪中，"爱自己"就是一定要明白，企图驾驭焦虑来化解焦虑是毫无用处的，若假定焦虑需要驾驭，这等于是助长了它的脾气。你越是想要去压制焦虑、避开焦虑，就越表示你正在怕它，在对这股此时此刻浮现上来的阴气分别取舍，这种知见等于是反哺它的淫威。因此，不论我们面对何种焦虑情绪，跨出自爱的第一步一定是建立在你对内心所有自我否定的臣服、宽恕以及毫无分别执取的雅量上，然后再以这种心量去对待其他情绪。这种爱才是自爱，而唯有成为自爱者，这颗心灵才能爱他人。

提示四：**在我们尚未培养出足够稳定的定力与正念前，过去的许多深层业习依然会威胁到内心的平静，无常起伏的症状也会继续产生，预期恐惧中的烦恼也会跟我们对立。**自我成长疗愈之路并不能保证从一开始就不会面临困难，正如刚学会开船，不代表航程会一帆风顺，暴风雨可能还是会来，想逃避是枉然的，而且越逃避越会有挫败感。因此一旦踏上这条成长之路，无论如何都不要对结果感到焦虑，请遵循自己的速度与方向前进，你只是在探索自我，而不是治病。你可以不喜欢苦痛、旧有的负面情绪或感受，但你爱那个在经历这些痛苦和感觉的你，这就是爱自己，这就是唤醒本来面目的关键一步。

提示五：在深度疗愈中，我们要有智慧，在面对困难时不应感到灰心丧气，而应该了解，要改变长久以来根深蒂固的习气与各种条件反射的焦虑症状，是需要时间的。我们要有耐心、不屈不挠、少想多做，重新培养更加临在的专注力。因为我们了解，所有的困难事实上是我们取得的初步效果，正因为某些根深蒂固的习性反应被搅动了，才会浮现到意识表层。渐渐地，继续坚定习以治惊的力量，我们就会从此前相对恐惧的状态中不知不觉滑入相对本然与安定的状态。此外，智者告诉我们在无常的现实中，我们一定要学会中道观，一定要参透"没有快乐不会包含一定程度的痛苦，也没有痛苦不会包含一定程度的快乐"这个道理。人生由欢乐与苦难组合而成，它们手牵

走出焦虑风暴

着手地走在一起，关键是学会平衡它们。同样，在自我调心中，我们会经历好与坏的时光。然而所有问题都是可面对的，也都是可调和的，每一种焦虑症状也都有自己的独特助缘，这一切全部都是进步的良机。

习以治惊，平常心是道，道在平常心中！

> **补充："习以治惊"在哲学中的内涵：无为、无心**
>
> 哲学中的"无为，无心"本身亦是最贴近自动调谐律的具体心法。什么是无为？因为地球自转，我们每天看到太阳东升西落，这个东升西落的过程就是无为；因为地球自转而生成黑夜与白天的这个过程也叫无为。因为它们都遵循各自"物理"的造化轨迹，并没有脱轨，所以看似动，其实是静的表现。相对于2000年前，天地之间的气象也变了，社会制度与社会秩序也变了，如果我们可以适应天地气象和时代制度的变化，本身也叫无为。
>
> 举例：一个公务员因为受贿后，晚上多有梦魇，这是动还是静呢？这是静。一个公务员兢兢业业，却时不时地感到心慌、焦虑，这是动还是静呢？这是动。公务员受贿后，心有不安，通过心轮（中丹田，两乳之间）这个"超级感应器"会表现出一些具体的躁动与害怕，这是再正常不过的"人之常情"，也是心性与心智系统正常的一种反馈功能，所以可以说是"静"。但是一位兢兢业业的公务员，偶尔会感到心堵堵的、闷闷的，这个"动"或许就是来提醒他在作息上、饮食上、精神压力上、自我休息上需要作适当的调整了。若是持续地与身体本有造化规律对抗，就会"动"得越来越厉害，最终一定是惹上一些慢性疾病。而惹上慢性疾病的过程就是"动"，就是"有为"。
>
> 有些病友在网络上查阅资料时，看到不少其他网友留下的非常负面的信息，自己也会有一点被"传染"的感觉，这个时候若无正念的介入，可能有的人会进一步胡思乱想并对号入座。反之，这个时候若能温和地觉察自己的出息与入息，并以自己全部的慈悲心中道地允许胸口里的感受跟随着呼吸一起，而你只需要对这一切保持单纯的慈悲雅量，不要急于对感受做出评价，慢慢地，"自动调谐律"就会跑出来助你一臂之力，很快这种"怕"的感觉就会消退，而不用去担心自己会被传染。因为这种"患得患失"的心理也是"人之常情"，任何人感知到一种潜在的威胁或可能性时，都会心生恐怖感，更何

况是本来在情绪上就体验过切肤之痛的敏感人群呢。所以这个时候的"怕"是非常正常的,可以在心中给自己打打气:"害怕很正常,但它不是病。"然后即便还有一点隐隐约约的感觉,也要去把当天的事情做完。实际上它本身没有任何杀伤力,给我们带来麻烦的是对那个本能的"抗拒质地"逃避的感觉所带来的一种深刻压力。现在我们在面对这种压力时可以完全地从容了,让它随风而去吧。这种"怕"只是一种单纯的情绪,和那些原发性的症状生成机理是完全不同的,只要在最开始阶段稍微培育点正念,就很难被"传染",所以尽管放下心来。

读者朋友们,我们了解到这里已经渐渐深谙所谓的"无为"就是不需要刻意地做一些人为的努力,这种不需要刻意而达致的一种境界或许也已经比较接近《道德经》中所讲的"抱朴守一"的一部分内涵。当然这个"抱朴守一"的内涵还有很多,但是这并不意味着我们需要更加复杂的头脑来武装。所谓的"更多"指的是唯有当一颗心灵完成了第一步,第二步才会自然地紧随第一步而来。如果第一步都没有完成,而大谈它的全部内涵就是一种"恶智"的作为。

对于广大的都市心灵而言,我们暂时无须去了解《道德经》中对"无""一"的更多难以依靠理性来思量的智慧,不妨就把"无为"的核心内涵单纯地理解为"不要画蛇添足""习以治惊"即可。

围魏救赵

在兵法中，围魏救赵是相当精彩的一种智谋，它的精彩之处在于，以逆向思维的方式，用表面看来舍近求远的方法，绕开问题的表面现象，从事物的本源上去解决问题，从而取得一招制胜的神奇效果。而如今在自我调适领域，"围魏救赵"也是任何一颗自助心灵必须要内化到潜意识中的一个最基本的习惯。

不少沾染灾难性联想与漂浮性焦虑的苦痛心灵，由于缺乏一个平静的心态，对康复过度渴求，又不堪社会功能效率的低下，而进一步导致自己陷入了对未来的更大的预期恐惧中。这种预期恐惧与对解决问题的执着，反而会使得个体的意念变得越来越僵硬，能量场也会越来越低，长此以往会使自身陷入高度应激状态而导致精神平衡系统被打破。当心灵已经沦陷到这个境况时，一些相对复杂的心理学技术可能一时半会儿难以被践行，除了应用此书中所谈及的"习以治惊"策略外，最需要记住的就是：生活就是最好的"药"。这个"生活"就是笔者所寓意的"围魏"。当我们被"生活"包围，抑或被生活中的各种充实与兴趣所包围，那么储存在体内的许多因焦虑情绪而释放过多的化学物质就有机会被充分消耗掉，从而减少对身心的残留伤害，当然最重要的是对自我救赎可以起到立竿见影的缓解效果。

依靠"生活"这剂心药来调心一共有三个基本元素：1. 动起来；2. 乐观；3. 创造空间。

生活的一个重要元素：动起来

《庄子·刻意》曾讲过一个形象生动的譬喻："水之性，不杂则清，莫动则平；郁闭而不流，亦不能清；天德之象也。故曰，纯粹而不杂，静一而不变，惔而无为，动而以天行，此养神之道也。"

这段话是指水没有过多的杂质污染才能显得清澈，不被搅拌才能显得平静，但如果全是死水一潭也不一定能够洁净。因此对于现代都市心灵而言，完全不动心或不动神是不妥当的。在心理疏导中，我们所谈及的"不动念或不动心"并非是指不允许有任何念头，而是特指那些会妨碍我们心性成长的"患得患失""预期恐惧"，它们已经不是常规的杂念，而是妄识或妄念。因此，对于广大的心灵自助者而言，真正上乘的"真静"无论如何都不能脱离生活的历练，因为生活中的一些"动"实际上非常有助于内在真定力的培育。

中华圣贤六祖慧能有一句十分经典的话：**"有情即解动，无情即不动；若修不动行，同无情不动。**智者的意思是立志于调心与修心之人，都希望自己可以修出真静，但是不少世人却被"静"字所束缚，以为真正的"静"就是看起来做什么都是"如如不动"的样貌神态，似乎别人怎么羞辱也都是拈花一笑的样子，而这种理解有着很大的误区。许多人以修出"不动念或不动心"作为心性成就的境界，往往会进入一种死胡同。这些人错以为有真静修养的人，总是意念不动，情绪不动，面不改色，抑或永远感觉不到烦恼动荡，其实它是一种彻头彻尾的顽空主义，与人的本心本性的基本属性是完全背道而驰的。所以智者把这种现象叫作"同无情不动"，也就是暗示世人若持这般见解，那么和无情的草木有何差异呢！倘若一个人只要看起来有一副"如如不动"的样子就意味着已经觉醒，那么那些不哭不笑不动的草木，岂不是应该比人类的成就更早、更大！

接着六祖又说："若觅真不动，动上有不动！"这句话的大意就是说，如果一个人在内在发生动荡时，依然可以比较开放性地"觉知"当下，本身亦是真定力的功夫！可见六祖所告诫的真正的不动行与真正的定静安，是在"恐惧气机动荡不已的当下"通过觉知艺术体验来的无分别功夫，而这与"老子"所讲的"动者静之基"是完全一样的意思。《清净经》中所讲的"清者浊之源、动者静之基"的原理或许也在这里,水里来,火里去,在激荡中历练出来的观照事物实相的能力才是真功夫。那么,一颗心灵如果在日常生活中没有觉察事理的能力,而特意离群索居来逃避压力课题,跑到所谓的"世外桃源"中去获得所谓的清静,那或许只是被外在环境的假象所蒙蔽。

以上所言,皆在表达"动静一如"的朴素哲学,对于心灵自助者而言,有了这个烦恼正见基础后,不仅不去逃避生活,反而应该要"拥抱生活",围着充实的生活转动起来,不少焦虑情绪就会自讨没趣地溜走,从而进入良性循环。

许多苦痛心灵面对一些积重难返的历史卡点时,未能领会从执着的迷妄状态"滑入"相对不太执着的状态往往是需要时间的。所以说在培育出足够多的正念之前,一定要少想多做,不管当下有多么焦虑都要先动起来,只要动起来,郁结的能量就容易发生变化。动起来至少可以适当解放大脑疲劳。大脑疲劳就是大脑神经细胞的疲劳,一些心灵由于长期的内心冲突而导致头部紧绷感与头痛感,在这种情况下若依旧不断生发对头痛症状的不平衡心态,那么几乎就是在跟自己过不去,也是跟"老天爷"过不去,可能没过多久,大脑的一些神经会进一步处于功能性失调状态。而后这种失调的状态本身又会进一步创化出记忆力下降、体能衰弱、睡眠障碍等副产品。许多沾染焦虑情绪与强迫性情绪的心灵往往都有完美主义的个性特征,当深陷心灵坑洞时总是希望一些症状消失后再开始行动或去做该做的事情,而这本身就是一种本末倒置的荒唐策略。

心理是大脑的功能,大脑是心理的器官。如果持续焦虑,会让大脑本该"兴奋"的功能被"抑制"所代替,这种感觉传递到心堂就是抑郁与焦躁的感觉。一颗迷失心灵若持续强化大脑"疲劳现象",就会形成一个无形的"兴奋病灶",也即是所谓的条件反射机制。

《吕氏春秋·尽数》说:"流水不腐,户枢不蠹,动也。形气亦然。形不动则精不流,精不流则气郁。"古人早已提炼出"生命在于运动"的养生思想。那些时至今日依旧流传广泛的各种养生导引法就是最佳的佐证,诸如八段锦、五禽戏、太极拳、易筋经、延年九转法等都是非常优秀的扶正祛邪、培育真气、平衡阴阳的动态方法。

调和身心焦虑的十五个策略

形与神是密不可分的,毛泽东在青年时期就深谙"欲文明其精神,先自野蛮其体魄"的辩证法,因此十分重视在高压的生存环境中进行充分的体育锻炼。诚然,若没有良好的体魄与精神面貌,一个人很难在高压的环境中独善其身,也很难有充足的动能去践行自己的志业。因此,牢牢地护持动静结合的生活观,围绕生活的充实度与某个强烈的兴趣下手,就可以让自己从大脑疲劳中解脱出来。殊不知当一个人长期处于焦虑状态时,大脑的一些神经功能组织就会形成一定的紊乱,会直接产生诸如慢性头痛、偏头痛、紧箍感、躁动感、失眠症状等。若要解除这些无形的身心症状,绝对不能放弃上文所提及的动静结合、流水不腐的朴素行动哲学。实际上,从心理卫生角度而言,动静结合的养生思想是完全符合现代人整体健康的综合调适要求的。我们不一定要强求自己在短期内去熟练那些养生导引法,但必须开始充分重视在日常生活中掌握动态平衡、劳逸结合的心理养生之道。

《荀子·修身》主张:"凡治气养心之术……莫神一好。"其引申之意即:**大凡理气调心养心的办法,没有比拥有某种爱好更神速的了。**

翻阅历史,我们便会发现古人十分倡导通过欣赏音乐,演奏乐器来陶冶自身的心境状态与性情。据说北宋文学家欧阳修也是通过学琴来陶冶郁结的心境并最终疗愈好了自己的忧郁症。因此,围魏救赵的核心内涵之一就是充分掌握好"生活"这个大主题,务必创造一个动静相宜的身心成长环境,从而让受损的"神"得以自我修复。在自我调心的过程中牢牢地护持好这个法则就相当于"围魏救赵"中的"救赵"策略。

我建议您不妨于每日起床前花十分钟的时间,思考规划两件在完成工作后,能够引起大脑兴奋的事情。这两件事情的核心是以健康型的兴趣为主,而后根据行为疗法里的阳性强化原理,待当日践行了该兴趣后务必额外奖励自己一个"好处"。这样坚持一段时间后就会润物细无声地影响到大脑"病灶"的兴奋点,让其"动能"大大衰减。这方面的乐趣不胜枚举,诸如打扮得稍微整齐一些,开车去兜一会儿风,然后在一棵大树下安静地聆听冥想类的音乐;抑或于清晨或傍晚在公园某个安静的地带一边闲适地聆听自己喜欢的放松类音乐,一边自然地吐故纳新;抑或亲自动手培育一些花卉;抑或每日静悄悄地做一个小小的善举,体验正气萦绕心堂的美妙觉受;抑或设定一个练习书法的目标,每日抄写一些自己喜欢的哲学经典语句,体验自性的本来清净境;抑或在自己的书房一边听着舒缓的音乐,一边喝茶,体验茶禅一味的临在状态;抑或在属于自己的那份时间里充分体验健康的爱好或志趣。总之,你可以根据自己的实际兴趣,在每日工作之余让心灵有机会与内在独处一会儿。一旦投入其中,许多感官器官都会歇下来专注在当下,它于心灵层面便是"围魏救赵"的核心内涵之一,别小瞧它,大道至精至简!

从心理卫生角度而言,一颗心灵如果没有自己的兴趣或志趣,每天只为朝九晚五而奔波,那么长期下来即便此前心理素质再好,也必定会因为压力的侵袭与压力本身所携带的化学分泌物而让身体机能处于亚健康状态,抑或直接越过心灵的缓冲地带,形成溃堤现象,不可不察也。

生活的另外一个重要元素:乐观

"乐观"情绪是"生活"这个主题中最关键的催化剂。实际上悲观与乐观是可以自主选择的,它取决于一个人的经历、领悟、正见、正气。如果一颗心灵在人生这个舞台上体验过一些必经的无常课题或考验后,能够依旧保持对生命的豪气,那就是真正的乐观者或行者。乐观的行者遇到挫折或困难时,其想法是:啊!上帝加福与人必定暗藏在逆事中,这个挑战背后,必然是一个新的里程碑;虽然现在我还不知道怎么办,但我可以研究和学习,在平静中寻找解决之道,只要我不放弃,肯定会有收获的。因为护持这样的想法,这些心灵做出了积极的行动,于是其心中的感受是充实的、是抱持希望的,而非漫无边际的痛苦式幻想。而悲观者,多数是因为在生命中的几个重要节点,"小我"夸大了"妄相",或是没有很好地去面对一些焦虑的真相,就形成了习惯性的逃避,于是生命中的焦虑因子也就越来越多。

孟子将悲观者称为"蹶者"。一些人遇到挑战时,多数情况下第一个念头是"糟了!真倒霉,又碰上麻烦了,该死的东西"。于是无明识很自然地就下达了采取逃避或姑息吞忍的指令:把事情压抑过去就算了。由于违背心理成长规律,这些退却压抑的想法,造成了"小我"的吞忍型人格,进而创化了层出不穷的无明情绪,最终内在存续的心境是不安、无奈和痛苦的。总之悲观者总是把一个挫败,看成整体人生的挫败,因此生命总是充满苦涩与焦虑。

如果人生没有挫折,会变得过于轻易,过于简单,那个时候或许才是真正的空虚。过去喜欢选择"悲观"的朋友们,请务必尊重你的挑战,因为被你标明为黑暗的那些空间,实际上是为了带给你更多的阳光,以加强你内在小孩的力量,坚定你的人生意志。我们需要深谙大"魔"助大"佛"的禅机,深谙每一件事情的发生,都意在帮助我们进入更伟大的自我。因此,我们在生活中与其执着于负面事物,不如感恩那些细微的正面事物,这十分有助于培育我们达观的心境与思维习惯。无明烦恼是十几年形成的性格基础与习性基础,在自我调心中要经常注意自己任何在思想、感觉及行动上的正面改变。尽可能让自己有机会来体验这种好的感觉,庆贺并享受任何微小的进步。智者说:当一个人颠簸前进时也该高兴。如果一个人能这样想的话,或许挣扎也是成长的一部分。

"图难于其易,为大于其细。天下难事,必作于易;天下大事,必作于细……"《道德经》中的这句话就是最佳的指导语。我们与其一口吃成一个胖子,不如一口一口地壮实。在生命的某个道途中,我们的确不小心沾染了这些焦虑情绪,然而它们只是暂时的,不可能一直停留在那里,逆境之终必是顺境,柳暗花明又一村是放诸四海皆准的朴素道理。

西藏精神上师(东杜法王仁波切):终极而言,一切现象都是可以超越负面的,都是开放的,不管什么环境,即使它表面上是负面的,我们都必须尝试看它的正面部分。我们必须阻止邪恶力量和粗暴语言的生起。我们必须不再把有害的环境看成是负面的,反而要尽一切努力训练自己把它们看成是有价值的。当然,这样做并不表示可以驱逐掉它们,反之,这表示它们虽然生起,却无法阻碍你对快乐之道的继续追求及修习。自我修心的过程就是修复这颗烦乱之心,而这个过程就如同是一个攀登山峰的旅途,有时候在我们感到困顿时,放眼前方,或许会发现终点依然遥不可及。但如果我们转回身就能看到自己已经走过的路程,看到过去的努力以及现状的成效,这会使我们重新抖擞精神,并鼓起勇气继续踏上属于行者的蜕变之路。(参考自

走出焦虑风暴

《心灵神医》)

生活的最重要一环：创造空间

事实上只有当苦难袭来，痛苦让人难以承受的时候，我们才会狼狈地回头自省。然而当我们被迫开始自省时，我们总能找到各种客观因素，将问题归咎于环境、他人、教育、社会。当然客观因素的确是部分诱因，但事情都已经发生了，我们需要宽容、原谅那些因素，否则对问题的无力感、怨恨感会扩大，而那样无形中又会在心中将问题严重化，使其变成一个几乎不可逾越的山峰，而这个山峰会将自己压得无法喘气，疲惫不堪。此时我们不妨打开心门，必要的时候可以向家人或知心者求助，彻底暴露自己的问题，承认自己的缺陷，并接受自己有精神情绪问题。虽然问题依旧，但至少那种窒息的压迫感会和缓一些。

任何事物都存在着好与坏的对立，本来共存一体的两个方面却被我们视为两种不同的道路，恐惧与快乐其实是一不是二。承认自己的问题就是平等心带来的结果，将大大减少因害怕失去而导致的恐惧，使我们的心开始逐步在平静中进行疏导。其次，在自我调心之中我们应当认识到，没有任何一种情绪是错误的，是需要被否认的，我们应当用自己全部的慈悲心去温和地检视这些情绪，去感受它们"成，住，灭，空"的乐趣。在这般体悟中，我们能够看到自己的宽忍之心，而后将它扩展到整个心灵，这样一来负面的焦灼情绪便会逐步消退。

在这个世界上，任何冲突都是因为空间被挤压而造成的，包括国与国之间，人与人之间，而我们与烦恼之间也是因为过分的挤压与排斥，造成了内在空间的局促不堪。那么，在以充实生活为核心指南的前提下，每周务必腾出一些时间暂时放下一些工作上的欲求，放下一些尘氛，搁置对消除烦恼的执着心，同时也务必把一些无关紧要的东西请出内在空间，这样我们得以有机会进一步沉淀下来。每个人的心灵空间都是有限的，在相对一段时间内如果让过多的妄情和妄识涌入内在空间，它就会变得拥挤，以至于我们无法相对清明地培育正念与正能量。

　　围魏救赵的核心就是在充实生活与践行兴趣的前提下,再创造一个有助于自我精神调节的空间。有了这个空间,我们才能够进一步实践此书中所分享的其他辅助性策略(诸如苦肉计、以逸待劳,树上开花,打草惊蛇等),它们都需要一个独处安静的空间,确保在这段时间里不受任何打搅。当空间异常挤压抑或局促不堪时,我们不仅难以集中精神,也无法对眼前的"困境"进行清晰的思考,因此在感到身心负荷累累的情况下,务必果断地将那些多余的、嘈杂的、纷扰的人际关系与工作蓝图先搁置一边,这是非常重要的。

　　心灵的空间承载着我们日常的所有意识,关于生活的方方面面都会被塞进这个空间中,但是,在一定时期内,过多的意识涌入,会导致空间变得局促、拥挤、难以进行清晰、有效的思考,更何况对于许多沾染焦虑情绪的心灵而言,本身精气神与能量场就不如其他人,因此我们更需要为自己创造一个调心的空间。简而言之,就是将多余或与调心无关的思想意识暂时"请出"我们当前的意念之中,将世俗生活中的一些令人呼吸急促的琐事暂时"隔绝"起来,当能量恢复一些后再勇敢地去处理那些正常人应该要处理的事情,循序渐进地在动态的生活中修出外定的功夫。

　　许多时候,一颗苦痛心灵本身就已经承受着一定的精神痛苦与压力,如果生活中再多一些烦乱的世俗规定抑或他人的期许压力,有的时候将会让当事人处于崩溃边缘。如果条件允许,可以寻求一位适合自己的心灵指导师的帮助,然而指导者的角色永远都只是一个帮助者、点化者,帮助当事人发现更多的选择,帮助他释放存在需求和发展需求。从长远角度而言,每颗苦痛心灵都要成为自己的心灵平衡大师,因为这毕竟是自己的事情。

四大定律

阴阳互根律

普天下任何一颗心灵皆有情绪相对平静的时候，亦有不愉悦之时，这本身不存在任何问题，因为它们是一不是二，如同白天与黑夜是整体而非彼此独立。在无常人生中，没有快乐不包含一定程度的痛苦，也没有痛苦不包含一定程度的快乐，有时候它们是手拉手一起前行的，而我们"修炼"的就是中庸平衡之道。

在医学界小范围内，曾经一度流行通过外科手术来摧毁心理疾病患者大脑中的"病理性病灶"的方式，当然这样的医学尝试引起了巨大的争议，在国际上已经被禁止。**因为当一个人对痛苦的感受性被摧毁时，似乎也不再知道什么是快感。**同理，许多苦痛心灵只要心中存有必须要彻底消除所有非正向的念头时，那么恐怕这种意图永远没有达成的一天。这并非心理医生不够高明，也并非心理学理论不够有作为，而是这个念头本身就是一个让个体继续制造分裂，远离整体观的罪魁。（注：如果人类彻底失去了体验哀伤与烦忧的知觉功能，那么"快乐"这个词汇不会再有任何意义。）

从某个心灵哲学角度而言，是一些心理上的痛苦症状在疗愈人类，而非人类在疗愈心理症状。正是因为有了一些"痛苦"的焦虑症状，人类的心灵才会开始反思，痛定思痛后学会向内走与觉知，最终也才会有机会从对立状态走向整体和谐状态，而这一切还得多亏一些焦虑症状的最初恩赐。所以中华禅门中也讲"若悟此门，与汝习性"。也就是说不要刻意去制衡妄念，借由正念的修为，如是观察，不参与情感，先拿出耐心充分地体会妄念的虚幻不实。而后逐步领悟到一切念头全是因缘假合假散，实无可得，既不可得，则无心，无心则无生，又有何灭。也就是说若能利用妄想杂念做功夫，看此念头从何处起，而妄想无心无性，当体立空，即归复本然的当下。

然而回顾世人的种种分别识，总是从满足自己"小我"习性的角度把事物分成"善恶""对错""好坏"。买房子时也必定要区别"朝南 or 朝北"，其实在超越时空的宇宙中根本就不存在东西南北方向，更谈不上哪个方向比哪个方向好的道理。地球按照其轨迹道法自然运转，若从地外空间的角度看人类，有时我们头朝地球旋转的上方，有时候头朝地球旋转的下方，但人类并没有感到这个变化过程的颠倒感，而地球却一直自然地旋转着。

世上总是有各式各样的风水学说，其实真正的风水亦不在外头，而在心内，若内在风水有问题，即便居住在风水宝地，该来的逆事还是要来。反之，若一颗心灵时常随遇而安，反诚其心，在生活中也不会一边在执着一方，一边却还在想方设法去消除另外一方，那么外在的福气就会"福至心灵"。福气本身也是一种气，它最喜欢光顾内在风水优质的居所，我想这才是老祖宗留下来的"福报学"。

自卑和自信本身也是一不是二，但是市面上有各式各样的励志书籍和成功学文化教导人们如何去干掉自卑、超越自卑。诚然这些教导都有一些效果，但却依旧是在二元对立中，只要对立尚存，就谈不上真正的和谐转化。如果把自卑背后的大脑神经感觉彻底端走，一个人恐怕再也无法体验到什么是自信。它们就像温度计上的不同温度，虽然彼此之间有一定的温度差，但是他们的属性完全是一体的，只是振动的频率有所不同而已。当一颗心灵在高度自主的体察中，体悟到自卑就是自信，自信就是自卑的流动属性时，这种分别心就消失了，而后一种本然的状态就会出现，这种本然的状态才是真正意义上的和谐状态。

根据阴阳互根律，一颗心灵的自我调心旅程就如同登山，登山途中必定会有浮躁、烦躁、焦躁、喜乐等情绪交替出现，而这些都是正常的情绪波动。若存此理，就不会因为心灵业习的再次浮现而懊恼不已，而是深知深沉顽固心业不是一下子就可以清理干净的，就像一颗存于潜意识中的大雪球，每当其上浮一次，只要个体抱持正念之光就可以将其融化掉一点，而这个过程恰恰是自我调心的乐趣之一。

在面对"超我"的完美主义、自我否定、过度反应、自卑敏感等因子时，一定要回到整体观的角度来认识它们，若只是一厢情愿地去消弭它们，恐怕只会失败。调和它们的第一步，就是先通过"少想多做""习以治惊"的行动哲学让这股躁动感歇下来，而后于行、住、坐、卧中通过正念的力量禅悟它的无住本质，自然归复其根。对于部分焦躁的心灵而言，若难以培育正念或沉住气，早期亦可求助于一位有经验的心理指导师，先处理一些现实性的压力事件对心理造成的负荷以及针对性地化解一些深沉焦虑因子。而对于有一定自助能力的心灵而言，通过积极的认识与领悟也可以在行动中不断建立起自信心。

诚然，"阴阳"双方的任何一方都是以对方的存在而存在，若一方不存在，另外一方就无法独善其身，所以只要自己不产生反作用力，对方的作用力对你而言就形同虚设。 当强迫性焦灼感来临时，如果个体对这股已经漂浮上来的情绪有丝毫的不平衡心态，那么即刻就会感受到冲突的加剧；如果彼时慢慢地不去抗拒自己的抗拒情绪，不去批判自己的批判，那么不管是多么大的作用力，过一会儿一定会自讨没趣地溜走，即使没有彻底溜走焦虑程度也一定会降低。

生活中，许多人都有这样的切身体验：当自己心里对另外一个人有反感和抗拒的时候，那么另一方的人似乎也已经在与你有所对抗。然而此时个体若觉得是对方在主动与自己对抗，那就错了。其实这种对抗感是自己感召来的，因为一切障在内不在外，我们须深知：只要自己有一个作用力，外头必定就会跟着配合形成一种反作用力回馈给心灵，从而进一步形成一种对抗的假象。因此，这个阴阳互根律启示我们，保持内在平衡是非常重要的，一切反作用力都不在外面，而是在内在。所以在自助调心过程中，我们不要去排斥自己所排斥的东西，不要去抗拒自己所抗拒的东西，也不要去批判自己所批判的东西，那么这些东西就不容易频繁光顾。反之，我们心中对何物有不平衡的作用力时，必定会感应到它们的反作用力。

调和身心焦虑的十五个策略

许多自视心地非常善良的人，其实每天都在"造恶"却不自知。他们总是执着于一方而在极力消灭另外一方。他们的言行总是执着一些"善"，对一些看不惯的现象总是妄加指责与否定，反而造成了更多不清静。而这种不净观有时候甚至可以破坏一桩能够积极影响社会福祉的大事情。这些"善良的人"对许多社会现象总是抱持一棒子打死的直线思维。如同对"黑夜"看不顺眼时，就希望鼓动更多人一起联手把"黑夜"消灭掉。问题是万一"黑夜"真的被消灭掉了，恐怕等待人类的只有被太阳烤干的下场。所以说"黑夜"的出现就是为了平衡"白天"，而"白天"的出现又是为了制约"黑夜"。

阴阳互根律告诉我们做任何事情都不要打破阴阳平衡。假设社会上一个坏人都不存在，公安系统必定会变得腐朽，所谓的大同和谐社会，人类恐怕也感知不到。诚如孟子所言：生于忧患，死于安乐也。一个人平日里可以有一些杂念，因为脑袋本来就是用来思考、规划与逻辑判断的，有杂念恰恰说明我们还活着，同时也说明了大脑此时的核心功能是正常的。心灵先驱们所强调的"恬淡虚无""无欲则刚"，不是要我们去和杂念对抗，而是尽量调和一些妄念。那么妄念是什么？妄念就是会影响我们心气反应与心性正常造化的过度情识（患得患失、灾难性联想、预期恐惧等）。对于广大的都市心灵而言，只要针对这一块做一些平衡式的调适或转识就可以了，而没有任何必要让脑子处于"顽空"状态。若是以修出"顽空"为真功夫或真定力，那么我们宁愿不要这样，因为这种状态完全不符合现代人的生活与工作。小隐隐于林，大隐隐于市，我们可以在充实的工作中同步调心（调节自己的思维与行为），或许获益匪浅。

在所有的心理治疗体系中，没有一种理论不包含着其他某种理论的影子，许多方法皆是我中有你，你中有我的关系。**事实上也没有任何一个心理学家可以离开对先驱们的传承与借鉴而发明出一种完全独立的理论体系。**因此，通过阴阳互根律我们可以引申出：所有存在的心理学学问是一不是二，就如同流向大海的泉水、江水、地下水、雨水，最终汇聚到大海时都是同一种味道。

实践证明，将一些辅助性策略整合起来使用，或许我们会有全新的创造与力量。此书中所分享的诸多阳谋，他们也皆是阴阳互根、互补、互促的关系，不存在谁比谁好的问题，自助者们若能合理统筹应用之，必定能够获得如虎添翼，乾坤绝配的力量。此外笔者也鼓励广大自助者大胆地以自己的体悟为真理，不一定要受到正统限制性理念的束缚，有时候在实践过程中会意外发现某种更加适合自己的辅助性策略，也未必要急着向他人求证，因为不少安在小天地里而没有体验过特殊烦恼的心理学研究者未必会比你们（过来人）洞察得深刻。（注：心理学史上，但凡有杰出贡献的学者或专家多半自身都体验过一些深刻的焦虑情感、抑郁情感、恐惧情感。）但有一点需要注意，无论践行何种心理学辅助方法，均需先悟透原理，而后理通法自明。且要领悟此方法的内涵，不要死学一招一式抑或迷信之。所谓"法无定法、非法即法、法即非法、无法即法"，就是告诉我们一定要学会灵活运用与变通方法。悟透原理之后，自己甚至可以依据实际所需来变法，这样才能融会贯通，学到家。

最后，笔者建议任何一颗自助心灵于每日睡觉前，可以闭上眼睛，回顾一下当天所发生的几件好事情。千万别小看这个，它会起到不可思议的蝴蝶效应。因为一个懂得法天则地的人，一定有一颗开放的心轮，心轮越是开放，烦恼就会越来越少。可以尝试从任何一个"阴"（逆）的事件中看到其无与伦比的正面意义与助缘，那么久而久之心灵已经在光明中。也就是说心轮越是具足对经验的开放性，一个人就越容易放开一些执着心，也才能够和"宇宙的心"发生共振感应，可谓"积阳则飞"。反之，一颗心灵若总是从"阴"的逆事中看到更多的愤怒与悲伤，那么久而久之，必定"积阴则沉"。

生命中如果没有创伤，我们就无从获得疗愈的机会，也无从开始深刻地认识自我；如果没有心魔的阻碍，灵魂永远无法变得更加聚气。这就是先知们讲的唯有大"魔"才能助大"佛"。同时，在人生精进的道路上务必认识到，有时光明的道好像暗昧，坦白的倒好像不平，心性宽广却好像苟且，本质纯真却略有顽冥，自信刚强却始终携带着柔弱，这些都是阴阳互根的辩证关系。

因果律

这条定律恐怕连小学生都听过,但却有许多博学之人对它视而不见。

普天下没有人会平白无故地沾染各式焦虑性症状,也没有人会莫名其妙地快乐或痛苦。若没有一些"因子"在起作用,不管如何煽风点火,都是不起现形的。东方哲学中有因缘二字。若用种树来譬喻,树的种子就是因,而泥土、空气、水分、太阳、肥料等就是缘。如果只有种子,而缺乏一些外缘的助力,那么这颗种子依然没有机会"造化"成为一棵参天大树。假如一个人生病了,一定是"种子"在外缘的助力下已经起了现形,所以有一句话:事情发生了就是有发生的原因,有发生的原因就是有发生的理由,有发生的理由就是应该发生。

智者说:凡是对面来的,都是命中有的,受了受了,一受就了。

智者还说:没有什么比疾病痛苦更容易燃烧掉一个人的恶业。

诚然,造成各种"漂浮性焦虑与灾难性联想"的导火索或诱因有很多,但深层的因子都是一样的。一颗心灵的禀性中若无过度自责、敏感多虑、完美主义或"超我"过度的道德约束等,即便遇到导火索也未必会生发成症状。

亦有一些缺乏中道观与平等观的民间宗教分子,总是动不动就针对人类的一些软肋下手。因人类集体潜意识中似乎都比较畏惧鬼、魔、邪等虚幻的东西,因而不少民间"宗教人士"通过各种网络媒介向正值青春期的孩子传递手淫是外魔附体的信息,导致许多青春期的孩子在无形中增加了巨大的心理负荷,最终压垮孩子的不是手淫本身,而是这种精神包袱与自责感。那么究竟是谁在导演这个悲剧?是孩子还是异见分子呢?不允许青春期的孩子有一些性幻想或性能量宣泄(手淫),就如同不允许人类有延续后代的本能。在人类集体潜意识中,延续后代于族群是头等大事,因此在青春期性生理发育到一定阶段时,绝大多数孩子都会有蠢蠢欲动的性躁动感,但是他们还是学生,不可能像青年人那样有性伴侣,所以他们几乎都是自然而然地产生了手淫这个宣泄的行为。

美国著名学者阿尔弗雷德·金塞(Alfred C·Kinsey)在1948年和1953

年的调查中发现,将近九成的男性和六成的女性曾经有过手淫行为,并达到了性高潮。这个还只是半个世纪前的数据,对于物质生活更加富足的当下,许多孩子营养更加充分,接触的各种情欲信息也更多,因此性早熟似乎也更加提前了。一些16、17岁孩子的性能量甚至已经达到完全成熟状态,且精力异常旺盛,若采取意志力克制的方式,等于完全压制"本我",对这个阶段的心理健康发展是不利的。

笔者接待过的因为手淫这个重大包袱而导致精神创伤的个案不在少数,他们原本可以顺利度过青春期,而后顺利进入社会贡献自己的才华,但是很多人在进入社会前均已经疲惫不堪、伤痕累累,有的甚至已经发展成了焦虑症、神经衰弱症或抑郁症。他们中很多人的心灵负荷都是由对手淫有不正确的罪恶感与自责感所创化。有些人是从一些小道杂志上看到诸如手淫会产生"青春期综合征"的广告,这些广告主的动机就是试图贩卖一种并没有什么作用的药丸给这些青春期的孩子。问题的关键是在这些广告信息中,把手淫说得充满了无尽的危害,所以一些性格偏内向的孩子很容易受到这种卑劣信息的影响,结果在潜意识中就植入了各种对手淫行为的消极信条。而后每当性冲动时通过手淫宣泄后,原本可以体验到一定的释放精神压力的快感,反而变成了一种深深的罪恶感与令人头皮发麻的自责感。

而在一些能量学说中,罪恶感与自责感则是拿走自身能量最快的内耗方式。有些孩子是被一些伦理道德与报应惩罚论所吓唬,经历无明之火的"烧烤摧残"。美国著名学者阿尔弗雷德·金塞也发现了这个问题,他经过缜密的分析与逻辑推理得出,手淫本身根本不存在过度与不过度的问题,更何谈伤害?当然凡事过犹不及,对于青春期的孩子而言,只要手淫频率合理,把注意力放在学业上就可以了,根本不存在手淫会耽误大脑运作的说法。

为何日本是一个盛产"对人恐惧症"的国家,不少女孩子由于缺乏一些性心理的正见启蒙,抑或在早年所接受的教育中背负上了强烈的道德伦理观以及性道德洁癖思想,于青春期一旦发觉自己有蠢蠢欲动的性幻想或是无意中有了手淫行为时,便觉得这是十恶不赦的事情。而后越是克制自己的眼神不去看异性或异性的某个部位,就越会有冲动想要去看,结果很快就形成了一种恶性循环,并开始拼命回避异性,却进一步造成了泛化,最终导致不敢看人的眼睛。有些人甚至还会害怕对方看出自己是一个无节操、不道德、性心理泛滥的人。当然这只是"对人恐惧症中"的一种发展模式，不代表全部，但的确深刻地折射出人类一些文化糟粕对现代人心理所造成的反作用力。有些孩子为此轻生，这究竟谁来负责？

　　一个人倘若已经被焦虑情绪压得喘不过气，他们当下最需要的是缓解，而不是让其加深束缚，因此尽量少谈一些报应学说或宿命论。就好比一个人已经掉入水中，快要奄奄一息时，一些道貌岸然的吆喝者却在岸边高呼："游到对岸去吧，游到对岸去吧，那里是解脱的彼岸。"对于已经掉入水中的人而言，当下最需要的是救生圈，不是一些不着边际的话语。

　　那么如何从现代心理学的中道观与系统观的角度来看待一些宗教术语，诸如意淫、邪淫呢？从因果定律的角度又如何来科学地解析这些术语？

　　哲学中所谓的"起心动念"就好比一个最初的"意"种，如果一个人持续地起心动念，就意味着不断地在"熏"这个"意"种，熏久了就容易起现行，这个道理是符合因果原理的，本身没有错误。好比一个已婚的人，如果脑袋中已经持续浮现离婚的意念，那么时间久了，其伴侣一定会感应到他的微妙心思，而后夫妻之间的离心力就会不断升级，最终有可能会导致离婚。也好比一个人三天两头在家里看一些情色片，外出时看到街头穿着性感的女性时会动念多看一眼，此外睡觉前还时常性幻想，那么这些动作都是在熏陶这个淫意，淫意容易生发出淫心，冲动的淫心就会造成一些不可预测的苦果。诸如一些有婚外恋的男性，极有可能破坏自己的家庭，甚至因为持续玩物丧志，最终有可能走上更加腐败堕落之途。

　　所以，邪淫的因果观是这样的，并不是说一个成年人偶尔有一个性联想的念头就会如何，如果此时可以收摄住自己的念头，明白自己是有伴侣的，有家庭的，一旦出轨紧随其后的就是一系列不可预测的后果，明理后就可以果断放下，而这个念头充其量只能叫正常的杂念，而不能叫妄念。只要没有发展成妄念，就不会有什么问题，也就没有任何必要自责或恐惧。如果这样都要下"地狱"的话，那么全人类恐怕没有几个人可以幸免！因为大部分人从青春期开始就会有各种情窦初开与性幻想的念头，这些都是正常的，但如果过度执着与贪痴，就会牵引或内耗掉许多精气神。

但是民间（广大农村地区）一些缺乏中道观以及迷信的人，经常没头没尾地抛出一句令他人茫然的报应论，这样不仅度不了那个人，反而让他人心生更大的嗔恨与愤怒。所以有一句话叫"地狱门前僧道多"，其意之一或许就是暗批这些缺乏智慧的假信徒。他们经常凭借一腔"热忱"，有意无意地"口无遮拦"，而祸从口出，最终不仅没有积下阴德，反而耽误了他人的慧命。如果要"传道"，一定要有头有尾地把道理讲清楚，并且要根据对方的接受程度施教，而不是以为披着宗门的外衣就可以天不怕，地不怕地去"传道"了。同理，一颗苦痛焦虑心灵如果通过对一些心理哲学文化的学习，对"症状"的前因后果已相对了悟，本身就不会生发出恐惧，相反更多的是一种解脱式的法喜感。

判断一种学问或学说的好坏，最单纯的标准就是看它在未来是给予了人更多轻装上阵的正能量还是不断压制人格、泯灭天性。许多人总是习惯性地吞忍各种对自身没有好处的"威权信息"，敢怒不敢言，抑或害怕被诅咒或报复，皆是无明心所致。另外，许多人忽略了部分宗门智者的一些言论是有其特殊背景的，其针对的对象也不同，后人未经全盘考量直接照搬在一些"道德伦常标准"上，导致状况百出。民间一些宗教信仰之徒（未必是真信仰）经常断章取义，把各种消极宿命论活生生地硬套在一些处于心灵脆弱期的人身上，致使许多原本对宗门哲学还有一些兴趣的人大失所望，甚至反过来毁谤祖师。

在一些真正觉悟"人天合一"的智者看来，真正的教育必须不拘死格，因为没有一种世间法（此处意指世俗生活中的各种规条）是固定不变的，应该随才成就。在古代，智者们都非常擅长用高度灵活的方式激活他人的"天命"，**狂者就从狂处成就他，狷者就从狷处成就他**。一个人的先天性情、禀赋虽然各不相同，但是只要开始学会真诚地面对自己，那么就没有人格高低贵贱之分，更不能动不动就去告诉他人所谓的宿命论、上帝惩罚论、前世报应论等。人人平等，一些民间宗教信徒不能因为自身懂得了一些宗教常识就开始无法无天地利用宗教来达成控制人心的私欲，大家一定要学会甄别与自主判断。（我们国家的广大农村地区，不少村子里依旧充满了这些残留的糟粕思想。）

真正的地狱和天堂都不在外头，一切的魔障也都不在外头。一个真正懂得为自己习性负责的人，依靠自身的灵明良知自然会主动修正一些不合乎规律的言行，而后在自己的本职岗位上精进地努力，把对工作的热爱当作是对上帝或老天爷的热爱一样去践行，那么他就懂得真正享受上苍加持于他的天赋与幸福，这个精进的过程本身就是一种伟大的自我人格修炼。

很多人经常发牢骚："好人没有好报，那些每天酒池肉林的人，要钞票有钞票，要豪车有豪车，为什么像我这样的好人，却每天被生活压得喘不过气来呢！"实际上，老祖宗们从来没有反对动机纯正、取之有道的名利财。"老天爷"或许认为一个人如果能够专注于一个天理，那么他当的官越大越好，做生意也是越大越好。这个天理就是：心物辩证的整体观。

深谙心物一体的心灵，或许早已领悟到真正的善恶果报不在未来，就在此时此刻。

笔者认为一切最高的奖励或惩罚都不是外加的，一个人的行为在此时此刻给行为者所带来的心灵负荷本身就已经是最大的惩罚了。

周国平先生说："光明并不直接惩罚不接受它的人。拒绝光明，停留在黑暗中，这本身即是惩罚。"

诚然，善者擅长把各种外缘转化为成长过程中所需要的阳光、雨露、肥料；而恶者擅长把各种外缘转化成更加强烈的嗔恨、不平衡、恼怒、气火攻心，而后即刻感受到身体与精神皆已被缰绳所紧束，这难道不是果报吗？

笔者虽然广泛接触过各种宗教和心学，但始终不认为所谓的前世或来世对人有多么重要，甚至根本就不值一提。过去及未来就如同一个人的念头一样，仅仅相当于念头的上一秒和下一秒，如果把思量这两秒钟的工夫用于充实此时此刻"狂者的胸次"，踏踏实实听从内心灵明的召唤，去做自己认为对世界有意义、正能量的事情，做完后不去执着所谓的好坏、得失、宠辱，那么本身就已经生活在光明的整体世界中，何来地狱、天堂等莫须有的分别烦恼。

当一个人能够回归"心物一体"的整体意识时，（需要长时间的内观精进）完全不会被上一秒"善"和下一秒"恶"的境界所束缚，这一刻的充实与光明或许已经足矣，至于上一秒或下一秒都让他随风而去吧！"老天爷"不让一个人预知前世或来世，恐怕就是这个道理，因为知道后反而会徒增烦恼。就好比如果有一个人在"算命大仙"的帮助下看见了自己前世是一个乞丐或妓女，那么他是不是就可以去得抑郁症了？反之，如果一个人在"算命大仙"的帮助下看见了自己的前世是一位大富豪，那么当下却每天为五斗米折腰，这样一来这个伙计是不是会因为老天爷对其此生的巨大不公正待遇而心生绝望，气绝身亡？上帝应许的唯一生活方式不是要人们以肉体苦修的绝对禁欲主义来超越人世间的世俗道德，而是要人们抛弃上一秒，忘掉下一秒，就在这一秒中踏踏实实地认识到此趟生命的意义。"老天爷"也希望世人能够好好思考一下，在日出与日落之间，在生与死之间究竟可以留下哪些作为？

明理的人们已经充满法喜，还在执着的人们依旧被烦扰浸淫着。

一念之间，牛饮水成乳，蛇饮水成毒。

简而言之，上一秒与下一秒皆是这一秒的小小注解，依据心底深处的明镜之心即能统摄善恶。

若有本事，就在这一刻清醒过来吧！

律动螺旋定律

何为律动？"律"就是规律，如同宪法一样拥有绝对的权威性与不可撼动性。"动"就是两极之间的活动状态。**"律动"特指在一个存在的事物中必定会遵循一个循环，这个循环就是"升起、发展、高潮、灭去"的过程，没有任何一样存在的事物可以脱离这个发展的规律。**比如股票市场，牛市不可能一直存在，物极必反，牛市后不断会有新的休养期、恢复期、壮实期、衰败期。同样在一个城市中，新城慢慢代替旧城，而若干年过去，待旧城大改造后又会超过曾经的新城；不论一栋多么漂亮的房子也必定遵循"成、住、灭、空"的过程，然后有一天被改造或重建后再次面临"成、住、灭、空"的过程。试问，一件漂亮的衣服，能否恒久？一间漂亮的房子能否恒久？一台崭新的轿车能否恒久？一个貌美女子的外表能否恒久？一盆漂亮的花卉能否恒久？一打钞票其购买力能否恒久？

何为螺旋？事物发展的过程必定是螺旋式前进，就像大江大河，哪一条是直来直往地奔向大海呢？正因为是弯曲的流动，才哺育了两岸的人们。也好比弹簧之所以能对力量进行缓冲，就是遵循了螺旋原理，如果弹簧是直线，不仅无法吸收力量，还会造成更加剧烈的反冲击。螺旋也好比太极，深谙此理的人是刚柔并济、方圆兼蓄，而那些凭一根筋闯天下的"勇士们"，不少都是以惨痛的失败收场！

诚然，这世界上的任何东西都是破坏容易，修复难。一片原始森林被砍伐后，需要人们耗费成倍的时间才能将其恢复本貌，甚至都不一定可以修复到原来的生机状态。有没有人是突然患上强迫症，焦虑症的？有没有人什么都没有做，突然性格就从自卑状态进入自信状态？简言之，一个人会感到痛苦也一定是经历了一个失落的过程，一个人会体验到巨大的幸福感也必定是做对了一些事情抑或完成了一些自我修心。

社会上许多人不懂这条规律的内涵，因此就不明白名利发展到一定程度必定会走下坡路的道理。若能在高峰阶段提前抽离，学会伏一伏，低调地休养生息，那么就能在最大程度上保存自己的实力，也就不会在巅峰时期遭遇突然的变故或高处不胜寒的打击。许多明星由于不能深谙"功成身退"的道理，结果最后名誉或元气大伤。

此外，朝九晚五的职场一族遇到事业停滞不前或缺乏动力时，恰恰是"老天爷"提示自我充电的最佳时机，如果能够利用这段相对低潮的时间潜心学习新资讯与新技艺，那么就一定有更多胜算在充满竞争与变数的职场中立于不败之地。相反，有些人就凭大学时期累积的一些教条知识，进入职场后很少再精进读书与博采众长，结果遇到降级或变动后只会抱怨老板的不慈悲，那么这样的职场一族必定会被社会"洗礼"一番。

这些都是律动螺旋定律暗示我们的朴素道理，高峰时期，要提前抽离，学会低调，学会柔和谦虚，那么就不会经历过山车式的剧烈动荡。同样低潮时期一定要心平气和地积蓄自己的知识与智慧，那么逆境之终必是顺境。那么世人最关心的命运、运气、福气究竟是如何受制于律动螺旋定律的呢？

人说：性决定命，命决定运，运决定气，气决定色。这些造化的步骤，环环相扣，前为后基。"性"这个概念内涵非常深，三言两语很难说清，我们不妨先简单地将其理解为"存心的基本属性"。我们经常听到"心性"一词，或"静心养性"，就是说把跟心有关的一些"道"给理明了、端正了、践行了，就可以助自己的本性造化。可是人心总是受人欲的摆布，而人欲往往又受制于个体的禀性。

什么是禀性？简言之，就是那堆破脾气，如果还把这些破脾气当成是有本事之人应有的气质，那就是大错特错的所知障之一。

禀性过于刚烈、暴躁的一类群体通常都不会长寿，因为他们在生活中很容易耗费自己的元气，非常伤丹田。一些青年创业者在创业生涯中脾气过于暴躁、专制，眼中揉不进沙子，这种暴脾气本身就是一种人天对抗，很容易对五脏六腑与经络系统造成大的影响。这些器官长期处于"火气"的压强中，事后还要承揽消化这些火气的负荷，所以本身就是严重违背健康的。

很多人于40、50多岁就罹患各种脑瘤病，谁能否认这些疾病和情绪负荷之间无关联？这些当事人或许对曾经那些过度的火气心知肚明。许多无明火会破坏甚至摧毁精气神的造化，也会干扰正常造化的血气，甚至让其逆行或阻滞，长此以往那些可怜的器官岂能不遭殃？

现在问题是不少人缺乏一些自我认识的智慧，错以为有脾气的人才能干出一番事业，事实上干出一番有正能量的事业靠的是综合智慧与精进心，而不是一腔刚烈的脾性。没有一个人才愿意臣服于暴脾气且专制的领导，更不用说为这家企业埋头苦干或"出生入死"。那些拥有巨大财富的老企业家，就深谙柔和的作用，降龙伏虎，能够在身边聚集一大批人才为自己的企业效力，因此企业才能够拥有持久的发展与生命力。这些相对有智慧的企业家在早期的奋斗过程中遇到的挑战和危机无数，也正是因为早年这些事情的磨砺，让他们更加明白"柔和"的巨大作用，就算在事业中耗尽巨大心力，也能够高寿。所以说一个人的禀性与"清静本性"能够磨合到什么程度决定了命运造化最关键的第一步。

磨合得好，我们俗称为"情商高"。情商高的人在心理耐受力和心理强度方面的表现都很卓越，这是获得幸福平衡式人生的关键能力保障。至于后面的造化步骤不需要多讲，只要启动了第一步，他们会像多米诺骨牌一样发生环环相扣式的效应。因此，情商影响心性，心性影响慧命，慧命影响运道,运道影响福气,福气影响成色(特指健康、财富等)。

《易传》启发世人"动静有常"。一切事物都是在不停地运动、移动与变动之中。

富裕与贫穷,都不会是恒定的状态。人与人本是同根生,之所以千差万别,主要是因缘不同,念头、发心不同,精进度不同,世界观不同。

律动螺旋定律告诉所有人:每个人都有自我完善的潜能,也都有自我堕落的可能。如果一个人的内在人格犹如夏桀商纣,却想要成就尧舜的智慧,恐怕只能招来一片无情嘶喊;如果一个人的内在拥有远大的志气与人天合一的世界观,那么一群看不见的"祥龙"也会时常在其头顶上方"护持"着。

现在,让我们一起来了解一下律动螺旋律在各种"心理症状"中的实际应用:

首先,于自我调心或系统的心理疏导中,在我们尚未培养出足够的定力前,以前的一些心灵业习依然会威胁到内心的平静,无常起伏的症状偶尔也还会产生,预期恐惧中的烦恼也会再一次跟我们对立。系统地自我调心并不是保证从一开始就不会面临挑战,正如刚学会开船不代表航程会一帆风顺,暴风雨还是会来,想逃避是枉然的,而且会有挫败感。因此一旦踏上了自我调节之路或寻求专业的心理疏导,无论如何都不要对结果感到焦虑,遵循自己的速度与方向前进,你只是在探索自我,而不是对抗"心病"。

其次,关于"反弹"这个现象,也是遵循了非常正常的律动螺旋原理:如果我们在以前的生活中因某个充满执着的分别知见卡了在某个念头上,或卡在了某个想不通的事情上,攀附在胸口里的那股不平衡的"嗔气"就会将它输入潜意识。一段时间过去后,潜意识为了更好地提醒"主人""拨正"错误的习性反应,会时不时地给他出这道题,看看他这次能得几分,如果"主人"还是依照旧有的解题方式(排斥、抗拒、患得患失),那么这道题的得分就会下降。当潜意识下一次再跑出来要求"主人"考试时,这个"主人"或许会更加恐惧。反之,如果潜意识给他出考题时(涌上之前的那股焦虑性能量),他能够让自心的"无明识"少一些分别知见的干扰,那么潜意识就会觉得"主人"已经往正确的方向迈进了,就会给他打一次较高的分数。如果考20次,每次都能做到减少一些对症状的"分别心",那么很快就会获得70分、75分、

80分,届时,这个"症状"或许就已经完成了自己的"使命",而后就会自讨没趣地溜走。

我们听到这样的解释时或许也会觉得很有意思,但是如果你觉得这个不是潜意识在考试,而是潜意识在发动战争,那么等待这位"主人"的或许只有无尽的焦虑与冲突了。这条定律进一步启发我们,当意识到因思虑过度导致脑袋胀痛时,请立刻遵循"少想多做""习以治惊"原理。先不要考虑太多,你不必事事都要搞清楚,散漫的思考是不能令你解困的。这个时候只需要信任"律动螺旋定律"。有些事情"上苍"会帮你自动化解,你只需要明白这个理,遵循这个道就可以了。再狂妄的念头都会经过一个升起、高潮,然后痛痛快快灭去的过程。你唯一要做的就是对这一切"见怪不怪",把暂时的躁动症状当成是非常平常的体验,就像感冒了自然会有头疼一样,只不过感冒的人都坚信症状很快就会缓解,而这种信念也正是你所需要的。

那么,在日常生活中,请不要再去刻意回避杂念,要知道人一定会有杂念,**这是无法回避的,所以完全不必顾虑杂念,因为去压制念头的这个念头本身就是最大的妄念之一**。让一些你所不喜欢的念头自由来去吧!如果你还有一定的正念(不偏不倚的觉知)能力,那么透过更加纯粹的静观与无言的温柔警觉,你的心自然会得到净化,整个过程中你只需要让自己的心念宛如坐在一棵大树下乘凉一般,什么都不用做。事实上,要消除束缚你的东西,并不需要消除性思维,你需要的只是温柔地觉察到"那是什么",而后对它说YES,不要说NO,就可以了。总之,我们对自己所体验到的一切,要随时采取公正无私的态度接受。

通过律动螺旋定律我们一定要深谙,在自我调心过程中,不仅要欣赏自己效率相对集中的状态,也要欣赏效率相对不集中的状态,因为有的时候不集中也可以成为一种短暂的休息,无论何时都要以游戏的心情去温柔地觉察自己的患得患失,也不要去排斥自己暂时的排斥感。这场无声无言的蜕变只会发生在那些不寻求结果的人身上,只会发生在享受过程的人身上;它不是严肃的,它是放松的。蜕变也没有时间表,它总是在我们没有意图的时候不知不觉地出现;不要担心日期,不要急切期盼,耐心地等待。当智慧发展到一定程度时,你会发现:**没有人可以除掉焦虑症,也没有焦虑症在控制**

人们。

自动调谐律

　　当一个人生理上疲惫时，只需要通过休息就可以获得能量的补充。同样在人体复杂精微的身心磁场中，本来也有一套自动调谐精神活动与焦虑负荷的系统，只是这套系统暂时被许多人埋葬在自己的心灵垃圾场中。那么如何恢复它的功能？第一步也是最核心的一步：闲邪存善。"邪"在此处指妄识妄念，"善"在此处指正念、中道观。闲邪存善也就是不断地去妄存真。

　　有一群"网络小鬼"唯恐天下人心不惑，每天在网络（论坛、贴吧、QQ群）上蛊惑吹捧各种负能量的迷信思想，而他们潜意识中却自谕是"善良的传道者"，但是他们传的"道"总是谈玄说奇、怪力乱神、妖魔鬼怪附体等学说。不少中学生或大学生因缺乏一定的判断能力，一旦接触了这些信息就难免不受到影响，轻者失眠数日，重者则有可能诱发强烈的焦虑感甚至情绪崩溃。

　　"网络小鬼"之所以去传播这些东西，其深层的意图也是为了自我宣泄，然而这种宣泄中带有一定社会性报复的情感，他们乐见一群生活比自己相对优越的人陷入焦虑与无助的状态，这样一来似乎也会一定程度缓解他们无意识中的社会失落感。然而这是一种人格扭曲模式，也是人性中恶的极端一面，若不自觉回头，实质上于自身的危害要重于心理疾病十倍甚至百倍。

　　哪里有作用力，哪里就有反作用力。同理，一个空虚失落的心灵若每天无情地释放各式各样有毒的作用力给"人类集体潜意识"，老天爷都会帮它记录着，若不自觉回头，待一些"缘"的聚合，业力就会将全部的反作用力无情地回馈给他，而后他的后天慧命与心性会更加螺旋向下，生命层次就会进一步降低。层次越低则福气越少，甚至不再有机会感召到福气，那么就意味着福不至，心不灵。而这个灵（智慧灵明）则相当于蜡烛的灯芯。**所以自动调谐定律在此处具体的应用方式便是闲邪存善，这些率性发泄口业的网友若能放下非中道观的异见，光明就在眼前。**

走出焦虑风暴

此外，在浩瀚无边的互联网中，还有一些老是宣传看见鬼怪或大声疾呼被"妖魔附体"的人士抑或"通灵人士"，其实多半情况下都是一种癔症症状或癔症式人格障碍的发作症状，他们潜意识中需要通过这种夸张的逼真表演来吸引他人的注意力，试图获得一种象征性的满足抑或对家族某些成员进行小小"报复"。实际上背后也是一颗严重失落的心在作怪。（注：有些情况是无意识中原始意象的浮现，非真实的鬼怪）

何为魔？魔在人类文字相中特指可以扰乱心理活动的一种"邪气"，而"邪气"往往最初生发于个体自我意识中的怨恨、不平衡、急躁、畸形贪欲、愚痴执着，这五种情识也称为五毒，而五毒本身就是导致内在大自然失序的一股台风。

人体与外界自然环境本身是一个紧密相连的状态，人天原本也是合一的状态，那么当一颗心灵对外投射各种有毒性的作用力时，这本身就是一种赤裸裸的自我诅咒或自我惩罚。一旦施加的负性作用力严重过度了，那么这颗心灵就容易与"道"失去联结，久而久之内在大自然就会呈现一片狼狈的生态。因为人天是一不是二，对"天"施加各种负性作用力，一定会吸引感召到更多的负性同类，同时也相当于彻底破坏掉内在的调谐系统。

中医认为人类必须通过掌握自然规律来顺应自然界的变化，以此保持人体内外环境的和谐。"邪气"（病气）是导致身体疾病发生的重要条件，如果人体正气不足，"邪气"自然就会占据上风，若持续占上风就容易对内在器官的正常功能形成一种干扰。于心灵层面而言也是这个道理，若内存各种不合理的"作用力"，本身就容易感召外在的"邪气"，而后二魔合一，内在的自动调谐系统就等于被雪藏。此外，若一颗苦痛心灵总是觉得自己的烦恼是在外面，那么就等于说自己彻底放弃了"反败为胜，转识成智，自动调谐"的内在第一法宝。

智者叮嘱我们的"心"一定要有真宰，见好境界，平常心看待，见不好境界，见怪不怪，不生畏惧。一如培育自己的正气与正念，那么一切'魔'也好，'邪'也好，统统都会变成你的助缘，这个道理也叫观自在，自净其意。

这个世界已经很焦虑，实际上地狱与天堂都不在外面，一切障碍在内不在外，若内在少一些扭曲的攀附心理，少一些走捷径心理，再少一些不劳而获的心理,那么不管外面有哪些"魔王",统统都拿他没有办法!佛魔皆由心生,心若灭时罪亦亡,这个"灭"针对的是过度的人欲、缺乏中道观与平等心的分别识。心灵先驱们反复叮嘱:地上地下亦无魔,只因世人离人道,学道不为人,是人在外道;学道不做人,是"魔"在毁"佛"。

闲邪存善的另外一层意思就是我们要和"恶魔"诀别,不再生发它们,依靠"善魔"的助缘不断向内看,不断发现自己的灵明。

降"魔"之路似乎有千万步,但关键就那么几步。其中第一步就是像恭敬神一样去恭敬它们的"示现"。因为有些"心魔"并非所谓的"邪气",而是"善魔",这作何解?

世人都很清楚这个世界有黑夜就有白天,有乌云密布就会有蓝天白云,有坏人就一定有好人,同样有恶魔就一定有善魔。我们已经了解到"恶魔"喻指的是"自我"因一些不合理的欲求与执着而生发出来的邪气。而观"善魔",它就如同一个临时的防御系统,为了避免个体被负能量冲倒,会暂时协助个体"通过置换机制"把这些无意识暗能量以变相的方式投射在某个地方。

善魔的"法力"远远比心灵恶魔大,因为在天地间任何时刻都是"以正克邪"。但是这个"善魔"也无法帮助个体去跨越一些障碍,无法代替个体去实践一些东西,也就是说它无法帮助个体去修炼出一些智慧,它唯一可以做的就是暂时通过一些"置换机制"让个体的无意识暗能量聚焦在一些卡点上,这样可以让那股"无意识初期焦虑暗能量"以慢性、低频的方式浮出来,虽然这是一种万不得已的办法。但如果个体可以看见自己苦痛的实相以及重新与"道"(宇宙的心)联结,转识转念,那么"善魔"就会逐步撤掉"防御机制",而后正念之光可以源源不断地射入那个充满"幽暗的心灵坑洞",并逐步填满它。正可谓大"魔"助大"佛"!

不少自助者长期对无明焦虑情绪心存怨怼与不平衡,就是在不间断地哺育一些"心灵恶魔",所以已经很难觉察到"善魔"的存在与真实助缘,他们总是把"习性恶魔"制造出来的麻烦归咎于"善魔"。这个"善魔"最初的动机只是希望提醒个体(主人)在过去做错了一些事情或者说有一些事情没有做好。它如果不跑出来"知会"主人,这个"主人"恐怕一辈子都是迷糊的,忘记了此生所需要"修炼"的蓝图。这个"蓝图"就是个体心底最深处的那份"活法"（生活与生存的艺术）。

　　大多数情况下，这个"善魔"本身所扮演的只是一个"邮差"的作用，它有一份重要的"心灵电报"要交给这个当家做主的人。然而许多苦痛心灵都误解了这个"邮差"，甚至对其施加"拳脚暴力"。而"善魔"本身也是有"法力"的，"善魔"若持续觉察到这个主人"不知好歹""无明透顶"，就会觉得如果继续吞忍压抑，似乎这个"魔王"当得也非常窝囊，于是它会看准时机施以一顿小小的"教训"。这个教训可以是失眠、梦魇、心悸、头痛、焦灼、喉咙堵塞感、肠胃敏感、漂浮性焦虑等。

　　一位好心的老人，在草地上发现了一个蛹，他把蛹带回家。过了几天，蛹壳上出现了一道小裂缝，里面的蝴蝶挣扎了好几个小时，身体似乎被卡住了，一直出不来。老人看着于心不忍，于是，他拿着剪刀把蛹壳剪开，帮助蝴蝶破茧而出。可是，这只蝴蝶的身躯臃肿，翅膀干瘪，根本就飞不起来，不久就死了。蝴蝶为什么会死去？原因是蝴蝶失去了成长的必然过程。蝴蝶的成长必须在蛹中经过一些挣扎，直到它的双翅强壮了，才会破茧而出。

　　降伏"习性恶魔"的疗愈过程也是如此，不经过精进的磨炼，"火中取莲"（在动荡中培育观自在能力），即使有最好的技术，最终也可能胎死腹中。

　　所谓"火中取莲"，喻指当各种"焦虑烈火情绪"降临时，先试着用尽自己的雅量不去转移它，而后把这种"又热又闷"的感觉，和跑步时胸口闷热的感觉做一个比对，看看有何不同。不管此时脑中浮现出怎样的痛苦画面或失落的记忆，你只是带着慈悲与中立的精神看着它们"成、住、灭、空"。继续自然地呼吸、温和地谛听，而后会不知不觉地进入澎湃的感受之海，且与疼痛合而为一。那时令人惊讶的事情发生了，你与恐惧之间的间隙消失了，不再有对立感。那个被伤害的"我"也不见了，只剩一个单纯的经验而已。

　　一旦有了几次"火中取莲"的成功觉察经验，而后底气就会上升，"自我"就会愈发坚定：日后不论身上产生什么感受，自己就仅仅只是个沉默的观察者，清明地观察此刻在"我"的身心当中到底发生了什么事，而不再对它产生贪嗔等反应。那么，一些焦虑情绪或恐惧性意念所具有的能量就会在短时间内消退。而这些自然的造化机制都是心灵自动调谐能力在起作用。

　　我们都知道树木有树木的造化规则，鱼儿有鱼儿的造化规则，人性有人性的造化规则，这些都被一股无形中的神奇力量制约导引着。笔者认为，任何一颗创伤心灵，只要深谙四大成长定律的自然法则，而后依靠科学的"阳谋"（此书中所分享的各式辅助性平衡法）逐步释放掉"幼年无意识残留情感"，再训练出一定的正念觉察的能力，就可以有机会慢慢走上由浊变清的神奇修复之路。

我们有体验焦虑风暴的智慧，就一定有走出焦虑风暴的智慧。

擒贼擒王

兵法认为攻打敌军主力时,最好先捉住敌人的首领,这样就能瓦解敌人的整体力量与意志,而敌军一旦失去指挥与意志,就会不战而溃。其意思是:在解决事情时一定要抓住关键,先解决主要矛盾,其他的细节便可以迎刃而解。在自我调心(调节焦虑情绪)与长远的心性提升过程中,有一些习性不仅会影响心灵磁场的聚气,也会持续耽搁进一步认识自我的品质。这些习性看似不是所谓的"情绪症状",但却是许多情绪的同谋者与驱动力之源。

《孟子·离娄上》中的思想,把"诚"作为沟通人天关系的基础,认为人的得天之道就是性。天人合一的途径则是"唯天下至诚,为能尽其性;能尽其性,则能尽人之性;能尽人之性,则能尽物之性;能尽物之性,则可以赞天地之化育;可以赞天地之化育,则可以与天地参矣"。所谓的"尽其性""尽人性"就是要充分地认识和扩充人的本性,去掉一些不良禀性,最终到达与天、地并立为三的境界。

我认为一个人若能适当约束自己的一些不良习性,本身就是在扩充人生来固有的智慧本体,也就能进一步认识到自己的内在力量与品质。此外从心理治疗的角度而言,善于认识与调和自己习性的心灵,不容易被一些阻抗机制持续蒙蔽,而且其蜕变进程会加速来临。根据长时间的分析比对与观察,我们如果先管住一些习性,最终就容易降服"心魔",我们的心也就容易在该停的地方停下来,这个也叫"知止"修为。所谓的"知止",就是该停的时候要学会停一停,该律动的时候就要保持弹性。如果把心停在不该停的地方,似乎也是一种"止",但这种"止"是对心性有妨碍的"执着"。反之,如果把心停在该停的地方,这样的自我调和就是上苍所乐见的一种持守,亦是"无所住"境界的重要辅助性修为。

那么,如果把一颗心灵的蜕变程序比喻为一株花卉的播种、开花、结果的过程,那么"知止"就是播下种子的最关键过程。因为若无播种这个环节,后面一切所谓的造化过程很显然都是空谈。根据多年前对"儒道释"哲学文化的理解,再结合多年来对事理与人性的把握,提出三点对一部分心灵极具参考意义的"擒贼先擒王"策略,仅供参考。

一、少说妄言废语。许多人早已经深刻认识到每次"东扯西扯""大话西游"后,总是会留下一些"后遗症",要么是隐隐约约地觉察到自己说了太多,已经给人留下不稳健的感觉,要么是很明显地感觉到自己说漏了。我不是否定言语沟通的现实性意义,而是建议若有志于进一步认识自我的心灵,在日常生活中尽可能少说一些"废话"。文字与言语是可以聚能的,我们看到一幅书法大家的恢宏书写,总是心生愉悦,而当我们看到一些污秽之语时,也总是感到气血浮动。因此所谓的废话,就是指会影响或破坏自己内在"中和之气"的无用之语。

一个人每天说太多废话,很容易内耗掉许多精气神,总是容易感到体内中气不足,呼吸节奏短促,也十分容易震动自己的一些经络,久而久之便会气血紊乱。生活中有人稍遇到不顺或看不惯的事情,便会气话连篇,致使气火攻心、肾水积郁,后脑勺或太阳穴两边总是有紧绷或紧箍的感觉,这些体觉不适都是因为废话太多,造成心气运行早早偏离中和的轨道。

许多心灵先知告诫世人,平日说太多废话以及爱闲谈阔论的就是在播下不好的意业。《道德经》启蒙世人,善于说话的人总是信任"一默如雷"的力量,同时言出必行,言出必准。而不善于说话的人,总是躁动比较多,经常轻诺寡信,瞒天过海。此外,老夫子还额外叮嘱:美言不信,信言不美。诚然,颇多智者都认为说废话不仅造口业,同时也造意业。话多伤气耗神,损伤能量,非常不利于自我人格修炼。平时尽量不说废言妄语,要说就说一些有用的话,这样可以省去自己和他人的许多时间。

现代人因为受各种浮躁文化与快餐文化的侵袭,推崇所谓的夜生活,美其名曰调剂精神健康,实则借由"说废话"以求得假惺惺的自我宣泄或自我平衡。和友人约好碰面后就开始上演各种拉家常，话题无非就是张家长、李家短、婆婆坏、老板懒，抑或八卦他人的私生活，总是说长道短，搬弄是非。俗话说："来说是非事，必是是非人。"私底下或台面上爱说是非或议论他人的，属分别心和嗔恚心，仍在造妨碍幸福的恶因，一不小心还会"祸从口出"。所以，如能适当约束自己的口业（喻指不当言语的反作用力），让"口"当好"心"之门户，就能减少一些不必要的灾祸，同时又杜绝了攀缘和恶语伤人的习气。

　　许多智者在心性与人格的修为领域也婉转地建议世人，**多说不如少说，少说不如不说，不说不如无话可说，无话可说似乎已经意味着一切通达**。在一些智者们看来，止语的威力与效度是很强大的，很多人不得其义，硬邦邦地以为止语就是压抑，这是认识上的误区。

　　二、对外莫理想主义。这里的"对外"特指一个人在做事情过程中的心态。有许许多多的情绪都是因为个体事前事后患得患失太多。对于这些犹如给自己绑上了缰绳的心灵，有时候早已注定不论其做出怎样的决定，总是会有不满意的自我批判，总是会有这样或那样的马后炮心声。**我鼓励做事前经由一定的慎思后就不要再去攀缘，也不去想尚未发生的事；只管认真去做而不求结果，不求完美；做完事之后立即放下，不再想它**。正可谓但问耕耘，不求结果。如能做到这三条，等于无念，亦是动中禅定的一部分内涵。

　　理想主义源自于早年的自卑情结所发展出来的不切实际的自我代偿，这种代偿的方式又往往有点好高骛远，如同潜意识中认为不领先他人一截，就注定要被批判似的。所以，总是会紧张，有冲突。诚然，从系统完形的角度而言，认识一个人必须要了解他所处的环境。有许多事情的造化过程的确不是"你"一个人的事情，而是三个人的事情。其他两个分别是老天爷和你的家庭。家庭就是无形中在背后给予你更多能力的原动力之一。有些人下班后，带着相对疲惫的身心，看见另外一半没有按照自己的意图做一些事情时，就对其大呼小叫，抑或神经质般地质问这个，质问那个，时间久了不仅影响另一半在职场奋斗的志气与精进心思，同时还会影响到家庭后代的身心健康。所以，把家庭经营好，将一些价值观上的摩擦调和好，而后在生活上不要处处追求完美。尽人事，听天命（顺应自然规律），"老天爷"根据你的德行修养，冥冥中自有合德的主张与加持。这不是迷信，而是一种坦荡荡的中道情怀。不论从事哪个行当，若要精进向上，一定要养成灵活、果断的特质。反之，优柔寡断的气质会影响一个人的潜在静心品质。

三、对内要诚实。我们对内能够诚实地自我表达，对外就不会有各种欺诳、伤害、破坏。长此以往，精气神不会经常被自己的欲火霸占，那么不仅心中能够常驻安宁，于该放松的时候也容易自动放松下来，同时还会时常感应到"福至心灵"。其通俗之意就是，若内在空间经常居住着"诚意"，那么心就容易正，那么正气就容易从丹田处扬升，这样时时充塞着正气的心堂就容易感召福气的到来，而后福气和志气相交融，就会变成彻头彻尾的浩然正气。一些东方哲学经典中所讲的"金刚法身"的一部分内涵就包括这股刚健中和之气。时时长养好这股中气，才有助于精神实体层面的净化。

所谓的对内诚实，这个"内"就是自己的"灵明"，也就是心的根本良知。这个良知无善无恶，非二元对立，实乃和宇宙万物融为一体的整体心识。对于内在的根本良知而言，它需要依靠个体所积累的正气和福德来启动，启动一段时间后，就会自动在周身培育出阳气，而后这股阳气越来越充沛，那么我们就有了进一步向内探索的厚实基础。这样一来就更加有机会见到自己的本心。同时，外面世界的各种"阴气""邪气"（特指小人谗媚、他人毁谤、无常挫折、因果兑现、人情世故上的意外变动等）就不容易影响到我们。

《黄帝内经》开篇就讲"正气内存，邪不可干"，这正是老祖宗们长期总结出来的预防未发之病的首要叮嘱。许多人对外境的各种无常变动容易心生气火，而后气火攻心，气血紊乱或逆行，长此以往肾水积郁，肝胆中气匮乏，就容易引发各种慢性身心疾病。稍有常识的人都会明白情绪和健康之间的辩证关系。如果对内不诚实，说一套做一套，前后总是变来变去，同时总是被自己的过度阴私欲火所摆布，那么存心就会不正，对外就容易不经意间做出一些干预他人内在空间的事情，抑或做一些损人利己的事情。久而久之，业种越来越多，福德越来越薄，灵明的"阴气"越来越厚重，那么就会呈现出一幅"病怏怏"的精神面貌。

许多自谕善良的人，其实内心有诸多不净的心思，比如看见他人开豪华轿车，便心生失落与嫉妒，这本身就是一种"恶"；私底下总是议论是非，抑或

走出焦虑风暴

下意识地通过各种故事来贬低他人抬高自己,这本身都是一种"恶"。表面上看起来雷厉风行之人,未必是恶人,表面上看起来总是满面春风的人,未必是善人。

在烦恼世界,有一部分心灵是偏善的多,有一部分心灵是偏恶的多。偏善之人,有较好的克己修养,对一些正见智慧总是一听就能有所领会,经由精进踏实的体悟,其生命中将会有越来越多的光。反观深层习性偏恶之人,总是不停地抱怨外在、抱怨父母,总是不停地嗔恨这个、嗔恨那个,总是希望有人无条件地对他施舍或替其受苦,而自己对周遭世界极少"施舍"过正能量。稍微遇到不合乎自己习性的事情,便在网络上散布污言秽语。对这些心灵而言,黑暗已经在那里,阴气没日没夜地"奉陪"着。那么,于这样的内在空间,能否感召到与正能量有关的东西?答案是绝对不可能。除非勇猛地掉头、反思、发露忏、釜底抽薪,而后逆流而上。

在心理治疗领域,对内诚实的人,即便早年因为一些"历史卡点"而导致心灵沾染了一些焦虑、强迫、神经衰弱等顽固心业,只要遵循自然法则与调心正理,抑或借由一些科学的心理疏导和专业心理治疗师的建议,大部分人都有机会逐步恢复心理功能与社会功能。

子曰:"知及之,仁不能守之,虽得之,必失之。知及之,仁能守之,不庄以莅之,则民不敬。知及之,仁能守之,庄以莅之,动之不以礼,未善也。"

也就是说:关于修心、修行、修炼的知识,一颗心灵倘若已经完全了解,但对内对外却没做到真诚仁义的行为,这样虽然暂时看起来有些道理上的收获,但因为光说不做,最终必定还是要失败的;修心、修行、修炼的知识已经通透,仁义也能做到不少,但因为还有一些偏见和小聪明,所以和外界打交道时还是显得不庄重得体,那么他人也就不能在他身上学到什么是诚敬的心;修心、修行、修炼的知识已经通透,仁义也能做到不少,与人相处或打交道时也能保持一定的庄重与得体,但是在周旋的节度上还是不够诚心、礼遇,因此也未必能尽善尽美。因此,在圣贤们看来,修心、修行、修炼要涉及诸多层面,才能获致相对圆满的结果。

观照心头情绪的气机实相只是为自我修炼确立一个正确的基础而已,接着秉承一份对自己诚实的良知,于社会角色的岗位上先把手头的本分事情做好，不论你从事何种工作，在这份工作中多从系统观的角度去一点点地落实仁义礼智信，并且尽可能地多释放一些正能量，不要总是抱持不劳而获的邪逸习性。儒道中所提倡的真正修心、修行、修炼，是要内外兼修，唯此才能在法身之中生发出浑厚的阳气来，这绝非在那边装装样子就可以了然之事。

古人讲积阴则沉，积阳则飞。凡事都是日积月累而成，如同合抱之木生于毫末。天下没有白吃的午餐，任何一个人在自己的工作岗位上累积多少正能量，就有多少阳气。**如果一点正能量都没有布施，只知道索取，不乐意付出，那么就几乎不能长养多少阳气，于周身全是心机重重的"阴气"，何来实相与正气可言。**事实上，在自己的工作岗位上多释放一些正能量，不仅不会影响到个人的收入，反而一些潜在机遇与"名利财"等副产品会自动滚滚而来。这些副产品仅仅只是个体遵循了一些定律获得的合理的"恩典"，受之亦无愧。

若没有重视与加强领悟以上三条，一个人不管学哪种成长哲学，效果都是不佳的。同理，在自我综合调心领域，若没有重视以上三条"基桩"，不管修心多少年，充其量只能得到一些禅悦，许多甚深的内涵恐怕一点也得不到，统统都是在门外瞎修盲炼。这就是为何有些人自诩学习传统心灵文化十年了，但依然只停留在非常肤浅的理解与收获上。

孟子说："天下万物皆备于我，反身而诚，乐莫大焉！"意思是说，想要达到拨云见日、溯本还原的目的，其一切的配备，慈悲的老天爷早已经周密地为我们准备好了，它就隐藏在你的身体里面，只要你懂得往内去寻找、去观察谛听，并且对自己诚实，不造作，多发动一些阳气，那么就必然会发现一股源源不断的幸福涌泉。"反身"就是叫你往里面去寻找，"而诚"就是叫你放下妄念与不诚实的造作心思，抑或各种自私自利巧取豪夺的心机，这些都做到才叫"知止"。

"知止"两个字，就是放下妄念，就是放下不合乎心气自然运转的执着心。因为唯有"知止"，才能护持着任督二脉与中脉气轮的神奇造化。唯有"知止"，才不会挑动丹田气血，造成内在气机运行的紊乱。人们的气血一紊乱，任督二脉就逆行，所谓的剥阴取阳就变成剥阳取阴。气血的运行必须在无妄念干扰的情况下，才能够依乎本性的造化规则去运转，唯有依乎本性的规则，才能够启开剥阴取阳的自然功能。（以上部分观点源自台湾张庆祥先生的启蒙）

其实，一旦我们懂得了"知止"的修为，而后体验静坐、动中禅修、瑜伽冥想、太极拳等时就容易令个体放松下来。在充满压抑的生存道途中，一颗心灵唯有能够常常令身心松弛下来，大脑神经才不会一直处于抑制与疲劳的状态。道理总是如此简单明了，但去用心护持的没有几个。许多人依然幻想着一些所谓的盖世秘籍，似乎某某指导师若不来点谈玄说奇的调调，就会被武断地认为其学说不值钱。其实，所有复杂的说辞最终都是为了守护那些简单的道理，这些道理甚至越单纯越好。

《道德经》启蒙："图难于其易，为大于其细。"指的就是这个道理。对一个"小学生"而言，若连最简单的算术题都解不了，拿什么本事去掌握函数？

对于"小学生"而言，修心、修行、修炼最简捷的程序就是修知止、松、静、定、慧。由知止而松，由松而静，由静入定，定能生慧，慧为所用，妙用则通本心本性。环环相续，前为后基，修出知止的功夫，自然无求而生慧，而慧总是和明心之道有关。因此都市焦虑人群只要长期静心养气、正念体察、站桩锻炼，并多看一些儒家经典，就容易体验到知止后的禅悦，而后量变到质变，达致属于自己的"小开悟"也并非难事，必能自然流露纯真之心。

补充：性理之学的应用之道

智者说，当一颗心灵不被起心动念的习性所转动，那么定数就会改变，心业的阻力就会减少，不可不察也。反之，宿命有时候也的确是存在的，或许习性就是它的源头。以下整理了清末儒道大哲人王凤仪部分化性调心的良言，通俗易懂。从现代心理学角度与社会心理学角度而言，有着极高的科学价值，它们或许就是烦恼背后的根本习性，因此我们迫切需要学习擒贼先擒王的哲学。

1. 有一位前清考中的秀才说："古人说书内有黄金，我已中秀才，还是受穷，古人把我骗了！"我说："你读了很多书，实行了几句呢？你若不照书行，不是古人骗了你，是你把古人骗了！"

君子无德怨自修，小人有过怨他人。嘴里不怨心里怨，越怨心里越难过，怨气有毒，存在心里，不但难受，还会生病，等于是自己服毒药。人若能反省，找着自己的不是（错误），自然不往外怨。你能，不怨不能的；你会，不怨不会的，明白对面的人的道，就不怨人了。现今的人，都因为别人看不起自己，就不乐。其实我这个人，好就是好，歹就是歹，管别人看得起看不起呢！只是一个不怨人，就能成佛。现在的精明人，都好算账，算起来，不是后悔，就是抱屈，哪能不病呢？

2. 禀性（怒、恨、怨、恼、烦，又称气禀性）用事，鬼来当家。因为生气、上火，一定害病，生病就是被鬼给打倒了！正念一生，神就来；邪念一起，鬼就到。可惜人都不肯当神，甘愿做鬼！火是由心里生的，人心一动就生火。一着急，火往上升；一动念，火向外散。若能定住心，火自然下降。不守本分的人，有额外的贪求，火就妄动。若能把心放下，不替人着急，就不起火，该有多么轻快！

3. 木性人招难，火性人受苦，土性人受累，金性人受贫，水性人受气，像聚宝盆似的，内里有什么，就聚什么。太上说："祸福无门，惟人自召。"一点也不错。所以我说，好事歹事都是性子招的。

常人的性子都有所偏：偏于火的争理，偏于土的欺人，偏于金的伤人，偏于水的厌人，偏于木的顶撞人。能化除这一偏之性，自然得道。

阴木性人，抗上、不服人、好生怒气。怒气伤肝，头迷眼花、两臂麻木、胸膈不舒、耳鸣牙痛、瘫痪中风。

阴火性人，急躁、争理、喜虚荣、爱面子、好恨人。恨人伤心，心热心跳、失眠癫狂、音哑疔疮。

阴土性人，蠢笨蛮横，疑心重，好怨人。怨人伤脾，膨闷胀饱、腹痛吐泻、虚弱气短。

阴金性人，残忍妒忌、虚伪好辩，好恼人。恼人伤肺，气喘咳嗽，肺痨咯血。

阴水性人，愚鲁迟钝、多忧多虑，好烦人。烦人伤肾，腰腿病痛，遗精阳痿。所以说，生什么性，就得什么病。

4. 我所讲的性存天理，心存道理，身尽情理，和佛家的三皈，道家的三华，儒家的三达德是一样的。佛家的三皈就是性、心、身。性存天理皈依佛，心存道理就是皈依法，身尽情理就是皈依僧。道家的三华就是性、心、身。

性华开天理足,心华开道理足,身华开情理足。儒家的三达德就是性、心、身,性存天理有仁,心存道理有智,身尽情理有勇。

三界就是三教,儒家从立命作起,道家从练身作起,佛家从养性作起。

性存天理要柔和,心存道理要平和,身尽情理要蔼和。

性要服人,不服人伤性。心要爱人,不爱人伤心。身要让人,不让人伤身。

性心身三界不太平,是因为三界中有三个贼,一禀性,二私欲,三不良嗜好。要想三界太平,就要用天理捉拿性中的贼,用道理捉拿心中的贼,用情理捉拿身上的贼。

三皇是天皇、地皇、人皇,人说是上古的三位皇帝,我说天皇是玉皇爷,管人的性,人要是动性耍脾气,天就降灾;地皇是阎王爷,管人的命,人要是坏了良心,违背伦理常道,地府就降病;人皇是人皇爷,管人的身,人要是犯罪,国法处罚。三皇管人的性心身三界,是为了叫人学好。心里寻思别人不对是心病,性里常发脾气是性病,心病引起性病,性病必引起身病,能反过来病就好了。

性界清没有脾气,心界清没有私欲,身界清没有不良嗜好。性不清没有福,心不清没有禄,身不清没有寿,所以要清三界。三界的病我全会治,必须分开三界、清理三曹。身无不良嗜好,身界就没有病,心无私欲,心界就没有病,性无脾气,性界就没有病。心性的病,非用道治不好,吃药是没效的,可惜人都不知道!人生要是就是去贪、去争、去搅,贪的亏天理,欠天上债;争的亏道理,欠人间债;搅得亏情理,欠阴间债。

5.讲佛经的人说人死后要入六道轮回。我说六道轮回都在我们身上呢,何必向外求?人的持身行事,用志的便是佛道,用意的便是神道,用心的便是人道,贪取外物、不顾情理便是物道(畜生道),专好上火的便是妖道,专好生气的便是鬼道,这六道每天都轮回到我们身上,何必等死后呢?

佛说有三千大千世界,我说有四大世界,得道的人一眼就看出是哪一界的人。以身当人的,不论做到什么地步也是个破败星;以心当人的,不论怎么干,也是个操心人;以意当人的,不论事情怎么多,也不累心,是位活神仙;以志当人的,不论遇着多么逆的环境,也不动性,就是一尊佛。

有所忧患则志倒,有所恐惧则意倒,有所好乐则心不正。有所忿(愤怒)

则身不正。

苦极生志,乐极生意,真了就是佛,假了就是魔。有病就是地狱,贪心就是苦海。

会使用志的人,越遇逆境越乐,会使用意的人,意念多大,义气也多大。

心中有累就是命中有累,事实上必有累事。

不高兴是生心眼了,像皮球似的,有针鼻大小的眼,就漏气了!性是本、志是根,是万事万物的根。根像雨似的,无雨本来无心,可是酸梨得了必酸,甘草得了必甜,志在天地间,也像那雨一样。

死心才能化性,禀性化了而后意诚,意诚而后志诚,这是一定的道理。

禀性化了就是意,我们化世界,轻则用意,重则使志,能够用志的,万世罪孽一笔勾销。可是魔来了,你可得定住,稍微一动,便是种子。

把一切假事看破,自然成真,天堂没有坏人,地狱没有好人,苦海没有真人,佛国没有假人。用志当人是没说的、不变的,你欺负我、骂我,也是成我。你假、你诈,也是成我。

以志当人就是个真人。若是老公公被儿媳妇骂了,便该立志说:"你要能骂动我,算我当不起公公。"能这样定住就是佛,是佛就有神来保护。以意为主就是个乐,乐就是神。

各教圣人,没有不是以志为主的。我听说,孔子在陈绝粮,仍然是坦荡自如,弦歌不停。又听说,耶稣被钉十字架,三日复活仍救世人。他们这种精神,是不是一样呢?所以我说各教的形式虽然不同,可是精神是一样的,若是分门别派就不对啦。当今之世,诸天神佛,全在人间,可并没有投生落凡。夺谁的志,谁的灵就来。学哪位神佛,哪位神佛的灵就到;学哪位圣贤,哪位圣贤就来。遇着什么事,就学什么人。像挑取花似的,挑取一个作一个。孟子说,人皆可以为尧舜,就是叫人夺志,平常人要不夺古人的志,终究是个平常人。

真到了志界,半点火气也没有,只剩真乐啦!

6.人有三命:一天命、二宿命、三阴命。性与天命合,道义就是天命;心与宿命合,知识、能力、钱财都是宿命;身与阴命合,禀性就是阴命。把这三命研究明白,你若用好命,你的命准好。命好与不好,在乎自己,哪用算命呢?

"不知天命无以为君子",不知人不能"达彼岸"。知人的好处是知天命,知人的功劳是知宿命,知人的禀性是知阴命。知命的人才是君子,好动禀性(耍脾气)消天命,好生怨气请宿命,好占便宜长阴命。天命小,要会长;宿命小,要会增;阴命大,要会消。命小要会长,命大要会守,就是"天权在手"。

人都是没有为众人的心,只知为己,所以才糟的。孟子说"修其天爵而人爵从之。"可是人一得了人爵,就不再修天爵啦!修德行是长(掌)天命;学习技艺、多积钱财是长(掌)宿命;善用宿命的长(常)知足,能消阴命;不会用的长阴命;只有长天命,才可以消阴命。现在的人,只知用阴命,重宿命,不知道长天命,又怎么能明白天道呢?

香瓜,苦的时候正长(掌);天命,苦的时候也正长。

不说人的不对,是消阴命。若能忍受大侮辱,便消许多阴命。

7. 人落在苦海里,要是没有会游泳的去救,自己很难出来,因此我立志要救人的性命。救人的命是一时的,还在因果里;救人的性是永远的,是一就万古,永断循环。所以救命是有形的,是一时的;救性是无形的,是万劫不朽的。人性被救,如出苦海,如登彼岸,永不堕落。

人被事物所迷,往往认假为真,那叫看不透,所以才说人不对,和人生气上火。其实是自己看不透,若能把世事看透,准会笑起来,哪能和人生气打架呢?我当初看世上没有一个好人,我就生气,气得长了12年疮痨,几乎没把我气死,直到我35岁那年正月听善书,才知道生气不对,对天自责,我的疮痨一夜工夫就好了,立刻出了"地狱"。

能知人的性,才能认识人;能知物的性,才会利用物。这是和天接茬。什么样的人,就存什么心,说什么话,办什么事。你要是看他不对,不知他的性,不明他的道,准被他气着。就像屎壳郎好推粪球,黄皮子好吃小鸡,争贪的人,好占便宜。

我受种种打击,立志不生气、不上火。被人讥笑,也不动性。气、火是两个"无常鬼",能把他们降伏住,使火变为"金童",气变为"玉女",不受他们克,那就是"佛"。

8. 逆来的是德,人需要认识,吃了亏不可说,必是欠他的。众人替你抱屈,你就是长命。若是无故挨打受气,也是自己有罪,受过了算还债,还要感激他,若是没有他打骂,我的罪何时能了?我说小人也有好处,是挤兑人好的,从反面帮助人。

受了受了,一受就了。受罪了罪,受苦了苦。没孽不挨骂,没罪不挨打。逆事来了,是给你送德来的,不但要忍受,还要感激他。

一切事没有不是从因果来的,逆事来了若能乐哈哈地受过去,认为是应该的,自然就了啦;若是受不了,心里含有怨气,这件事虽然过去,将来必有逆事重来,正因为受而未了的缘故。

凡是对面来得,都是命里有的,所以遇着不如意的事,不对头的人,要能忍受。孔子在陈蔡面临绝粮,耶稣被钉十字架都没怨人,那才是真认命,真认命才能成道。

人欺人,天不欺人。天加福是逆来的,若是遇着逆事,自己立不住志,那就半途而废了。

金刚是最硬的东西,所以要立金刚志。愚人受人侮辱,或被人斥责,不以为是加福,反而生气,是刚倒了!明白人好和愚人生气,是刚炸了!不倒不炸才能立住金刚志。

练透人情,就是学问。要在亲友中去练,练成了就不怕碰,像砖瓦似的,练透了就坚固。练不透的如同砖坯子,一见水就化啦!

要想明德,必须性圆。要想性圆,必须死心。能做个"活死人",性就化啦。

舍钱不如舍身,舍身不如舍心,舍心不如舍性。人能舍掉禀性,就算得道。所以我教人化性,是一救万古,性灵不昧。

卸下完美

在许多焦虑的人内心深处埋藏着一个防御机制,它通常只乐意接受内心认为美好和愉悦的经验(感觉),拒绝被头脑知觉认为是妨碍和不适的经验。由这个机制引起的极端心态,就是喜欢自我否定与过度的完美主义。**完美主义之所以变成"心魔"的能量库之一,主要是因为我们还没有转识。**在这个充满心物阴阳辩证的无常世界里,有许多看似矛盾的事情只需要深刻地领悟"道者,反求之"即可。

对待完美主义这个"内在小孩",不能率性地骂,不能破坏性地直接否定,更不能无原则地让它从你的世界中即刻消失。因为此时此刻它也是"超我"的一部分,你需要去尊重它。只需要一个深深的回头,一个深深的"拥吻"就可以创造出机会,让它走上自己应该走的舞台,唯有以这样的无为方式才有"爱",有爱就有"光",有"光"就有"明"。而没有爱的方式,将充满"杀戮"与"混乱"……

完美主义源自于"自我"内在挖掘"自信"的能力不足,抑或当"超我"发现"自我"价值感不足时而产生的一种理想式的代偿主义。那么当下最需要做的就是学会在完美主义这股"心瘾"浮现时,立即用无条件的"爱"来宽恕自己。

我认为,唯有本心本性中的那份"爱""臣服""涵容"的力量才是自己的"上帝"或"真主"。在生命中的某个阶段,能够宽恕自己内在那几根"软肋"的人,才有资格获得"自信人生两百年"的入场券。

现在请你找个安静的地方花15分钟时间做一道有趣且实用的冥想应

用题：

1. 想着某个令你觉得罪不可赦的状态：也许你无法原谅自己是个苛刻、挑剔、掌控欲或完美欲较强的人；或者无法原谅自己曾看不惯别人；也许你恨自己的脆弱；也许你恨自己有时无力承担风险而浪费了施展抱负的各种机会；也许你恨自己时常习惯性吞忍，却假装处处体面；你也可能对自己有时的"鬼迷心窍"、傲慢、妒忌、嗔恨心感到恶心，以致以偏概全，将自己全盘否定。

2. 安静地自我沉思：

为什么你觉得自己很不完美？

为何要选择自卑？

你难道真的是一个毫无独到优势或天赋的人吗？

3. 闭上眼睛，把手放在胸口，请允许自己感受稍后浮现的情识的能量。

4. 更深切地问自己，为什么会出现这些令自己无法接纳的状况。假使你对香烟、网游、婚外情、酒精、名牌衣物、苹果手机、马不停蹄的旅行有瘾，想一想你到底要满足什么。或者说，你到底想安抚什么恐惧。靠食物、酒精、名牌、购物、外投射来转移不安，是不是源于那份曾经的失落感？

5. 随着潜藏在完美主义背后的失落愈来愈明了，请允许自己直接体验它们在体内和心中生起的感觉。这种感觉如同一股在天地太虚中飘荡的"风"。

6. 请把你此生所有最真挚的爱拿出来，对完美主义这个"内在小孩"说：对不起、请原谅、谢谢你、我爱你……（注：看着它，觉照它，一定要真诚，真诚面对就能"穿越"。源自《零极限》一书）

7. 在体悟中，你可能会觉得自己好像听到了一些不舒服的内在声音，以致实在没有能力也不想宽恕自己；也许你相信自己是一个彻头彻尾不值得被爱的人，甚至怕自我原谅之后又会重蹈覆辙；也许你害怕敞开心扉之后，就不得不面对真正的自己。而这正是你无法忍受却要穿越的卡点。

8. 当这些疑虑和恐惧正在产生时，就以自性中与生俱来的那股"悲悯心"承认、尊重、接纳它们，然后以充满爱与感恩的方式跟它们说："来吧，孩子们，尽情地展现你自己吧！我爱你，谢谢你！"（无分别地谛听）

这个自我意象沟通的游戏还没有结束，因为释放完美主义除了宽恕自

己,还需要宽恕他人,请接着往下看:

现在请你安静地半躺在椅子上,观想你最近曾被某人拒绝、指责、奚落或委屈的经历……

1. 此时请不要批判自己,注意你是否还在嗔恨或责备那个伤害你的人,你是否已经把他拒于这次自我心灵对话的心门之外。

2. 回忆一下让你感到特别受伤的情形,例如:父母脸上愤怒的表情;某个朋友说了一些刺耳苛刻的话;信任的人竟然利用自己;伴侣气冲冲地跟自己顶嘴的那一刻;领导无端的怒火;被一辆汽车的后视镜刮了一下,司机还骂了你一句;在网上购物买了一个价格不菲的假货;被某银行基金经理忽悠了一大笔钱去投资,结果被套牢;到医院做了几万元的激光嫩肤,结果反而长了几颗雀斑;经常讨好婆婆,却不被她喜欢与肯定;下班后辛苦做家务,带孩子,老公却在婚恋网上找"知己"等。

3. 觉察心中生起的感受(悲痛、羞辱、嗔恨、恐惧),以宽心、仁慈、正念的态度体验这些感受,让它们在体内和心中尽情展现。(注:这样做的目的,是释放"未完成事件"的残留情感,请不要逃离)

4. 继续跟自己说:你到底有多强烈?(注:面对就可以化解、穿越)

5. 现在,仔细觉照伤害你的人,感受一下他行为背后的那份恐惧、伤痛或无知,可能正是这些无明与所知障导致他伤害了你。

6. 你继续闭着眼睛,须自我观想明白:他只是个不完美的人,既脆弱又真实。他内心其实也有很深的恐惧与无明……所以才有那种"强势""冲动"的习性反应与口业。

7. 感受此人的存在,默念他的名字,并献上宽恕之语:"我感受到这些无明带给你的麻烦,你是一个和我一样甚至比我还痛苦的人,相信你在某个时点,同样可以轻而易举地开启这份自觉的能力,同时感谢你的示现,让我做了一次功课,感谢上苍再次考验了我的气节与'忍辱定力'。"倘若现在无法宽恕此人,就对自己说:**"当我无法忍受他人的缺点时,正是因为自己也无法宽恕自性中隐性的不净思想与阴暗面。"**

8. 持续觉察自己的感受,重复宽恕的言语,直到升起"爱"与"接纳"为止。(注:在清明的中道观中,能够感受到自己的"软肋"本身就是一种幸福与转机）当你愿意试着宽恕自己与他人的"小我"，你的胸膛就会有一束你看不见却真实存在的"白光"照射进来，阴云就会逐渐散开，正气日渐浩然，而后人格魅力与福运就出来了。

能够欣赏不完美的事物才是真正的完美，有品位；能够用爱转化完美主义，它很快就会变成你的一股正能量。世间万物都存有一些瑕疵，否则它自身也无法独立存在。你要欣赏自己的柔弱部分，你也要欣赏阳中有阴，那才是大道的本质属性；你只要耐心觉察，便会发现身边的每一个人都没有多少缺点，只是有更多特点；你不能用"非阴即阳"的偏执标准去寻找你的伙伴、伴侣、导师。另外，每一个人的命运中，都有独一无二的天赋与造化安排，你只需要让"傲慢"的"小我"学会臣服，学会谛听，学会系统的中道观……

从今往后，你一定要知晓，各种人际关系中一旦浮现出自责、自卑、自恋、自大或代偿式的优越感时，请不要急着去"杀戮"它们。因为企图靠驾驭烦忧来化解烦忧是没有用的，你若假定焦灼情绪需要被驾驭，这等于是助长了它的威力，真正的解决办法是在"中道观"中以爱来驾驭，完全臣服即是爱。你越是想要去压制完美主义或排斥自己的完美主义，就表示你越怕这个"内在小孩"，你在执着于取舍，这种知见等于是助长"超我"的威力，那反而会加深"自我"的痛苦。简言之，不论我们面对何种不快的"超我"情绪，要以"爱"来驾驭，用"爱"去涵容它，用宽恕的雅量去谛听它，让那"气机"自由地起，自由地落，而不给予任何分别取舍的知见，这才是真正的"爱"。

自我朗诵，强化潜意识

人自出生就带着一股纯净神圣的能量，但是在其生命的旅途中渐渐被各种恐惧的教育污染了，逐渐忘记了自己生命能量的源头，忘记了自己内在的声音，变得离"真我"越来越远。原本纯净喜悦的赤子之心在长期压制式的教育下变成了敏感、多虑、完美主义等次人格特质，它们慢慢地积累在我们的身体里，积累在我们无意识的心智里。以下一些语句请反复阅读，这样有助于将正能量输送到潜意识中，进而强化卸下完美主义的正见。

1. 当你不再想证明自己具有"优越感"的时候，才是"大我"跑出来工作的时候，也恰恰是感应自己内在觉性的时候，那个时候真正的本然之美就跑出来了，你根本不需要证明自己什么。

2. 这一秒钟的你已然那么优美！你如果去询问自信的长者，他们会毫不犹豫地告诉你，他们一定没有去追自信这个"情人"。他们只是做他们自己罢了，他们只是如是、如实地呈现自己的"本尊面目"！

3. 你究竟想要证明什么呢？你认为有一天买了百万元的车子或千万元的别墅就会告别自卑了吗？我们一定要明白：**在这个世界上，究竟有没有一棵树需要证明它是树呢！有没有一朵白云需要证明自己是白云呢！**

4. 你平时的各种伪装与取悦他人的行为究竟是想要证明些什么呢？你是不是想要证明你的大腿比别人更像大腿？或者证明你比别人更像人？你是不是也想证明你身上具有牛的血统，只因你从小到大喝的都是最好的进口牛奶，而理应牛气冲天？

5. 你买那么多名牌衣物，那么喜欢出国镀金，排队购买奢侈品以及一代又一代的苹果手机，你还那么喜欢在空间晒美照，是想要证明你比别人更有吸引力？

6. 你一定要明白：一个人追求优越感的企图心越重，其深层的自卑感也越重！你原本就是最完美的作品。

7. 你的心灵原本就可以散发出天然的律动与畅然，你原本也可以在举手投足间充满本然的优美。可惜，当一个女子努力在证明她的美的时候，散发的却是丑；当一个男人努力地表现他的聪明的时候，做的事情却很愚蠢。当一个人总想证明自己的时候，内心却永远找不到自己！

8. **能感受到自己的软弱也是一种幸福。**请允许自己有时候的害怕，允许自己有时候的无能感，**如果你是上帝，你将如何对"他"？**即使"他"一时脆弱、恐惧，也要一直爱着他。只有当你不再证明自己优越，而只是做你该做的本分事情时，内在神性的光辉才有机会得以慢慢呈现！

9. 只有当你笃信造物主给你此生量身定做的心路历程即最完美的作品时，你才可以真诚、朴素、坦荡地呈现自己，才可以有机会看到内在的智慧与宝藏，它将如同泉涌一般源源不绝！这一切或许需要持之以恒的觉察力修为，在正念中完全信任那股力量，那股宇宙天人合一的力量，你只需要放开，再放开！届时，由内而外的信心，才会布满你每一个眼神与动作！那个时候你或许将被自己折服，因为你遇见了自己，遇见了上苍最完美的作品。可是这一扇门如此神秘幽暗，以至于许多人一生都无法窥探！那种本然的自信被世俗所淹没，换来的却是通过别人的评价来喂饱自己的匮乏！在这个世界上，凡是不会爱也无法收到真挚的爱的人，都会陷入这种奇怪的轮回之中！

10. 爱自己不是穿最漂亮的衣服；爱自己不是戴最美的首饰；爱自己不是吃最好的食物；爱自己也不是开最好的车子。这些都是身外的小玩具而已，它们终将会毁坏。爱自己源自与你自己相处的品质，来自于你对自己全然的谛听。若没有这一个基础，自爱永远进不了你的心灵，你始终如同"孤魂野鬼"，找不到归属！一位伟大的哲人说："那双正在找寻'神'的眼睛就是'神'正在看着你的眼睛。"我们就是我们自己所寻找的，如果你的内在不具备爱、智慧和宁静的话，你不会在别人身上看到它。回到本来的源头吧，从那里出发！

11. 然而"小我"总是说："不可能，我不会放掉我的这个世界，只有当我确定"上帝"在那里接住我的时候，我才会放下！""小我"曾有一个梦想：一个永远存在的安全和永恒的自信。然而"小我"就是"小我"，它原本就是一个三岁的幼稚小孩，披着成年人的外衣，并对这个成年人发出各种恐惧与咆哮的声音，导致成年人误以为这个声音就是自己，于是不断迷失。我们以为我们从黑暗中走向光明。其实，我们就是光明，我们走进黑暗。只是要放开，只是要无条件地信任，只是要坦然地呈现。在正念中用感觉去蜕变感觉，在禅悟中用感觉去涵容感觉！自卑是什么？它只是一股物理性的"气"而已，它仅仅只是一股风而已！

12. 只是这般温和地涵容，就这样把自己的目光送到对方的眼睛里，只是如同烛光，就这样闪烁即可以贡献光明；只是喜悦地聆听自己暂时发抖的声音，满心慈悲地谛听；只是让心灵去感应，并随着那份跳动的韵律，即可捕获神的禅机。你所想要的珍宝，其实就在内在，它已经完全具足！这就看你的正念修为与认识领悟的水平了。

停止关注匮乏、停止取悦

你完全不需要去注意内在那些使自己感觉无能、笨的声音。你可以只把你的那部分当作一个"内在小孩",抱抱它,觉知它,深刻领会这个世界没有失败,一切都只是反馈,然后继续轻装前行,别让那些声音吸引你太多的注意力,也不要认为你就是它们。你要学会不去倾听那些让你认为自己不够伟大的内在声音,那些都是"小我"的早期创伤印痕在作怪,并不是你的本体。

每一个灵魂的高贵之处都表现在自己的行动里。与其想得多,不如做得多,知行合一,行胜于言。慢慢就会创造出一股内在驱动力,不断地以行动为导向,长此以往就会降低"超我"的理想主义与完美主义。如果你将时间花在感觉自己不够有力量,或哪里没说对话,或集中注意力于你自我否定的事物上,你就增加了它们左右你的力量。反之,认识你具有的良好素质、天赋,在放松的时刻多想想你要变成的具体形象,忆起你曾表现出那些品质的时刻。你越在内心感恩你已经拥有的,它就越会变多。

如果你对自己说:"我没有意志力,我从来没有有始有终地做对什么事……"那你已经开始把负面能量复制到未来,且强化了那种素质,并自然而然地在你的生活中创化出那种"风水环境"。另一方面,如果你开始不断在心中设定自己所希望达成的人生目标与自我心像,且在心中不断地自我确认:"我喜爱我和别人相处共事的方式;我是这么有意志力;我是如此专注……我是情绪平衡大师……我值得拥有……即使失败了,我也深爱并接纳自己。"那么,你将体认来自内心深处的强大能量与潜力。

此外,若要进一步中断完美主义的动力,在日常工作生活中请尽量不要刻意取悦他人,因为它本身就是一种强大的内耗,而这种内耗会进一步促进心灵负面的自我对话,形成心灵坑洞,所以我们要依靠自我觉察与正念的智慧收摄住习惯性取悦他人的习性。诚然,生活中有些人一向尊重别人,却时常感到自己的付出没有得到应有的回馈。这种情况往往是他们的潜意识深处总觉得自己不值得被别人好好对待,而让别人视他们为当然,这一切源自早年一连串的失落事件造成的印痕种子。当周围的人不尊敬你时,首先,请原谅他们，并尊重他人的一切成长因缘与表达权力，你不需要别人这样做来作为你相信自己的一个条件。我们越是渴求他人的赞美，就容易形成"自意"，而"自意"则会进一步强压"自体的夸大感"与"理想化"。

事实证明，人的成熟有两个重要阶段：第一个阶段是从父母的阴影中走出来；第二个阶段是停止取悦他人，不再依靠附庸他人而获得虚假的安全感。你的真理未必是别人的真理，他人的真理也未必适合你。例如有些人相信有上帝，而有些人则不相信。对上帝的虔诚信念可能使得生活更喜悦以及更容易些，相信没有上帝的信念也可能会使这一生变得更加纯粹与律动。**在这个世界上，所有的宗教对于信徒而言都是一种难以言说的馈赠，而对于非信徒者而言似乎都是一种压力。**

心理学先驱荣格说过一句话："神瞎了一只眼，聋了一只耳，秩序乱作一团。你们要对这残废的世界保持耐性，不可高估了自己的完美。"

我在这里再次重申：我们没有必要让自己很完美，即使是在心理健康领域也是如此，所有人都无须让自己的内在空间非常健康，**那些想方设法让自己很健康的人所付出的代价却是不利健康的。**完美主义源自于潜意识防御机制中的一种自我保护。潜意识非常有智慧，为了让我们不再受到更加糟糕的创伤体验，临时炮制了追求完美的缓兵之计，而这并不是它的本意，它是被迫的。过去，我们在一次次的哀伤与失落中，不断强化了完美主义——这个过度的防御机制，实际上如果在早年有人教育我们不要去拒绝那些自然的哀伤，如果在那些片刻里我们被允许充分体验哀伤，那么就会自然而然地培育出恰当的自我认知与独立人格，也就不需要依靠过度的追求完美抑或自恋人格来避免更大的哀伤情绪了。人格修复的关键就是不再对早年那个糟糕的互动环境表达执迷不悟的"忠诚"，只需要宽恕过去的成长因缘，试着去同意自己的父母，以他们的本来面目去同意他们，也试着去同意自己的所有成功与失败，当我们开始深深同意的时候，烦忧就会渐渐离去。

积阳则飞

古人讲"积阴则沉,积阳则飞",喻指阴阳平衡的重要性。而在心灵成长中我们也需要尽可能地消除失调的阴气并多提拉一些阳气,也即是说尽可能多存养一些积极的思想与人生信条。

俗语讲,消极的思想像月亮,初一十五不一样;积极的思想像太阳,照到哪里哪里亮。诚然,人生中一些关键性信念是令个体绝处逢生的核心因子,也是决定我们科学烦恼观的心灵扳机。许多成功的人总是能够把发生在自己身上的一些事情当成是"大魔助大佛"的考验,因而度过了人生的最低潮。他们坚信一切厄运都只是孕育幸福与达观的种子。

当代中国哲学大家牟宗三说:人到绝途,方能重生。必现实的一切,都被敲碎,一无所有。一个普遍的精神实体彻底呈现。得失荣辱,甚至生命都被迫放弃,不在妄念中,亦无法在念中,然后得真皈依。

哲人是从修心的角度发出豪情豪气。不过,让负能量被正能量所涵容,而后也成为正能量的一部分,也的确是类似的"破碎"过程。**许多人往往经历了一些事情的磨砺后,才开始愿意放下一些妄情、妄识、妄念,而后开始越来越坦荡。**当不少喜欢本土心灵文化与国学文化的人悟到"置之死地而后生"的禅机后,就会自发地卸下那些总是令自己窒碍的旧有信条,而后会时常在生命中邂逅"柳暗花明又一村""烦恼即菩提"的事实。

我们都知道,警务系统中的许多破案侦查人员,都是先突破嫌疑人的信念系统,而后才水到渠成。人们若能穿越时空与一些卓越的时代人物相处一段时间,或许就会发现,他们气场的内核就是一些非常关键的信念在起到聚气、聚人的作用。

古人讲："口乃心之门户""祸从口出"，都是在暗示语言的力量。语言背后的不合理信念对内可以形成内伤，对外可以使得"十年交情一朝丧"。对很多人而言，许多恼人的情绪皆生发于自己的旧有信念系统。

所谓的情绪或心情，一开始都是通过内在语言，用自我对话的方式进一步强化其消极的思维模式，最终又再次反哺自己的旧有信条，日后只要该信条一出，就会对应相应的心境。这样的人生毫无弹性可言，是时候做出改变了。

下面我将罗列出八条对苦痛心灵影响颇多的消极信念，并加以质问与提示引导，读者们只要在大脑相对放松的时候重复阅读揣摩，就会在潜移默化中影响到旧有信条。（仅作抛砖引玉之用）

一、我的家庭环境快让我受不了了

认知修通：

1. 他们具体做了什么事情快让你受不了了，你确定这是真的吗？

2. 他们究竟在过去都做了哪些让你真的受不了的事情？你真的可以确定吗？

3. 在过去十年里，他们没有做过一件照顾你、保护你的事情？

4. 在什么样的情况下，你时常感受到家庭成员的力量？

5. 你的家庭成员中，有没有一位和你同病相怜的人，或许他更需要你的爱，而后他才能够爱你。

6. 你的家庭环境真的就是一堆"狗屎"吗？你确定在"狗屎"中生存了二十年？这是真的吗？

7. 每当你想到一个孩提时期不好的印痕而使你以受害者的眼光看自己时，请停一下！看看那份经验创造出什么对你有益之事。

8. 你现在是否能够想到，借着"阻碍"你，你的父母也许发展了你的力量或你的内在意志。比如说，为了发展肌肉，我们可能借着剧烈的酸痛来锻炼自己。而我们的父母也许曾扮过一个"重锤"的角色，使你能发展出你的内在力量。如果你相信宇宙是友善的，那么它永远都在以"大魔助大佛"的禅机来协助你创造出此生最佳版本的自己。

二、我是一个失败者，我相信宿命论

认知修通：

1. 没有人会在乎你的"小我思想"是宿命派还是意志自由派，因为上帝非常公平地给每个人都颁发了一本修行的"难经"。彻底读懂它，人成即佛成。

2. 在任何时代，都可以找出一大把杰出人物，他们都有一个共同的心路历程：吃的"盐巴"比一般人要多得多。

3. **任何结果比我们好的人，一定是他们知道的或尝试的比较多。** 所以有哲人说失败是尝试的副产品，尝试是经验的基础，经验是能力的基础，能力是自信的基础，自信是幸福的基础。

4. 如果可以轻轻松松地做一件事情，那么你还会有机会吗？毕竟在我们的周围，比你聪明、能干、勤奋的人比比皆是。那些所谓的难度或挑战，就是来筛选和你有相同想法的人的，如果你更加坚定自己的初心与正气，那么你最终就可以脱颖而出。

5. 让我们来温故一个伟大的"励志学"故事吧！

"舜发于畎亩之中，傅说举于版筑之间，胶鬲举于鱼盐之中，管夷吾举于士，孙叔敖举于海，百里奚举于市。故天将降大任于是人也，必先苦其心志，劳其筋骨，饿其体肤，空乏其身，行拂乱其所为，所以动心忍性，曾益其所不能。人恒过然后能改，困于心衡于虑而后作，征于色发于声而后喻。入则无法家拂士，出则无敌国外患者，国恒亡。"

文中的意思是：舜从田野之中被任用，傅说从筑墙工作中被举用，胶鬲从贩卖鱼盐的工作中被举用，管夷吾从狱官手里释放后被举用为相，孙叔敖从海边被举用进了朝廷，百里奚从市井中被举用登上了相位。所以上天将要降落重大责任在这样的人身上，一定要先使他的内心痛苦，使他的筋骨劳累，使他经受饥饿，以致肌肤消瘦，使他受贫困之苦，使他做的事颠倒错乱，总不如意，通过那些来使他的内心警觉，使他的性格坚定，增加他不具备的才能。人犯了一些错误，然后才能改正；内心困苦，思虑阻塞，然后才能有所作为；这一切表现到脸色上，抒发到言语中，然后才被人了解。一个国家如果内没有坚持法度的世臣和辅佐君主的贤士，外没有敌对国家和外患，便容易导致灭亡。

一个国家尚且如此，我们个人对内也要有好的达观信念，这些信念就好比辅佐国家的贤达。同理，外部环境若没有一些挑战或压力，恐怕我们也无法体验到生命的乐趣。

三、没人爱我，他们都看不惯我

认知修通：

1. 没有一个人爱你，这是真的吗？（你确定67亿人口中找不出几个可以接纳你、祝福你的人吗？）

2. 你曾经都爱过哪些人呢？你自己有没有真的爱过其他人呢？（如果我们存过钱，就一定可以取出钱，你说对吗？）

3. 在什么样的情况下，你愿意主动出击，去布施一些正能量给别人呢？（敬人者，人恒敬之。你同意吗？）

4. 根据宇宙天地因缘法则，如果你经常觉得"为什么伤害总是发生在我身上"，那么一定是你也曾经对某个人做了类似的事情，好好想想，因为众人皆我相（皆内在投射）。

5. 在宇宙中得与失总是平衡的，上苍用这样的方式让我们明白一个很重要的道理：我们曾经也伤害过别人。伤害不一定是外在的武力或诋毁之语，内在那些嗔恨的念头、嫉妒的念头，或看不惯的念头都是一种"恶"。你说对吗？在某种层面上，当我们在痛恨某人时，有可能它只是一份内在失落的投射，源自早年的一个失落事件，而与现在的人事物无关。

6. 深呼吸几次，把手放在胸口，在清明的内观中跟自己重复说几次：我深层地了知对方的一些习性，可能我身上也有。其实"我"是在指责批评"我"自己。

7. 持续觉察。从中我将体悟到，原来我只是急于引导别人去看到别人的污点，而最好不要看到我自己的缺失或无法接纳的软肋，原来我在指责别人的同时，正是在指责自己啊！原来我是打算把自己的不好或不能接纳的东西投射给他人。

8. 继续花三分钟时间耐心地告诉自己：当我无法忍受对方的缺点时，正是无法忍受隐性自我的缺点。请原谅！重复告诉自己：对方的缺点或许正是我的隐性缺点。此时你将进一步觉悟到，无法宽容别人的行为风格及缺点,正是自己"小我"隐性的行为风格及缺点,原来他人都是我的心灵镜子。

四、如果让我尝试,我肯定会失败

认知修通:

1. 爱迪生发明电灯失败了多少次?他说这些失败只是慈悲的上帝告诉给他哪些材料是不行的,同时也进一步使他认识了哪些材料更适合于其他方面,他说这是一举两得的事情。

2. 婴儿学习走路,是一蹴而就好,还是与自身的肌肉体能同步成长比较好?

3. 学骑自行车,往往要上百次的尝试,对吧!学游泳,有没有可能一跳下去就可以掌握技巧?

4. 老天爷总是让我们先从"苦"开始体验,这样人们才会珍惜那些可以导致幸福的因子。

5.《道德经》说:图难于其易,为大于其细,天下难事必作于易,天下大事必作于细。所以,你可以先从小事做起,这样可以避免挫败感。人生无常,定数中有变数,变数中有定数,不存在绝对的宿命论!

6. 事实上,当你做对了三十件小事,强大的自信心就来了,同时这份习惯也被强化,正面的神经链也就形成了,所以说放弃是一种习惯,自信更是一种习惯!

7. 有个人对"坚持到底"作了最为完美的诠释。他在:

21岁时,做生意失败

22岁时,角逐州议员落选

24岁时,做生意再度失败

26岁时,爱侣去世

27岁时,一度精神崩溃

34岁时,角逐联邦众议员落选

36岁时,角逐联邦众议员再度落选

45岁时,角逐联邦参议员落选

47岁时,提名副总统落选

49岁时,角逐联邦参议员再度落选

52岁时,当选美国第十六任总统。

这个人就是林肯,因为他坚信上帝的延迟并不是上帝拒绝他,所以他能屡仆屡起,最终成就不凡。

五、我觉得老天爷对我很不公平

认知修通:

1. 你是否可以进一步体察到,当你在生活中没得到你想要的东西时,是有个得不到的理由的。你是否可以想到,没得到它,也许反而改变了一些宿命;得到了它,也许会在某方面阻碍自己的前进。你是否能够想到,若没有那些成长的经验,将不可能令自己拥有更多的内在智慧。

2. 你是否能够想到,你无法离开某事,直到学会了去爱。你愈恨什么东西,就愈被它束缚;而你越爱它,你就越自由。所以当你爱你的过去,你就不再受制于它,同理,当你想到你的童年和父母时,当你把负面的记忆转化成正面时,你将能更快地轻装上阵。

3. 找个安静的时间,于"心灵密室"中去反观自己内在的一切,倾听自我内在的声音,觉察每一个起心动念:为何心痛?为何烦恼?为何害怕?为何担心?为何沮丧?为何动怒?为何固执?为何计较?为何悲伤?为何觉得不平衡?

4. 时常观照这十个升起的念头或感觉,而后不断地问自己为何会升起这些想法?背后深层的声音是什么?当你听到真正的声音时,你将洞察到这一切的想法与念头,都只是内在灵光反面的阴影罢了。去唤醒这些内在的灵光,洞见他们,那些负面的阴影自然会消失。

六、有些"卡点"似乎这辈子根本就没有改变的可能

认知修通:

1. 我们完全可以找到平衡卡点的办法,虽然卡点偶尔还会出现。

2. 我们与其要求一下子改变信念系统,不如一步一步地来,因为这样会额外增加许多乐趣与智慧。你说呢?

3. 一旦当你完成对一些零零碎碎的无意识印记的重新认识与谛听之后,你会意识到,不需要对抗眼前的真相,自然而然滑入"静的轨道"是多么容易的事情。

4. 艺术家们经常把他们的一些内心挣扎当成创作的灵感源泉,所以才能创作出伟大的作品。你改变这个信念的努力,可能会给你带来某些不可思议的生命洞见!

5. 你很难改变这个信念的原因,或许只是因为以前你缺少轻松改变它们所需要的工具和智慧。

七、我还很年轻,但我总是害怕死亡或重大疾病

认知修通:

1. 有越来越多的案例证明,得了癌症的人还能很健康地活很多年。如何用这个信念解释他们的情况?

2. 很多医疗界人士都相信,所有人在一段时间里都有一些异常细胞,只有在我们免疫系统持续薄弱的时候才会产生一些"乘虚而入"的问题。

3. 如果每个医生都持有对疾病或死亡的恐惧信念,我们人类就找不到治愈者了。这是上帝或老天爷希望我们后代也持有的荒唐信念吗?

4. 你觉得是我们的免疫系统中的自动调谐系统更有智慧,还是一时失序的细胞更有智慧?

5. 有越来越多的数据证实,许多癌症患者的死亡不是癌细胞或异常细胞导致的,而是他们彻底丧失了生的意志与朴素的正气。

6. 真正的问题不在于什么会导致我们接近死亡,而在于什么能使生命得以延续。

7. 对疾病或死亡的过度消极信念有时候的确会像癌细胞一样疯狂传播。如果你太相信它,就会对你带来负面影响。如果能看到它怎么消失,那会很有趣,不是吗?

8. 生命中许多漂浮性的烦忧就像一块野草丛生的绿地,因为没有足够的羊群来把草吃掉,草就会疯长,让草原变成一片野草。如果你能增加羊群的数目,在绿地上放牧,绿地就能恢复生态平衡。你说对吗?

9. 生命中很重要的一件事情是有安全感,一种准备就绪的感觉。请你充分意识到,无论发生什么,你都能果断应对并且很愉快地处理它们。遭遇无法处理的情况也是很好的学习机会,这让我们能评估自己的劣势,也让我们得以发现内在需要更多安全感的区域。简言之,对遇到的好事或坏事做出积极的回应,并充分处理它,恰恰是生活的乐趣。

八、我也相信信念的力量,但我觉得自己抱持这个信念太久了,很难改变了

认知修通:

1. 一开始就改变它或许会有点不习惯,犹如穿惯了打补丁的衣服,往往不习惯西装革履。

2. 当我们刚刚形成旧有的那个信念时,究竟有什么事情或真相是我们没有看清楚的?这个症状究竟是在掩盖"超我"与"自我"的什么过失?

3. 婴儿不需要一下子就学会走路,或许一点一滴的成长更容易,更有趣。问题在于你何时开始尝试改变?

4. 恐龙可能会为它们的世界变化之快感到吃惊不已,虽然它们已经存在了很长时间。改变我们这个被化装过的情绪或症状也是如此。

5. 关于你对这个症状很难改变的信念,就像计算机程序一样。问题不在于程序有多老,而在于你是不是懂编程语言。

6. 每一件事情的发生,都意在帮助我们进入更伟大的自我。现在只要我们做对一些事情,若干年之后,你可能很难想起你曾经有过这样的限制性信念。

7. 你是希望一棵幼苗立刻长成参天大树,还是希望它可以充分享受一点一滴阳光雨露及风吹日晒下的坚实成长!

8. 当这个卡点消失之后,你会发现烦恼与幸福只是在一念之间而已。

9. 当你很不喜欢的这个漂浮性焦虑情绪再次光顾时,你可以想象,一旦在自我修心中破解了背后的隐意,你甚至有资格获得心理治疗界的最高荣誉"弗洛伊德奖"。在这个世界上,因为一些人的病,因为偶然性,一种新的方法往往也会被挖掘出来。

10. 人生如果没有挫折,会变得过于轻易与简单,或许那个时候才是真正的空虚、无聊。尊重你的挑战,因为被你标明为黑暗的那些"旧有习性",实际上是为了带给你更多的光明,以加强你"逆流而上"的力量,坚定你的决心。

九、"对不起,请原谅,谢谢你,我爱你"四句话在提拉正面信念方面的具体创新应用(这四句话源于《零极限》一书)

走出焦虑风暴

1. 我从现在起认识到生命的真相和意义,我的焦虑就是一种选择性的注意力集中现象。与其担忧万一,不如让暴风雨更猛烈些,我只管在日出与日落间充实地做好事业,在生与死之间留下正能量即可。**其他的一切牛鬼蛇神全是"大魔"助"大佛"的禅机,欢喜受,受了,受了,一受就了。**

2. 我认识到疾病、痛苦、烦恼都是我创造出来的,我要从现在就开始强有力地改变这种状况。

我认识到我以前和宇宙是分离的,从现在起我和宇宙是一体的!

我释放过去投射在别人身上的负性情绪,我也释放别人投射在我身上的负面能量!

3. 我向我自己、我的病和宇宙大声说出:

对不起!

对不起!

请原谅!

请原谅!

我知道"病"是上天送给我的礼物,提醒我过去选了不该选的"阴性思维模式",现在该选择正确的道路前进了。

我知道我的心被遮蔽了,并常常体验到忧虑、焦灼的感觉,而我忽略了这是上天要我转变的感受。

4. 我知道宇宙的一切都是变化的,解除这份业力纠缠的最好方式就是勇敢地放手以及全心全意地信任宇宙。只要无条件信任,宇宙就会帮助我们完成一些重要的创伤修复。

5. 我知道宇宙的一切都是能量和能量的造化。能量是要流动的,流向被需要的地方,深爱与接纳自己的地方。

我完全明白,我经历的任何体验都源于我过去的选择,源于幼年的反应模式,而不是真正的成年人应有的反应,所以现在我尝试果断地抛弃"万一模式",进入既来之则安之的成熟成年模式。

我现在选择健康!

我选择快乐!

我选择勇士力量!

我选择心灵的成长！

我接受一切发生在我身上的事情，包括疾病、痛苦和烦恼。

我向我自己、我的病和宇宙大声说出：我爱你！我爱你！我爱你！

我感谢宇宙正在赐给我健康美好的身体和高贵、奇妙且平和的心灵。

我感恩宇宙总是在时刻提醒着我，引导着我。

我选择放下"小我"的控制，跟随宇宙的指引。

我选择放下"小我"的怕的情感，只保留宇宙大爱，一切的真正的爱。

我愿意在奋斗的生涯中大量布施我的微笑、我的正能量、我的友善、我的力量、我的平和、我的智慧……

我向我自己、我的病和宇宙大声说出：谢谢你！谢谢你！谢谢你！

我知道生活本身就是改变。我此时此刻的成长模式是全新的。

我爱我自己，接受自己本来的样子，也接受别人本来的样子，我将成为最佳版本的自己。我爱你！

我是自由的。我自由地向前看，因为生活是永恒的，生活充满了快乐。我用爱的眼睛去宽恕我自己。

我拥有富足的心灵财富。

我是自己的情绪平衡大师，我是团队的精神指引者。

许多人的内在消极信念在多半情况下都是被一些日常生活中的琐事或外在批判的声音所诱发。**很多容易沾染抑郁情绪与焦虑情绪的敏感心灵，每当其身心处于比较疲劳的状况下，往往容易夸大一些妄相。**诸如父母的一句教育性的口头禅，也会让其觉得父母不近人情抑或觉得"凶煞"，这种观感往往带有主观性，且与自身的能量场级数有直接关联。一个人在神清气爽的时候，自身的能量就比较旺，对于一些批评或指责也容易当成是一种无伤大雅的耳边风，不容易把这些声音定义为"伤害"，因此也就没有进一步创化信念系统的坑洞。那么接下来我们不妨一起来学习一招既有对治意义，且又能提升自身阳气的方法：**把批判的声音化身成卡通角色。**

1. 在自己的记忆库中随喜找到一个卡通玩偶，对这些卡通或拟人的形象可以带一些创造性的想象。闭上眼睛，想象这个卡通玩偶会跟你用人类的语言对话，确保你总是会被其滑稽的声音和表情逗乐。

2. 自然地闭上眼睛，进行几次腹式呼吸，而后让那个不停地批判自己的声音进入自己的心识，感受你的身体是否发生了一些微妙的排斥反应。然后让你的头脑里的这个声音听起来像是那个原先设定好的卡通人物发出的声音，且充满了令人搞笑的肢体语言，而后你把两只手交叉放在自己的肩膀上（右手放在左肩上，左手放到右肩上），双手轻轻地交替式拍打几下肩膀，不要超过一分钟。

3. 慢慢地，你会把原先批判或自责的声音内化在卡通上，伴随着卡通人物的声音，那个带有"攻击性"的压迫画面，变成了有特别愉快和滑稽效果的"印记"，这份可爱的印记就在不知不觉中转化了之前那份"有毒"的旧有批判性画面，使那些消极的感受难以为继，妙不可言。

4. 脑神经科学发现人的痛苦源自于大脑神经元网络中的"储忆系统"，只要把这个令人不愉悦的记忆画面以合理的方式"破坏"掉，它们就很难再像原先一样产生条件反射式的联想。因此在这个好玩的操作技巧中，你可以把自己联想成一位年近90岁的开悟老人或一个开悟的智者，历经人间沧桑，早已阅尽无数心灵背后的痛苦，其内心总是心怀平等的正念与恬淡虚无。当这样一位老人面对一个"噼里啪啦"的虚拟卡通人物时，只有拈花一笑，很难升起强烈的情绪。因为对方不管采取怎样的姿态，在智者眼中都是一个不懂事的"孩子"，因而会自动放下一些东西。

常规地阻止内在消极信条（阴气）的蔓延，除了积极运用以上所分享的两个策略外（甄别旧有心念和卡通角色），我们还可以积极运用潜意识的力量来协助自己提升更多的阳性思想。无意识的许多动机在潜意识里总是正面的，潜意识从来都不会有伤害自己的动机，只是某些时候误以为一些行为可以满足"本我"与"自我"的一些需要。因此，情绪总是行为的催化剂，让我们在事件中学有所得，学到了，情绪就会消失；没有学到，同样的事情还会来。

每个人都有过这样的经验：内心很想去做一些事情，但身体里面好像又有另外一个部分感到很不妥当。你也听过有人说："我也知道这样想很不对，但自己就是没控制住脾气！"他说的"自己"在哪里？不就是他身体里面另外一个不受他掌控的潜意识吗？诚然，感觉就是能力。上台面对100个人演讲，所需的就是一份自信的感觉，而面对激怒自己的人，所需的则是一份恬淡的感觉，所以从这个角度而言，"感觉"就是能力，同时感觉都是在潜意识里产生的。从积极心理学角度而言，潜意识总是自动选择最好的机制来保护个体，它从来都不会有伤害自己的动机，只是有些时候它所选择的做法未必能有效地满足那些良好动机而已，它欠缺的是更有效的做法，主要在于"主人"不知道如何正确驾驭。（该观点与以下的简单策略源自香港 NLP 导师李中莹先生的启发）

面对逆境或逆事，是否有一些重要的意义或经验，是对我们未来的人生很有用的？

现在你可以采用这样的方式来协助自己：每当经历到不愉悦的排斥性事件时，先不急着生气或宽恕，而是从阴阳辩证的角度给自己几分钟时间思考一下，在这件不愉悦事件的背后是否潜藏着一份好处？而后伸出手，把它接在手上并感觉一下它的"重量"和在手中的感觉。紧接着慢慢地把这份强有力的正向意义或经验带去你胸口的位置（中丹田），把手按在那里，感受一下这份意义或经验进入内心的感觉。

这份感觉舒服吗？

当你感觉到正面经验进入心中的良好觉受时，深呼吸几次，每次深呼吸的时候都感觉这份舒适安宁在不断扩大，增强并粘贴在身体的每个角落。

最后，不忘再次感谢我们的潜意识：非常感谢你无私的照顾，谢谢你一直默默地为我做这么多事，保护我，照顾我。今天我又得到了你的帮助，内心又增添了一份力量，非常感谢你。

这个方法看起来很简单，然而对于一颗自助心灵而言，若能时常从无常经验中看见一分"大魔助大佛"的希望与正能量，心性中的更多正磁场就有机会依靠此书中所分享的大量中观觉察的智慧被导引出来。

角色宣泄与互相听析

生命中时有压抑不是坏事情，它是一种健康与成熟的心理机制，可以让个体更好地适应社会与无常的变化。同时个体内在也有足够的心力来支持一些延迟性的自我满足,所以几乎人人都会有"压抑"这个正常的自我保护功能。不过若生活中一而再地出现激烈冲突的观念或深沉心声,则不适宜采取进一步的潜抑,否则只会助长吞忍型人格,长此以往必定会感召外在的某个焦虑故事,使其爆发出来。因此,如果生活中经常出现强烈对立的声音,最好是让这份吞忍的情绪表面化、意识化,使自己在此时此刻就能充分体验这份冲突。可以经由一种角色扮演式的自我对话来整合潜藏在心底深处的情感或早年未充分释怀的情感。

倘若不断地压抑这份欲罢不能的冲突情感,个体就会在日常生活工作中时不时地体验到漂浮性焦虑。心理学家已经反复证实,但凡让内在的价值观冲突引入表意识层面来体察,个体内在冲突就有可能获得高层次的整合与转识成智。个体借由当下不断地感知到更多的积极力量与体察力,至少比吞忍压抑好上一百倍。觉察是阳性能量,吞忍是阴性能量,古人也讲过积阳则飞,积阴则沉。所以,为了让个体更好地积累阳性的智慧与生命力,而不再惯性地在自己阴性思维模式中沉沦,笔者在此章节里额外再分享一个实用的策略:角色宣泄与互相听析。

有个别冲突的深沉心识一直躲在无意识中,因此我们也可以特地选择一个安静的地方提前将这些时常出现的冲突对立声音提取出来,放在"台面上"进行对话与练习(角色宣泄与互相听析)。这样做的好处是显而易见的,一方面可以获得脱敏暴露的效果,一方面可以整合自己的深沉价值观,从而依靠分析式心灵(理性智能)做出选择与改变。许多沾染慢性焦虑障碍的心灵,其心智系统中经常出现的冲突对立声音有两种类型,其一是"理想我"与"现实我"的冲突,其二是"自卑者"与"力量者"之间的冲突。所谓的"理想我"就是那些认为自己"应该是""必须是"的那个相对完美的自我形象。所谓的"现实我"就是此时此刻会频繁体验到烦恼的这个"小我",表现相对糟糕、焦灼、沮丧。所谓的"自卑者"指一切自我否定的内在声音,所谓的"力量者"指对未来总是充满希望与信心的内在声音。

有一个24岁的小伙子叫阿明,应届毕业生。自述自己总是为一些小事情忧愁不已,且总是害怕一些潜在的冲突,因而时常坐立不安,经常自我否定。而他也告诉咨询师,自己本来不是这样的,以前根本就不会去担忧这些乱七八糟的东西。其实就是其潜意识中认为真实的自己应该是充满力量与自信的,根本不会去产生一些灾难性的联想。

在本案例中,当事人的内在冲突属于典型的"现实我"与"理想我"的冲突。他在当下一方面感到焦虑与苦恼,一方面又认为自己不应该有这样的心气反应模式,因此一些"内在小孩"时常处于冲突与分裂状态中,令自己感到欲罢不能。那么在这种情况下,除了运用正念觉察智慧让自己缓和一些焦虑感外,还可以通过"角色宣泄与互相听析"这个技巧让心境状态获得更多的平衡力,从而直接降低焦虑感。

道具十分简单,找来两把椅子,分别在椅子上放上提前写好的两张纸,一张上面写着"现实我",一张上面写着"理想我",而后让当事人先坐在其中一把椅子上(现实我)。(注:下面的对话,仅作参考,读者朋友们完全可以自行操作练习,无须他人的提示)

咨询师:请告诉我,现实中的你是怎样的一个人,尤其是最近三个月的表现。

阿明:我感觉现在的自己比较糟糕,或者说不能再糟糕了,我似乎一无是处,每天就像惊弓之鸟一样自寻烦恼,搞得自己不思进取,经济拮据……更可恶的是我还是单身呢……

咨询师:为何会认为自己是如此糟糕的?

阿明:因为我好像得了一种莫名其妙的焦虑症,总是莫名其妙地担心一些正常人根本就不会担心的东西,每天把自己的9成能量全部内耗掉,实在是太可恶了……

咨询师:了解,那么你认为自己理想中的样子应该是怎样的呢?

阿明:理想中的我根本就不会去想到那些强迫性的灾难式联想,我大部分时间里都可以高效地完成工作,每天生活充满了平和与自信,根本不会为一些莫须有的东西自寻烦恼,也不会去担心他人对我的看法……

咨询师:了解,现在请你深呼吸几次,而后想象对面椅子上坐着另一个阿明,他是理想中的阿明,非常有力量与自信。现在请睁开你的眼睛,看看对面的自己是什么样的?(注:在具体的自我操练中可以在对面椅子上挂一

件当事人的衣物,这样可以使当事人更加投入)

阿明:嗯,他很阳光,非常有力量,好像非常开心的样子,做任何事情总是主动出击,很多压力都难不倒他,或者说再大的压力对他来讲都不成问题,他是勇士的化身,是力量的化身,全身上下都充满了勇士人格与魅力,我非常喜欢他,嘿嘿。

咨询师:请你现在坐到对面这张椅子上,成为那个理想中的阿明,而后闭上眼睛深呼吸几次,当你睁开眼睛时,看看对面椅子上那个自卑的阿明,你如果有什么话需要对他说,请把它们一五一十地全部说出来。

阿明:你知道你就像是一个笨蛋吗,你知道你有多么的消极吗!你这样子是非常令人讨厌的,每天毫无生气与活力,你这样根本就混不好,也交不到好的朋友,你为何不行动起来积极地改变自己?你为什么要这么喜欢自卑与焦虑呢?你以为每天惶惶不安就可以避开危险吗?……你现在这种喜欢胡思乱想的思维都是类似幼年幼稚型的思维,赶快抛弃它吧……你如果不听我的话,就会一直沉沦下去,那么更大的人间炼狱将等着你……(注:在自我操练过程中,尽量把所有能够想到的话语全部说出来,其过程本身就会获得宣泄的意义)

咨询师:很好,请继续表达你对"现实我"的看法与建议。

阿明:你看起来死气沉沉,我很讨厌你,可是如果我不帮助你的话又有谁可以呢……阿明呀,我建议你立刻调整自己的作息,必要的时候寻求一位心理医生的协助,只要你愿意改变,那么方法就一定比问题多,请你相信我说的。

咨询师:你做得很好,现在继续闭上眼睛,深呼吸几次。而后请你坐到"现实我"的椅子上,去充分感受他刚才听了你这番话之后有什么感想。

阿明:(已换位置)我当然想改变,做梦都想,可是头脑明白,身体不明白呀!我现在确实比较糟糕,你以为我喜欢焦虑吗?你知道我内心有多少创伤吗?家里没有人能够理解我,我之所以害怕这个害怕那个,都是因为走不出过去的失败与失落(哭泣中),我也不知道为什么会害怕那些潜在的冲突,可能是因为能量场过低而变得没有抵抗力(哭泣中)……(注:能够哭出来,说明个体已经进入良好的对话场域)

咨询师：很好，闭上眼睛深呼吸几次。（注：在自我操练中，如果哭了，可以先允许自己深呼吸沉淀一下，让心情平静下来）现在请坐到对面的椅子上，现在你是自信与充满力量的阿明，此时当你看到对面正在哭泣的阿明，你有什么想对他说的吗？

阿明：(已换位置)你不需要哭泣，也不需要去要求一下子就达成愿景，你最好学会永远只关注下一步，因为唯有当下一步完成了，你才能继续下一步，这样一步一步踏踏实实地前进，就一定能够看见生命的希望与转机……实际上紧张焦虑本身没有杀伤力，给我们带来麻烦的是我们对这份觉受的负面执着，并顽固地认为这就是自己的真实状态，所以拼命地排斥并陷入死胡同……在这个世界上所有的事物都存在正面性与开放性，我相信你一定可以顿悟到焦虑背后的原因。现在就抖擞起精神来吧，先从一些体育运动开始，恢复一些活力，你看好吗？

咨询师：非常好，请你闭上眼睛深呼吸几次。当你准备好时，请坐到对面的椅子上，进入"现实我"的角色，并感受一下他刚才听到你的建议后有何感想。

阿明：(已换位置)你说的或许是对的，我可以听进去，但是现实总是残酷的，有时候心有余而力不足呀，你能带给我一些力量吗？我需要你的帮助……我迫切地希望我们俩的力量能够得到整合……

咨询师：做得很好，深呼吸几次。而后再次进入角色转换，看看那个充满力量与自信的阿明此时会有怎样的感想。

阿明：(已换位置)我完全能够体会你的感受，过去一直没有人教导你应该如何去面对恐惧。事实上你已经很努力，你也在不断地使自己成长得更好。我想是时候让我们联结在一起了。过去这么多年的迷惘、摸索、失落即将成为过去。我感谢你为我做了那么多，让我们紧紧地拥抱在一起吧！

咨询师：请再次坐到对面，进入"现实我"的角色，深呼吸几次。现在想象对面的阿明已经站起来，他接住了你的手，你也把他拉过来，拥抱他，在拥抱的那一刻，请充分感受他的内在力量与生命力，你们俩再也不会分开，你们还互相说了一些悄悄话……

在心理自助领域，这个对话的技巧是简单有效的。只要内心存在着两种对抗的声音，你就可以找个安静的地方，使用两把椅子进行透彻坦诚的对话。对话本身不是为了要消除什么，而是达成价值观的整合，从而使自己有更加平和的力量去接纳人格中的一些软肋与特质。经常操练这个方法，十分有助于改变个体的消极思维模式，让自身充满更多的阳气（积阳则飞），有时候甚至会有十分可观的意外获益。值得一提的是，如果操作者的抽离感比较好，可以不用频繁地换位置，只需要切换自己的角色即可。其实，当我们把一些失落的感受全部说出来的时候，改变已经在发生。同时，借由这样的互相倾听与建议，可以让我们成为自己生命的真正"负责人"与"操控者"。

打草惊蛇

打草惊蛇之计，同样源自古代的军事应用思想。一则指对于隐蔽的敌人，己方不得轻举妄动，以免敌方发现我军意图而采取主动；二则指用佯攻、助攻等方法"打草"，引蛇出洞，中我埋伏，聚而歼之。

在自我心理疏导领域，也有一条策略与"打草惊蛇"十分相像。人类大脑边缘系统中的"杏仁核"就是专门负责拉响焦虑与压力警报的。在大部分情况下，我们都不希望它拉响警报，因为没有人希望自己体验到紧张的局促感，但是现在我们可以依靠科学的辅助策略，主动让其拉响"警报"，而后就能为自己创造一份进入潜意识"瞒天过海"的契机，从而有机会导引出隐藏在潜意识中的负性焦虑能量并大量输入我们所需要的一些人生信条。

先听一个故事，可以帮助我们更加直观地了解到情绪是如何影响我们的身心焦虑症状的，以及储存在躯体经络体表中的残留负能量又是如何影响我们的平静的，而后我们就会明白解除它们之间的恶性循环是多么的重要。（注：这个故事或许也会触碰到你的一些失落印记，但心存中道观情怀，本身就是一次净化与疗愈。）

有一个小姑娘，他爸爸因为愚痴的重男轻女思想，常打骂她，她妈妈却在一旁打麻将，视而不见。小姑娘想要妈妈买一条裙子给她，妈妈却讽刺她："长得这么丑，还穿什么裙子，穿出去羞死了。"

久而久之，小姑娘真的怕了，开始不再相信内在的直觉与本能需求的声音，她再也不敢在他们面前表达无邪的赤子之心与纯真的律动，她再也不敢在他们面前快乐地唱歌与跳舞，她甚至看到自己的影子都会发抖，觉得自己丑得要命，觉得自己配不上任何赞美，以至于她听到亲戚们的赞美时，都觉得虚假不已。

她开始做任何事情时都会无意识地思考，思考，再思考自己是否会受到莫名的指责。会无意识地以完美主义的要求来做任何事情，不放过取悦大人们的任何机会。虽然有时候亲友们肯定了她，但是她发现自己都不敢相信自己是值得的，也无法尊重自己的内在声音。她慢慢地丢失了原本在她体内安装好的自信、和谐与赤子之心。她开始变得呼吸浅显，因为她活得小心翼翼，每时每刻都处在防御状态。她感到很痛苦，很压抑，但是她无力改变。

再过一年就14岁了，处于青春期的她，开始焦虑、恐慌，对未来一片迷惘。她甚至想过，再这样活在他人的阴影中，迟早会踏上轻生之路……有一天晚上，她很累，也很困，她睡得很早，她在梦中遇见了一个天使。

天使问她：你最大的渴望是什么呢？你最大的障碍是什么？

她说：我想成为自信、强大的人。

天使说：真是一个可怜的孩子，你为何要成为自信、强大的人呢？这是否也意味着你依然在取悦他人呢？依然在通过这样的方式来获得象征性的满足？

天使继续说：孩子，我是天使，今天让我来告诉你一个真相吧！其实在你出生的时候，你所渴望的这些特质，上苍都已经给你了。你曾经在众人中跳舞、唱歌；你曾经表达自己的内在想法时，都是忠于自己的心；你曾经根本不知道什么是自信，什么是自卑，什么是强大，什么是弱小；你曾经根本没有去追求过所谓的自信与力量，但那时的你却是多么的优美呀；你曾经根本就没有什么灾难性的思维，你也不会预期恐惧什么，你更不会每天战战兢兢地要去取悦他人。这一切仅仅是环境下与失败的教育所致。

同时你也不要怪父母，孩子。如果你父母的内在都是快乐的，他们说话的语气不会那样地充满抨击、紧张、专制，因为他们需要用这样的语气来释放一些他们在生活中所承受的压力。他们早已丢掉了自信，他们缺乏放松的力量，他们也害怕失落或别的什么，他们为了塑造自己的权威以方便管教孩子，只能通过压制的方式来表现。另外，他们也是他们父母教育的牺牲品，他们也没有从他们的父母那里学会如何更好地爱自己，因此他们自己在童年时期就是一个无人协助的烦恼少年，所以你现在宽恕这一切，就是给自己更多的力量，同时解除与父母之间的心业纠缠。

小姑娘：天使，我已经知道了，可是知道了这一切又如何呢？我的心早已不受我的控制，就好比头脑明白，身体不明白。

天使：孩子，我手里有一剂暂时的解药，挺管用的，你如果不在意它的一些副作用，那么就可以先尝试一下。

小姑娘：是什么呢？

天使：我可以帮你把痛苦都"打包"起来，然后储存在你的身体内，这样你就会好受很多。可以让你继续生存下去。

小姑娘：好呀，好啊，请赶快给我吧！

天使：但是，一段时间后，如果你不懂得如何去释放它，这股暗能量就会让你的喉咙、肠胃、肩背、头部感觉到躯体性的紧张、发堵，无法让你感受到"大我"的爱与清净能量的自然流动。你的"内在之神"会在你的胸口（中丹田或心轮）那里留下一个声音，这个声音充满了焦虑、恐惧、强迫、抑郁、沮丧。这些表象其实是在提示你，是时候拨正了，是时候回到源头，回到神圣临在的赤子之心。

小姑娘：我愿意尝试。

于是几年下来，小姑娘把受到的各种指责、破坏性批评、悲伤，都打包成一股暗能量储存在自己的体内，以使其幼小心灵的防御系统暂时免于溃堤。然而好景不长，过了几年，小姑娘慢慢地感觉到较强烈的躯体化症状正在吞噬着她。她开始胸闷、心悸、做噩梦、顽固性头疼，偶尔喉咙还会有发堵的感觉，胃部也在分泌大量胃酸……她在父母的陪伴下，来到了省心理卫生防治中心，精神科主任告诉她父母，她得了严重的广泛性焦虑症，心境恶劣，伴随强迫情绪、抑郁情绪。

医生问姑娘：父母爱你吗？你爱他们吗？

而她已经哭不出来了，因为连哭泣的流动能量都被顽固的头痛给麻木了。她只是领着一些医生开的镇定类药品回了家。

五年过去，她已经成年了，但越来越衰疲，越来越麻木，越来越外强中干,表面上看起来是体面的,其实她很想哭……

根据能量守恒定律,任何压力性情绪没有合理地释放或转识,必定会以无意识负荷的形式储存在内在空间。那么内在空间中的一些脏腑经络通道与细胞就会最先遭殃,这就是为何在全世界医学领域已经有越来越多的数据证实,情绪与脏腑慢性疾病之间有因果关系。

当一个人的脏腑处于持续受压的状态时,就会影响到对应脏腑的那些复杂经络。而经络最重要的功能之一就是向全身所有器官输送最重要的生命物质(气),当气持续供应不足,或持续阻滞时,人体的精气神就很容易呈现衰疲或萎靡状态,这样一来,心境状态与精神状态很难不受影响。比如当一个人暴怒时,心理能量便会立刻失去平衡,而后个体会感受到一种很不舒服的体觉与类漂浮性焦虑感,甚至有些人因为气火攻心,几天都卧在床上,十分衰疲。

身与心是一不是二,在人体的许多经络中,有一些特别的"点"对情绪的调节有重大的作用力。这些"点"若能够时常处于疏通的状态,一些负性情绪的能量就容易"无意识蒸发掉"。反之,就会形成"能量卡点"(病气场)。这样一来,一些旧有的深层束缚性信念更不容易被纠正、替代或重新被大脑边缘系统编码。也就意味着一些条件反射的情识或自动化思维会伴随一个人非常长的时间,甚至是一辈子。

几乎所有人都听说过:思伤脾、怒伤肝、恐伤肾、惊伤心。中医运用这样的原理,对一些特殊的穴位进行反复按摩刺激或针灸(不可自己尝试),结果产生了意想不到的效果。这些器官所对应的经络都有一些"开口"在人体的体表上,若能通过一定顺序并结合一些正能量语言来刺激它们,就可以获得两个巨大的好处:其一,可以卸掉一些储存在脏腑中的压力;其二,传递给大脑后,大脑会释放一种内啡肽的"兴奋剂",而这种化学物质可以使一个人的情绪愉悦度大大提升,它对情绪的提拉作用就如同荷尔蒙对生殖能力的重大辅助作用一样,不可或缺。那么,今天我们之所以需要依靠能量经络学来协助心灵,最深层的利好因素是因为它可以在我们修复早年人格创伤的过程中给予强力的辅助性支持。

我们都知道,许多焦虑苦痛心灵都有一定的"吞忍型人格"在深刻影响着其情绪与生命品质。而吞忍的背后就是一颗心灵曾经接受了数不胜数的负性指令，诸如：你怎么搞的；你真让我失望；我没让你这样做，谁让你这样做的；你怎么这么笨，我跟你说了多少次；你为何就不能像人家那样；你怎么这么胆小；你为何总是做不到等。而这些带有"压抑负荷"的信息皆是早年家庭教育者与小学教育者无形中对一个缺乏"分析式心灵"（理性逻辑判断能力）的青少年实施的持续负性催眠而形成的心业种子。

当一个孩子持续被以上这些低频负性能量的批判声音所奴役时，他的心智系统就会像一个喝醉酒的人，想走直却总是走不直。心理学家研究发现，孩子在青少年前，大脑的脑波大部分时间都处于容易被催眠（暗示）的状态，不论外界向其传递正面的还是负面的评价，只要重复的次数多了，就会被潜意识无条件接收，这真是一个令人震撼的信息。不少苦痛心灵在孩提时代拥有天生的勇士人格属性，本身一点都不脆弱，也不胆小反而具足成为时代弄潮儿的一切顽强特质，仅仅只是因为在成长过程中受到太多的错误教养与破坏性批判，所以内在勇士的力量大部分都被屏蔽与抑制了。这些恐惧性教育内化成了他们的"超我"，于是"超我"转过来对"自我"说：你不应该表达你的愤怒，你甚至不应该有愤怒，因为那是充满危险的……你的人生中不能没有焦虑……

当一个孩子进入青春期，由于"超我"的力量过强，而"自我"又处于能量不足的时期，因此只能继续采取"吞忍压抑"的方式活下去。在多事之秋的青春期，"自我"不仅没能学会正确表达自己的愤怒，反而转向对自己进一步表达愤怒，制造二次伤害。更糟糕的是这种吞忍的心气模式若没有得到合理的转化，会一直延续到青年，中年，老年，这就是经常有人说"江山易改，禀性难移"的根本原因所在。禀性一旦被强化十年以上，改变起来的确会充满各种无意识的阻抗，一些深沉的心魔也不愿意丢弃这份"幼稚性情感"的好处。当一些吞忍型苦痛心灵的青春期结束，进入社会参加工作时，一旦遇到一些持久的工作压力或生存压力，就会下意识地压抑自己的能量，而不是呈现出"勇士人格"逆流而上的本来面目。

凡是压抑的能量都不会消失，而人的内在空间也是有限度的，它们皆会遵循量变到质变的"质量互变律"而转化。

此书其他章节中所阐述的"幼年情感模式"在大部分情况下就是被这种吞忍压抑的能量所诱发的,而后幼稚性盲目的情感反应会占据上风,取代那个"成年人"当家做主。这就是为何在强迫症、焦虑症的世界中,许多患者也都清楚自己的担忧是非理性的,可往往依旧不由自主地选择遵从它。

我们所探讨的幼年残留情感,其背后是一份深深的自我人格压抑与自我需求压抑,它亟须在意识层面通过一些特殊的能量释放,解放大脑边缘系统中的无意识焦虑负荷。其中最独到的方法便是依靠传统阴阳五行原理和经络能量学原理,再结合一些西方心理学的方法,倘若操作得当就可以达成释放大部分焦虑负荷的目的。

"幼年情感模式"虽然给成年人带来了巨大的焦虑与麻烦,但是根据阴阳互即互入原理,它之所以喜欢感召各种焦虑性的故事,不是为了伤害成年人,而是试图借由那些"担心"的故事(症状)来做功课,期望在这份功课中能够处理那份"未充分掌握的能力",同时也不甘心让内在的勇士人格无重见天日的机会。所以说,"幼年模式"的积极意义就是在提示"成年模式"协助它完成这份愿望:表达自己的力量以及平衡自己的愤怒。

进一步认识拉扯性信念

人们在一些励志书籍或激励性视频中学到了许多令人热血沸腾的口号,但往往过没多久这股热潮就会慢慢地自动消除,这究竟是为何?许多人明知道某个目标的重要性,况且该目标只要通过合理的努力就很有可能成功,但即便如此,个体依然无条件选择让拖延与怠惰情绪蔓延开来,这究竟是为何?无数苦痛心灵一方面希望拥有健康快乐的人生,另一方面又并不愿意放弃焦虑不安的生活模式,这究竟是为何?

许多人的潜意识中都安装着一些会阻碍心灵达成愿景的软件,这些软件都是自动化运作的,总是在个体树立完目标或喊完口号后跑出来使劲拉扯。这样一来就如同一边踩油门,一边踩刹车,动弹不得。的确,在市面上销售的大多数心灵畅销书的共同主题之一便是教导人们乐观积极思考的重要性。人们都深知积极思考的意义，但很多人的潜意识在成年后便已经确信自己的人生"就应该是悲惨的""注定是不顺意的""我是不值得被爱的""我没有能力应对剧烈的冲突""这辈子恐怕都无法获得自信""我做事情总是很难有始有终"……而这些束缚性的信念通常隐藏得很深，并不容易被理性意识觉察到。

从嘴巴里说出来的成长目标与心底深处的自我认知或自我概念是严重不匹配的，比如当一个人对自己说肯定的陈述语句"我是最棒的"时，其潜意识中有一个心识却认为"自己是最笨的"，而且相当有理由与底气支持这个错误信念。有些人频繁地寻找心理咨询师，希望获得改变，但是他们的潜意识深处并不希望自己彻底摆脱焦虑，也就是说他们对当下的习性反应模式与焦虑心气模式是持有留恋情结的。有些心灵甚至在青少年时期，潜意识中就被植入了"我不配获得他人的恩惠""我不配获得他人的帮助""我是不值得被爱的"想法，以至于深刻地影响到青春期、成年期的心理潜能与人际关系。

如果一颗心灵没有从这些包裹着自己的拉扯性信念中"破壳而出"，那么当他越是在喊一些激励性的口号时，或许会诱发越多的焦躁感或压抑感。一个人不想要达成平衡式人生，不想要彻底摆脱痛苦，不想要彻底终止自我破坏的无意识行为——听起来似乎令人匪夷所思甚至滑稽不已，但这就是既存的普遍性心灵阻抗机制。

所谓的拉扯性信念就是一个人的"内在小孩"，每条拉扯式信念就相当于一个"内在小孩"，所以实际上无数人的心中应该都有一个"内在幼儿园"，而这个"幼儿园"会操控影响成年人的"大学"（一切心理功能与社会功能）。

有个男士完全具备独当一面与创业成功的特质，"自主创业"也符合他的一些个人抱负。但是10年过去，15年过去，他迟迟没有付诸行动，等到他自认为放下一些抱负后，光阴与机遇早已不等人。经过深层的分析，发现他的潜意识中有两个极具自我破坏性的拉扯性信念，而这就是他通向成功路上的最大拦路虎。

小时候他可能受到了周遭大人们许多关于"借钱不还"的事件的影响，对此十分不解与反感。长大后又经由一些错综复杂的生活经历，其潜意识中渐渐就植入了"一有钱就会面临被人借款的不良企图""被人借钱是非常痛苦的事情"的拉扯式信条,因此15年下来,他的创业抱负就一直被这两个极具破坏性的潜意识束缚性信念所牵绊着,以至于在相当长的一段时间内,只要他一想到创业目标或财务目标时,他的肌肉似乎都会呈现出收缩紧张的状态。

如果一个人的目标与内在的自我概念或自我评价高度一致,那么只要他一想起那个目标,全身的细胞似乎也会跟着欢欣雀跃。这方面通过一些生物反馈仪是可以测试出来的。

有个中年男士继承了父亲的一笔遗产,却在5年的时间里就把这笔数额不少的遗产给耗尽了,其缘由并非他胡乱高消费抑或各种"败家"。当他父亲去世后,他的身边莫名其妙地出现了一些投资理财专家,虽然这些专家都不是骗人的,但是他听从了这些专家的各种理财建议,诸如购买了多份表现平平的基金,投资了两套地段相当优越但有价格泡沫风险的房子,又把剩余的资金投入到一家美容美发店。两年过去,他所投资的每一个项目不仅没有盈利,反而呈现完全相反的一幅景象:基金被深度套牢,美容美发店关门,两套投资性房产价格也下降了3成。然而他并没有因为投资失利而心生抑郁沮丧,反而表现得异常"淡定",似乎这般失利符合他的深沉意图。他"越挫越勇",卖掉基金后其注意力又被一些时尚连锁餐饮店所吸引,很快就把资金全部投入其中。不过,两年后餐饮生意皆因为持久的入不敷出而失败,而在关门后的一段时间内,他的睡眠质量却比以往任何时候都要好。只是因为他认为父亲在世期间,他自己的表现是一个十足的不孝儿,时常酒池肉林,玩物丧志,因此其潜意识中的"超我"便心生无尽的自责。这种过度的自责在心灵的无意识深处植入了一个极具自我破坏的信条"我对不起父亲,我不配拥有快乐富足的人生"。

简言之,一个人的内心是如何自我设定的,外在就容易跟着配合,这个就是潜意识里应外合的基本原理。正因为这条束缚性信念的强力牵绊,他的潜意识开始吸引感召"既不快乐也不富足"的人生状态。这个束缚性的拉扯信条吸引了集体潜意识中的大量"同谋"协助他完成这个"业力"(心灵反作用力),这听起来令人觉得怪诞不已,但却是事实。

有缘读到此书的朋友，稍微自我检视回顾一下，便会发觉在某些地方拥有不少类似的体验。

"里应外合"的现象充斥于无数都市心灵生活的方方面面。比如有的人因为对当下所使用的轿车充满了厌倦感，并同时朝思暮想着拥有一台更高级轿车，然而其家人却并不同意在短期内更换轿车，因此他把这种烦闷的感觉进一步投射在正在使用的这台车子上。由于潜意识需要找到一个更换汽车的强力理由，因此这台车子没过多久便开始出现一些故障，似乎也在积极配合着主人的这个潜意识。反观，有的人购买了一辆开了5年以上的二手车，由于是人生中的第一台轿车，对其倍加珍惜，使用过程中也总是保养到位，呵护有加，在他的潜意识中认定该车子是非常耐用以及不易出故障的，果不其然，在自己再次使用此车的5年中，并没有发现什么明显的大毛病。

在日常生活中，许多事情看似只是巧合，但其背后都有一股极其强大且冷酷的动力会根据我们头脑中无意识的指令创造出符合个人深沉习性的情境。人的心念不会对外在物体造成移花接木式的变化，但的确会影响到心外之物的物理分子的振动频率，这个也符合心物一体的感应原理，而在东方哲学中也常讲"一切外障皆是内障的感召"。

天地万物都有不同振动频率的能量，共同成长在同一个场域内而形成一个大磁场。或许我们的"心"就是"宇宙的心"的一部分，或许我们所渴盼的一切特质其实在整体心性中早已拥有。就好比说如果有人告诉你他非常喜欢吃芒果，那么这就意味着他曾经一定尝过芒果的味道，如果他没有尝过，则不可能对一个陌生且未知的东西说"非常喜欢"。同理，我们所找寻的自信、力量、宽广、智慧的种子都含藏在深沉的心识中，只要将覆盖在上面的"垃圾"（拉扯性信条）敲碎，正面的那部分便会自动浮现，因为它就在那里。

以下这些话是否让你觉得"似曾相识"？如果是，就说明我们的无意识中潜藏着极具破坏能量的自动化软件程序：

不论我怎么做他们总是不满意。

我不配拥有他人的爱与帮助。

我注定需要过上悲凉的生活。

我很难交到真心的朋友，我很孤独。
我的心病总是摆脱不掉，我很无力。
我总是半途而废，很难坚持到底。
有太多东西在束缚着我，我无力挣脱。
我似乎天生就是自卑的，我是不被重视的。
老天对我非常不公平，我是不幸的。
如果不提前焦虑，会对不起他人。
我是一个没有力量的人，也很难爱自己。
我似乎很难成为一个自信的人，我很难不在乎他人的眼光。
我这辈子似乎都只能苟且偷安，成功对我来说是充满艰辛的。

其实，我们被"冻结"的创伤不在别处，此时此地就和身体在一起，我们可以等待它再度爆发，但无论爆发多少次都可能无法彻底耗尽，因为这种爆发是无意识的。我们必须将无意识背后隐隐约约的冲动彻底意识化，且有意识地在这副身体盔甲的肌肉紧张上做功课，这样一来情绪能量的郁结就会被释放，冻结的恐惧能量会解冻、融化乃至重新流动。通过释放这些深层的初期焦虑暗能量，我们将获得重新整合自己内在的机会，通过对过去的再经验、再释放、再整合，我们也为自己打开了一扇通往不一样的未来的门。这扇门的后面，蕴含了生命的潜力与不可思议的可能性。

一些脑神经学的科研工作者已经证实，人类的应激反应发生在大脑的杏仁核中。它属于大脑边缘系统的一部分，许多情绪或情感将在这里完成最终编码。许多时候杏仁核就像一个"警报员"，它一旦发出信号，大脑就会开始动员整个身体产生一系列紧张不安或兴奋的预激状态，而后就会直接触发"海马体"中的某个条件反射式的心气反应模式（程序）。

我们都知道理性思维（表意识）会对信息进行过滤，这个在哲学中也叫分别识。当我们对自己说"我是不可阻挡的""我是最棒的"时候，表意识不相信这是真的，因此表意识会对这个信条进行无条件阻抗。我们也都知道，与潜意识沟通的最重要因素之一就是降低表意识的活跃度，让脑波呈现相对的安宁。那么，如果能够绕开表意识的干扰就成功了大半，但如果我们不能绕开表意识，往往在许多时候越是对头脑输入正面的语句，可能越会产生一些烦躁或焦躁的感觉。

令人欣喜的是当我们在敲打一些特定的经络穴道时，表意识的注意力都会被敲打这个动作所牵引，它不得不去关注那个敲打现象。这样一来，我们就可以瞒天过海地对潜意识输入我们所需要的那些正面信条，其（表意识）阻力会大大降低。同时当我们对一些与情绪能量有重大关联的穴道进行敲击时，会产生与中医针灸类似的效果，它可以提高身体的内啡肽水平，这种物质就是让我们感到舒适的一种神经递质。而当头脑感到舒适的时候，表意识的阻抗水平则会进一步降低，这样就更加容易与潜意识沟通了。

接下来，我们一起来学习并熟练地掌握这个策略。它是借鉴了中医针灸按摩原理，五行能量原理与潜意识沟通原理，所整理出的一个十分简单易行的优化策略，它也完全符合无为法的内涵。（注：以下所分享的方法也曾受到国际整体医学专家罗伊·马丁纳（Roy Martina）先生内训课程的启发）

敲碎拉扯性信条

1.将手掌自然握拳，用处于小拇指一条线上的小肠经穴道击打另外一只手的手掌心（劳宫穴）。每次击打频率为7次左右（以下所有穴道也都是如此），而后左右手不断切换循环击打，在敲打的同时同步说出这句话：即使（　　）失败了，我也深爱并接纳自己。（元素）火

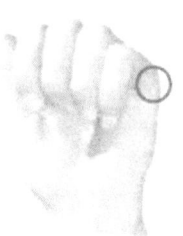

（注：一边敲打，一边说出语句。在括号中填入个体所担忧的任一事件，诸如，即使恋爱失败了、即使沟通失败了、即使演讲失败了、即使平衡情绪失败了、即使创业失败了……）

2. 大拇指内侧上下敲击 —— 对应放下一些东西。

我现在已经彻底并永远放下（　　）这种限制性想法。（元素）金

（注：一边敲打，一边说出语句。括号中可以填入任何你所认为的最妨碍自己成长的限制性信条，建议一周内只针对一条进行反复敲打练习。）

3. 指尖轻轻敲击腋下的脾脏刺激穴道（位于腋下与下胸廓线横截面交叉点）—— 对应值得拥有一些东西。

我值得拥有（　　）（元素）土

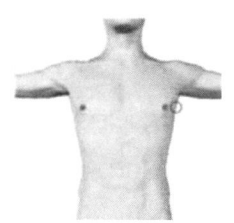

（注：一边敲打，一边说出语句。括号中可以填入任何你所想要的事物或目标。诸如：我值得拥有富足的人生、我值得拥有财务自由、我值得拥有健美的身材、我值得拥有快乐的家庭、我值得拥有良好的人际关系、我值得拥有平衡式人生、我值得拥有行业领先的企业、我值得拥有平和的心境、我值得拥有强大的自信心……）

4. 指尖轻轻敲击肾脏穴道（位于两侧锁骨下方一点）—— 对应释放恐惧情绪点。

我放下（　　）（元素）水

（注：一边敲打，一边说出语句。诸如：我放下所有的恐惧、我放下毫无意义的幼稚性思维、我放下极其幼稚的预期焦虑情绪、我放下一切自我破坏机制、我放下灾难性联想的坏习惯……）

5. 指尖轻轻敲击肝脏通道 —— 对应释放愤怒与宽恕自己或他人。

调和身心焦虑的十五个策略

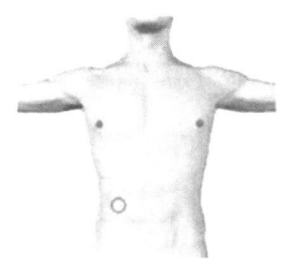

我宽恕（　　）（元素）木

（注：一边敲打，一边说出语句。诸如：我宽恕自己的所有失败与过失、我宽恕过去所有的因缘、我宽恕母亲对我的教育、我宽恕父亲对我的教育、我宽恕我对某事的内疚感、我宽恕我的焦虑情绪、我宽恕我的所有内在小孩、我宽恕自己成长的进度、我宽恕自己的烦躁感、我宽恕所有的心魔、我宽恕能量不足的时候……）

补充说明：敲打每个部位结束后，可以先深呼吸3次（可同步将双手举向头顶，寓意胜利者的姿势），再进入下一个敲打动作。同时当对应5种不同元素的部位都被敲打后，最后再用手掌离开身体约5~10厘米，对着轻拍中丹田的前方和百会穴的上方。在轻拍的同时也同步输入一些正面的信念，值得强调的是这些信念最好是以"我是……"开头。

这个动作有部分原理是受到印度脉轮能量学说的启发。手掌之所以是离开肉体进行轻拍，也有一种把正面文字的磁场直接塞进去的意味。在印度脉轮学说中，心轮与顶轮都是非常重要的被疗愈感应通道，对正面的磁场容易感知与共振（正面的文字与言语是可以聚能的）。笔者提供以下数句范本，仅供参考，读者可以根据自己的实际所需来创造。

我是智慧的勇士。

我是力量的化身。

我是不可阻挡的。

我是团队的核心。

我的人生是带有使命的。

我是最佳版本的自己。

我是可爱的，我是被爱的，我是爱。

我是自己的情绪平衡大师。

（当个体当下感受到压力和焦虑的时候，同样可以一边敲击以上五个"通道"，一边把具体的压力事件说出来，说得越具体越好，这样可以让一些潜抑的心灵负荷意识化、表面化，从而避免埋下更多突发焦虑的暗能量。实践证明效果非常不错。更多进阶策略与平衡策略需指导师亲身演示与完整细致地讲解数日。）

以逸待劳

在古时军事思想中,"以逸待劳"喻指作战时采取守势,养精蓄锐,以饱待饥,让敌人来攻,然后乘其疲劳,战而胜之。在自我心理疏导中,也有一计颇像兵法中的"以逸待劳",是使用广泛,影响较深远的辅助性策略,即:静坐。

修习静坐的人在不断增加,在许多瑜伽馆中基本都有静坐课程,此法本身是一种容易入门的无为法。静坐不仅有助于沉淀自己的精气神,让每天焦躁的头脑获得一些休息,还十分有助于将培育出来的正念自然而然地延伸到日常的生活和工作中,最终达到心灵成长阶段性无为而治的目标。有些人静坐只是为了闭目养神,有些人静坐是为了修习精神世界中的禅定,有些人静坐是为了更好地冥想放松,有些人静坐是为了让自己的心灵更加沉淀,但无论如何,世人只要能够不执着于静坐过程中所带来的一些好处,那么此法就有助于让一颗心灵更好地去妄存真。

静坐与精神世界的禅定有紧密的关系,而禅定与正念的品质又是乾坤绝配的关系。我们最终需要的不是修出"顽空"或执着禅悦,而是一种"能进能出"的观自在能力。这份能力意味着心灵是弹性的、柔软的、流动的,个中三昧,唯有离开口头禅进入规律的练习体悟中,方能自然而然地收获。许多人每天生活在汲汲营营的尘劳里,生活在欲罢不能的得失里,生活在喜怒哀乐的情识里,久而久之容易与自己的本体失去联结。静坐一法本身没有什么难度,若能善加应用就容易诱导出自性中的"心灵导师"。而后这个大导师自然会协助个体逐步体验身心安泰,这样一来就可以止息不少焦虑情绪。

让心沉淀下来,原本在任何"吃喝拉撒睡"的时刻都可以办到,只是许多

走出焦虑风暴

人在吃饭的时候心猿意马，睡觉的时候也在胡思乱想，都不能照看好眼前的事情，不是活在对过去的懊恼中，就是在恐惧着未来，所以非常消耗自己的元神。诚然，对于正念觉察能力相对优秀的心灵而言，于行住坐卧之中都可以禅修，并非一定要静坐。古今智者之所以强调静坐的便利，主要是它可以协助初阶者打下一定的定静基础，而后把这种"观自在"的功夫自然地延伸到日常生活中。

静坐又名禅坐或打坐，对人们而言它们的本质仅仅只是一种"运动"，只不过这种运动偏向于以静制动、养精蓄锐、以逸待劳、见招拆招罢了。值得一提的是一些心理障碍患者尽量先不要去接触宗教里的禅修，因为这对练习者的自我约束能力与心性基础有着一定的要求，即便适合者也需要在有经验的导师的指导下进行。而此书中所讲的静坐养心并非宗教文化中的禅修，它仅仅只是"生活禅"（生活的艺术）的补充，它适合所有对它感兴趣的人，它的主要目的是为了缓解疲劳，让自己的心气更加沉淀，这样有助于在日常生活中进一步把握正念。

静坐之所以讲究姿势的端正，其实道理也非常简单。一个人睡觉的时候需要用"躺卧"的姿势才比较容易入眠。同理，若要培育心息合一的正念，依靠端正的静坐姿势亦可事半功倍，有助于气血的"中和运行"。许多健身房里的瑜伽冥想放松课程，以及民间修炼太极拳或禅武医的高手都会合理善用静坐来养气。简而言之，"气"培育的刚健中和，可以调和身心，达致与"一气同游无穷"的心一境性，这种感觉本身即是远离了焦虑和恐怖的轻安自在状态。许多心理专家所追求的治疗目标就是让个体解除焦虑与冲突的对立状态，而静坐本身若操作得当，持之以恒，不仅能够缓解焦虑，一些微妙的好处亦说不尽。

道家在养生法中曰："静坐是息心法，心息则神安，神安则气足，气足则血旺，血气流畅，则有病可以去病，不足可以补充，已足可以增长。现在病可去，未来病可防，此其小者也。"又曰："心息则神明，神明则机灵，静者心多妙，观机辨证，格外敏捷，见理既正，料事益远，遇乱不惊，见境不惑，能一切通达，自无主观偏执之弊，而大机大用，由此开启矣。"道家静坐的智慧，被后来的实践者和现代科学所验证。不过，静坐这门学问对于一部分进阶者或高阶者（练习多年）而言，务必需要在一个有经验的指导者不定期地叮嘱下方能不断地逆流而上，因为这个过程中会出现一些"现象"，对于这些现象若没有针对性地点化或提拉，一些练习者可能会进入某种执着的境地抑或因为一些所知障而心生焦躁感。对于广大初阶者而言，可以自主合理安排一些时间来玩味其中的妙谛，若能坚持三个月以上，好处不言而喻。

对于初阶者而言，静坐这门运动主要是三点，分别是调身，调息，调心。

首先关于调身，大家不一定要采取双足叠加（双盘）的脚部姿势，因为这个姿势对关节的柔韧度有一定的要求，因此对于有能力双盘的就随喜双盘，暂时没有能力双盘的就采取单盘，而实践证明所谓的单盘未必就逊色于双盘。有一点需要特意强调的是，静坐不是比谁的腿部姿势漂亮，也不是比哪个姿势看起来更加像修行人，静坐的最终目的是为了调心，且让心境更加沉淀，以及更加能够停留在眼前的临在片刻（活在当下）。唯有如此，才能够协助自己的正念觉察能力在劳逸结合的工作生活中，不知不觉地获得进一步的提拉。

对于初阶者而言，静坐可以从 20 分钟开始，一个月后延长到 30 分钟或 45 分钟以内，不必效仿一些宗教修行人士或一些养生人士的那种长时间坐禅，一定要遵循自己的速度与脚步，但凡有一颗平常心且不执着于结果的初阶者往往已经无师自通。对于当下心气浮躁的人而言，暂时不要去体验静坐，最好先把躁动的情绪处理一下。

当一个人非常生气的时候，局部气血容易逆行或紊乱，再加上头脑思虑过度，若没有先平复一些，直接去静坐，最终往往会厌烦这个静坐心法。究其原因主要是在这种剧烈起伏的心境下，个别缺乏定力的人反而会更加敏感地感受到自己的情绪，而后反而会把注意力更加关注在自己的躯体感受上，诸如心跳、胸闷、烦躁、酸痛等。有些人可能还会觉得是静坐加重了情绪，这实在是理解上的误区。事实上，静坐本身只是一个姿势，我们是利用这个姿势来更好地让自己的"心"成为一面镜子，也就是所谓的"明镜之心"。这面镜子本身对各种现象没有好恶之分，仅仅只是如是、如实的觉知。

对于在日常生活中已经有一定正念觉察能力的人，当情绪来的时候，可以选择单盘静坐一会儿抑或直接坐在椅子上。他们不仅不会感到因为觉察而导致的所谓敏感，反而对这种觉察充满了一股信任的底气，他们坚信只需要深深地信任，而后让自己的心如同河床一般，静静地感受流经这个河床的水流（念头），感受水流的无常与无住本质，就能不知不觉地进入一种顺应自然的心境状态。个别初学者往往把觉察当成是一种"刻意地盯着看"抑或把觉察当成是"杀戮情绪"的武器，就因为这一念之差，堕入了"观不在"的恶趣中，而不能玩味真正的"观自在"。

关于静坐的时间可以是早晚各一次，对于习惯午休的人而言，也可以在午休后腾出二十分钟来进一步闭目养神。静坐前肚中食物不宜较多，若是在早上可以先喝一点温开水或果汁，静坐完以后再去吃饭会比较好，当然有的人先吃一点东西也不是不可以，具体要看个人的身体情况。早上静坐前最好洗漱完毕，如厕，而后花3分钟简单地热热身子，用双掌搓搓脸颊、头皮、颈部，有助于血液循环。在静坐过程中背部与头部姿势尽量自然挺直，但莫刻意笔挺，其他一切均以自然舒适为宜。静坐结束后，不宜立刻起身，最好也摇摇身体，搓搓脸，而后慢慢起立，在室内走几步。

关于调息，对于初阶者而言往往最容易上手的就是数呼吸与观呼吸。

1. 安坐好以后，将两手掌叠加后贴在小腹那里（左手在右手上），这样有助于养气以及激活下丹田区域的能量场，这个区域能量场的血气激活得越好，越有助于肚子周围的经络的疏通。而后，开始数息。数息的意图主要是为了让心绪有所沉淀与专注，对于后面的自然观呼吸或观心是有意义的。然而对于本身心就已经比较安定的人而言，不一定每次静坐都要数息，直接观呼吸、观肢体或观心即可。数息的方法也尽量越简单越好，通常每呼吸一次就在心中默数一，当从一数到十的时候，再重新开始循环几组。待几分钟过去，自觉已经适应此次的静坐旅程且没有多少躁动的时候，就可以不用数息了。

2. 系心脐下。把一切妄想抛开，自然内视小腹，且恒顺自己的息入息出。入不见它从哪里来，出不见它从哪里去，久而久之，妄心就慢慢地安定下来。（补充：调息过程中眼虽闭着，但可以温和地内视小腹。智者说："若系心脐下，脐是气海，系心在脐能调众病。"其原因是注意脐下，深长细远地呼吸，不但有强健肺部功能，还具有宁静神经的作用。智者又说："下著安心。"即系心脐下，令息微微然，息调则众患不易生，其心也易定。）

3.心息相依。一心跟随息的出入，心随于息，息也随于心，绵绵密密，渐渐地就会培育出对杂念"随它去"的习惯。静坐的过程中尽量不要有摇晃，抑或动作。但也不是说不能动，若实在是感到腿部有点酸痛，可以稍微动一下。

静坐所追求的境观：保持明镜之心，就像一面镜子，镜子永恒观照着内外的一切现象，现象发生了，镜子就映照，不会隐藏起来，对于一切的发生，既不去迎接，也不去送别，所以能容纳万事万物而不会受到伤害。也就是说，看自己意识中的一切都是不附着任何感情色彩的，且认识到生命的无常与无住本质。

静坐的时候尽量放下尘氛（喻指世俗中的各种欲望与纷扰），应不想过去和未来，也不想现在正在从事禅定，因为只有不执着于禅定，才能达到真正的禅定（特指思绪安定于当下，非禅宗里的禅定境界）。学静坐之人，若心底充满嗔恨、易激惹、易责怪，往往容易发生障碍。如生障碍，不忧不惧，不取不着，自然安住呼吸，慢慢地障境即灭。若不走，如是观察，不参与情感，体会妄念的虚幻不实，自当消灭。

静坐调心有四个明显的阶段

1.开始静坐调心时，就像从旧家搬到新家，需要适应一下新环境，可能会有不适感，感觉这个动作很奇怪。

2.刚搬家后，对新家还不习惯，时不时想回家看看。心思有时会有浮动，是静坐的正常反应，因此此时不要抗拒新家，也不要排斥旧家。

3.经过一段时间，已经安于静心沉淀，精神相对稳定。内在已经具备一定的定力，有时候会体验到如同晴朗的夜空一般的寂静，这是身心融合的重要阶段。同时对妄念的干预已经有较强的中和能力，能够在混乱的情绪中保持内心从容。

4.心思已经在新家，表示对静坐修心已经十分习惯，不再对静坐有任何排斥。内外趋于一致，两者达到统一协调，真切地感到身体与心灵的共鸣。

此外，西藏精神上师萨拉哈智者曾传有安心六法，是静坐时六种很好的心态调节参考：

1."如日不被云遮":修持者应像太阳不被云遮一样,不被破坏专心的障碍(如杂念和昏沉)所蒙蔽。

2."如鹰搏空":鹰在空中翱翔时,只需适时振翅就可以保持滑翔,修持者也应当把心专注于目标上,拿捏恰当,保持平衡。如果太着力会因起掉举,太散乱又会落入昏沉。

3."如海不扬波":无风无浪,海面就会保持静止。修持者的心要不散乱,保持专注于目标之上。

4."如婴儿观佛殿":婴儿观佛殿时,完全不起世俗之念。修持者在初修时,只能确定粗略的任取目标,太详细、太清晰反而会有更多的杂念,导致目标丢失。但修持数年后,则不必如此。

5."如空中鸟迹":鸟飞空中无迹可寻,修心中的杂念就好似飞鸟,但修持者不应该跟着它跑,而应把心放在目标之上,专注于此。

6."如上等棉线":上等棉线柔软坚韧,修心者的心也要如此,心要舒适、放松,但又要牢牢拴住目标。

初阶者容易出现的误区

在自我心灵调节的过程中,没有人说一定要静坐,它只是一个选择,可以让个体自我疗愈的工具箱中多一把好使的工具。有的人可以从中获得极大的好处,有的人连门都不得入,主要因为急躁与阻抗。人一急躁,什么方法都会带有三分毒性,同时其正向价值也会大打折扣。关于深层的习性阻抗,我们要认识到"习性"与"心魔"本身是不希望个体做任何跟蜕变有关的事情,否则它就无法存在了。因此,以下八点建议需要初阶静坐静心者进一步认识与合理把握。

1.很多人一听说静坐或静心,以为就是让自己拼命地放松,其实不是这样的,我们不应以严肃的心对待它,最好像玩游戏一样轻松进入其中。有的人体验了几次静坐之后,发现自己毫无改变,于是内心开始产生很多阻抗与急惰,这些都是中了阻抗机制的圈套,一定要觉察、甄别。

2.有的人在静坐过程中加入一些冥想,也是很不错的主意,但并非所有人都需要这么做,因为有的人是不擅长冥想的。而有些自助者则非常容易进入冥想的放松状态,主要原因是其深沉心识中有过类似的放松经验,而这些经验是通过冥想带来的，所以容易被触发，因此比较喜欢冥想的朋友可以在网络上选择一些自己喜欢的瑜伽冥想音乐来导引。反之，有的人更适合在静坐中自然地观呼吸，而关于"观呼吸"方面的专业指导书籍可以参考内观大师德宝的《平静的第一课——观呼吸》一书。

3. 静坐过程中不要回避杂念，有杂念是非常正常的，而压制念头本身才是妄念。让杂念自由来去，它不是你，你要允许它的发生，允许它的自由，念头生于自然，是一种自然现象，本质是空，又有什么好去除的呢？带着一份清明的观察的态度，让它来如流水兮逝如风，你只是看着它，不参与进去，日久功深，境随心转。

4. 真正有价值的东西都需要时间去行持，我们一定要享受过程，幸福地去追求，而不要傻愣愣地去追求"幸福"。静坐调心过程中不要逃避酸痛与烦躁，只需温和地觉察它们，通常都会不知不觉地淡化，正所谓见怪不怪，其怪自败。此外，静坐前后不要考虑太多事情，没有意图本身就是一种觉知的艺术。我们无须期望任何东西，只管坐着沉淀自己的心气，如果哪个部位感到烦躁，就让那个部位跟随着呼吸一起呼吸。在静坐期间，**不要执着于任何东西，也不要排斥任何东西，要来的就让它来，无论遇到什么事情，都应随遇而安，不要和眼前的一切经验作对，只需温柔地觉察着它们的律动即可。**

5. 其实真正的静坐不是比谁的耐力好，也不是比谁的体力好，更不是比谁的姿势好看，而是依靠酸痛、烦躁、杂念来提升自己正念的品质，这个或许才是最根本的意义。许多误入歧途的人都是在静坐有一定火候时，执着于一些乐境，结果没过多久反而倒退得厉害，甚至心生魔障（喻指更大的执着心）。因此，在一开始就要确立正确的静坐心态，反之将会让自己不断地活在虚妄现象中。

6. 人体是一部十分精密、完整且完全自动化的生物仪器，它具有完善的收纳、射放、自我调和等自动化的功能系统。而这部近乎完美的"生物调谐仪器"，也只有在心气相对安定的条件下方可发挥作用。而反观市面上的许多烦恼之人，整天挣扎在工作竞争或精神应激压力的洪流里，身心频繁处于紧张不安状态，这种状况会严重干扰人体自我协调系统的正常运转。

当一个人静坐进入娴熟的安定状态时，体内的接收系统也会趋于正常状态，它可以与宇宙大自然自动交换信息和能量。因为人天本来就是一，不是二，人体是一个小宇宙或小天地，它时刻与外在大自然保持密切的互动，而达到相对的稳定和平衡，中医里就十分强调外部环境与内部环境之间的阴阳互根关系。在高压的竞争生存环境下，许多人经常处于紧张、焦虑、失眠的状态中，因此身心场能大多在二级以下。而我们周围的大自然能量时常已达到四级，如果我们能经常保持放松入静，就能感应与提升自己的场能，从而对缓解焦虑起到良好的长期正向影响。

7. 除了静坐，在日常生活中依旧可以依靠各种"烦忧""情绪"来培育强大的正念，它们是"盟军"，不是"敌军"。简言之，不管是哪种形式的焦虑，一旦来临，请如实温和地觉察它，只要看着它升起，成长与灭去即可。如有兴致可以中立地研究它的作用，看看它如何让你情绪化，以及如何影响你的体觉不适。当你发现自己陷入焦虑幻想与对立意念的深渊时，只要以正念回应它们即可。也就是说你要用感觉去蜕变感觉，不要急吼吼地干预它，像一个好奇的旁观者一样看待整个过程的律动。你只需要自然地呼吸，而后让整个混乱的状态自行蒸腾与离逝。实际上它根本就伤害不了你，它只是一团莫须有的记忆，只是幻想，它什么也不是，不过就是一股焦虑的能量罢了，终究只是一股气，它和跑步的时候造成胸口堵堵的感觉的气机是一模一样的。当你在跑步时，你难道会为胸中的那股气而哀叹、而痛苦吗！当你在跑步时，即使胸口堵堵的，也会抱持三个信念：（1）它非常正常；（2）它现在就应该是堵堵的；（3）慢走一会儿，休息一会儿就好了。

所以，当我们胸中有情识干扰或炙盛时，请和跑步时的心态做比对，两股气机实际上是一模一样的。简而言之，当你让焦虑情绪在意识觉知的舞台走它自己的路时，它就不会沉入无意识中而形成新的压抑。需要指出的是，这是一个渐进的体悟过程，你必须抓住每一次小小的焦虑情绪，并在其中实践以上的心法，随着成功经验的累积，最终我们就有能力去"直捣黄龙"，面对你此生最大的深沉焦虑，从而彻底领略"习以治惊"的魅力。

树上开花

智者说：若无闲事挂心头，便是人间好时节。

那么，究竟何时才能拥有行看流水坐看云的气度？

许多人在当下充满了灾难性联想及预期焦虑，大脑的神经时常如一根绷得紧紧的弦。你都不知道自己有多紧张，紧张也已经成了你的常态，你时时刻刻想方设法去驱赶妄念，结果把一只"小猫咪"幻化成一只老虎，而后继续慌乱……一些无意识残留的负能量会使我们的肩膀莫名酸痛且大脑昏沉，一天下来没有做多少事情也觉得心累，更有甚者觉得自己的身心如同缠绕着一条蛇，让自己透不过气来。

我们的生命光泽，不能再让残留毒素所吞噬，不能继续被习性拉着走，否则总有一天我们内在的生命状态会变成毫无生机的"臭水沟"。只要遵循此书中所分享的诸多阳性的辅助性强化策略（阳谋），同时再配合私下自己所选择的心理治疗师的建议，我们一定可以找到自己本来的清净面目，一定能够修复无意识深处的创伤，一定能够重新焕发绚丽多彩的生命力。

"树上开花"，在兵法中隐喻用"假花"冒充"真花"，以取得乱真与震慑对手的效果，从而在不利的局势中强有力地提拉自己的气势。此章节所分享的心理学辅助策略之所以叫"树上开花"，主要是借其字面的美好寓意表示我们内在这颗心灵之树在某种契机下本来就可以结出美丽的"花朵"（平和）。

心理学家已经发现，在某种相对平稳的脑波状态中，通过持续地观想一些正面的品质或充满力量的影像来"加持"自己的能量场，那么久而久之这些品质或影像就会渗入到潜意识中，成为一种真实的临在的体验。诸如在

走出焦虑风暴

感恩的心境状态中,持续观想某个通过现实努力可以达成的目标,且投入所有的感官去感受那份期许中的画面与结果,那么这种观想如同向宇宙发射了一道无形的电磁波来找寻更多的灵感支持,总之这样的观想十分有助于提高个体心想事成的概率。此外,如果把我们的旧有信念系统比喻成一棵"铁树",那么我们的"小我"或许很难相信这棵铁树会开花,但是如果愿意解除一些束缚性信条,而后不再错过观想这个殊胜的心地法门,那么一些你所不相信的美好的事物可能有一天待火候具足自会"无中生有"。此时此刻请一定不要错过观想这个心地法门,它有助于我们在心底深处看见"树上开花"(达成一些愿景)的情形。

身心的健康程度,包括心境上的平衡程度,很大程度上也取决于大脑皮层的机能,取决于大脑主交感神经与副交感神经是否平衡。长期坚持观想(禅观)的人,就能够使副交感神经的兴奋与抑制较迅速地趋向平衡,各归其根,从而到达一种"阿尔法波"(脑波)状态。这种脑波状态下的头脑比较放松、自在且充满直觉灵感。

有智者启蒙:冥想是经直觉进入无为的境地,而最高境界的意识就是当你只是一个"存在"。其实在日常生活中,观想现象是无处不在的,比如家喻户晓的茶文化,它本身就是一种简单的意识冥想。通过茶事来营造一个相对宁静的氛围和一个活在当下的心,进而让心灵处于"虚而待物"的临在状态,而这种状态本身就是一种变相的观想艺术。**因此所谓的观想,就是暂时放下琐事的困扰,放下逻辑的分析,放下一些世俗的欲望,就在此时此刻逐步让心灵意识处于"零度意识"状态。通过专注于冥想的对象来持续获得安详的专注感,久而久之就可以静看定力与智慧的开花结果。**但是,值得引起注意的是,许多人对"观想"(也叫冥想)存有一定的偏知。尤其是一些男性认为"观想"是女孩子的专利,男人观想似乎意味着"婆婆妈妈"……总之在这些人看来,观想不仅浪费时间,似乎也不能产生什么立竿见影的好处。

《道德经》:"上士闻道,勤而习之;中士闻道,若存若亡;下士闻道,大笑之。不笑不足以为道。"中士与下士主要是被一些所知障以及因缘际会等因素影响,致使自己总是与一些智慧擦肩而过。其中就包括观想这个心法。

实际上,观想的能力就好似我们的本能,它是简单而开放的,它属于每一个人。在我们的生活中，观想现象是无处不在的，譬如当你早上上班路过一片花坛时，你花了3分钟时间沉浸在花儿的寂静与祥和中，就在那一刹那，你一定已经尝到了观想的甘甜；有时候一些焦躁的人听着某些空灵的音乐，自然而然就如入无人之境，就是一种观想的发生；有的人在散步的时候，看到一些令人愉悦的绿色花卉时，全然地感知着当下，没有拣择，也是冥想（观想）的发生。现在的问题是，我们在一天当中有许多闲暇的片刻，为何不试着把这份甘甜积累起来呢！你可以只是试试看，它是能非常有效缓解焦虑情绪的方法，也是充满轻松与乐趣的生活艺术之一。

其实冥想和跑步一样简单，一点都不复杂，人人都可以进入最适合自己的冥想主题。如果你不介意的话，每天少睡20分钟，少看手机20分钟，少说妄言废语20分钟，少浏览网页20分钟，同时少一些驱赶焦虑的欲望执着，而后就用这些轻而易举节省下来的光阴让自己安静地探索心中的秘密花园。保持几个月，就在某个刹那，你的生活或许已经开始充满宁静和快乐，或许你会爱上这座内在心灵花园，因为这里充满了神清气爽与正能量。一旦你正确地开示，那么随着深度的不断增加，你所能得到的永远比你想象的还要多。

许多人可能不知道，人类的无数宝贵智慧都是在长期冥想中依靠自性智慧的启蒙而获得的，乔布斯先生让苹果公司东山再起也受益于其个人长期从冥想中获得的直觉穿透力。在宗门修为界，许多上师、禅师、瑜伽师、法师等无数行者都有修习冥想的习惯，且视之为通往禅定的好工具。最初的人体穴位图，据说也是道行甚深的人士在观想禅定中获得的真实窥见。

在这个世界上的许多哲学宗门文化中，都把冥想当作通向真理之国的唯一道路。佛陀（悉达多王子）在年少时时常喜欢一个人在树林里独坐而进入甚深观想的入定状态，让其证悟的不是六年光阴的打坐姿势，而是打坐中的禅定冥想。冥想，成为其开发内在智慧的必经之路。而我们生活在尘氛里的普通人，比起一些出家修行的僧侣更应该修习冥想这个无为法。

认识心魔与熏习力

"心魔"这个词喻指各种心病背后的"深层习性",它有很多种,一般对个体影响最大的是"身蕴魔与烦恼魔"。所谓的身蕴魔就是人们一旦过度执着于身体的面貌、形体、衰老、寿命等,就会产生痛苦。我们需要正确地认识身体,但不可对抗不受意志控制的自然因子。许多人对自己的面貌与体型十分自卑,20年下来形成了重大的内耗现象,而这种不愿意妥协与接纳的内耗现象会进一步加剧烦恼魔。所谓的烦恼魔,顾名思义就是特指愚痴心、傲慢心、执着心、分别心、患得患失心、过度的欲望等,在自我调心修心中,真正的"魔"就是这些。 然而我们须深知一切魔障源自心中,一切外障皆是内障的投射,若心中无魔,任何其他"外魔"(潜意识里应外合现象)也都无法伤害到自己。

东方哲学中还有一个重要词汇叫作"熏习力",即说办任何事情都要坚持不懈,反复精进。同样,在观想中也是一样,坚持几个月就可以将观想的禅境转生为熟,这样一来就能将原有的恶习与部分条件反射的执着心转识。在西藏与印度的许多宗门哲学门派中,有许多培育禅定的方法,其中都与观想有重大关联。诸如修为者先将心专注在本尊或本尊的图片上,且保持十足的恭敬心。慢慢地闭上眼睛开始细致地观想本尊的所有细微特征,持之以恒就可以获得"禅定",然后再从头到脚去观察自己那颗安住于"一境"的"心",是在身外还是身内,从而使自身明白这颗心并非"实有"而是"空性",常年坚持就有机会达到"止观双运——空智合一"的境界。这种观想的方法与禅宗里的参禅心法是有一些类似的,都是强调观心的源头与本来面目,从而明心见性,转识成智。

对于广大的自助者而言,观想这个心法在初期最好配合静坐同步进行,静坐有助于培育"止心"的能力。如果一颗心灵只有观的能力而没有止的能力,就如同风中的烛光,随时都有可能被熄灭;如果一颗心灵只有止的能力而没有观的能力,虽然烛光明亮,但容易被分别风所动摇。因此在观想禅定中,一旦产生杂念或懈怠感,即刻提起正念觉察来把握住所缘境。而后继续把心温和地拉回到自然的呼吸中，也可以大力地深呼吸几次，有助于对治昏沉，而后保持精进心继续全身心地投入观想，不断地强化自己的安住心与禅定心。

禅观的初始心态

办任何事情最重要的就是信心，在自我修心领域更是如此，若缺失信心就很难向内走得很远。对大多数人而言，必须有一个最基本的信条，我们的本心本性本来就是安详的，尽管有时会被一些妄见与执着所蒙蔽。禅观的最终目标就是帮助我们加深禅定品质，有了良好的禅定品质，再结合正念的觉照力量，止观双运，就可以帮助我们去练习超越正负对象的二元对立，也就意味着带领我们进入更高的领悟。

当我们把注意力全部专注在正面的意向或力量的源泉时，只要坚持3个月以上，我们就会不知不觉地发现自己对烦恼的容忍力与接纳度已经提升许多。再配合此书所分享的其他辅助性策略，我们的心就越来越容易对曾经那些负面的意念保持一种开放心与平等心，这样一来，好处不言而喻。此外，常见的错误心态不容忽视。一些心灵在了解了观想这个心法的积极意义后，在初阶练习的前几次就用力过猛，以至于没有体验到半点好处。在这种情况下若没有及时把心态调适过来，基本上就会不了了之。总之，对观想存有执着的态度会稀释它的正常效度与威力。正确的心态是温和进入，把观想当成是自己进入内在秘密花园的通道，对这个探索的过程保持好奇就可以了，至于结果如何都尽可能随它去。需要补充的是，对于喜欢禅修的人士而言，尤其是对参禅修为相对高的行者而言，如果已经真正领悟到自己内心的祥和本性，在禅定培育中就不需要依赖任何物象，可以相对轻易地进入状态。

关于力量源泉之选择

所谓的力量源泉就是我们在观想中最关键的一步，简单一点讲就是选择一个特定的充满正面的意象。你可以选择任何具启发性的意象，只要观想它的时候能够有高度的敏锐性与法喜感就可以了。

举例说，这个意象可以是仁慈的一位哲学家、伟人，曾经你所见过的一尊佛像，抑或任何一位你所喜欢的圣贤。诸如无比开阔的蓝天、无比祥和的月亮、无比晶莹剔透的水晶球,对于喜欢太阳的人而言,也可以把太阳般的白色光球当作是力量的源泉,总之,任何具有正面特质的物象都可以。

禅语云:法无高下。观想的主题也是同样的道理,最关键的就是选择自己最有感觉与契合的主题,而后好好坚持几个月。高质量的冥想不仅对焦虑情绪有裨益,且对精神生活亦有深远的影响,可谓摄心凝神,一举多得。

完整禅观的4个大步骤

1. 选择一个安静的独处空间,初阶者观想的时间在25分钟至60分钟为宜。请不要在很疲劳的时刻进行,因为对初阶者而言,在养成观想的习惯前,对观想的前期正确探索与把握或许也会消耗一些脑力。所以尽量在精力相对比较好的时刻,抑或清晨起床不久后进行。对长期有慢性焦虑情绪的心灵而言,在身体能量场比较匮乏的情况下尽量先多操练站桩或适量的运动,先把身体的精气神恢复一些则比较好。

2. 勇敢地承认自己的问题,觉察到自己情绪背后的那个"怕"究竟是什么,并把它设定成一个具体的图像。因为观想的过程其实就是与潜意识沟通的过程,而潜意识喜欢图像或意象之类的沟通工具。比如可以把自己的焦虑情绪设定成一团萦绕在心头的"迷雾""枷锁""黑点""黑石头""缰绳""坑洞"等,练习者完全可以根据自己的实际感知确立最适合的意象。

3. 祈请力量之源。这个步骤是最关键的,它是观想产生效果的核心元素。归纳起来有4个元素:(1)尽可能地投入全部的感官,不仅仅只是眼睛;(2)对力量源泉需要表达1分钟以上的感恩之情,且具足一定的恭敬心(心因恭敬而开放,因开放而放松);(3)真诚地祈请"力量源泉"的帮助,怀着巨大的喜悦与信心,相信"力量源泉"一定可以将正能量流经到自己的身上;(4)当"力量源泉"开始作用时,把心完全交付出去,不存在一丝怀疑,直至你感觉到这个意象的治疗力量。

4. 安住在这种被疗愈的祥和状态中,持续15分钟以上,就会强化潜意识的正面意象。(关于禅观的更多内涵可参考《心灵神医》)

再分享两种比较简易的观想策略,十分有助于进一步培育"抽离心",抽离心培育得好,最终也都会内化成"静观其变"能力的一部分。

神奇的出离观 —— 对治预期恐惧

调和身心焦虑的十五个策略

【基本步骤与方法】

1. 自然闭上眼睛,深呼吸 10 次或腹式呼吸几分钟,让身体自然地放松。

2. 观想光(力量之源)在自己的头顶上面,从百会穴进入身体,整个身体被无量光笼罩着;而后观想自己的心识安住在头顶上方,就好像有一个观察者正在看着你自己的身体。也可以观想"光"在观察者意识的位置,可以把我们的观察者意识想象成纯粹的光体。

3. 当你感受到自己内在的某种情绪不能自已时,就可以观想自己的心识仿佛离开了自己的身体,安住在头顶上方,且同时看着自己那份情绪、感受,对它说:"是的,我注意到你了。谢谢你!"

4. 当你在日常工作中,因为压抑情绪而感觉到内在有任何的想法、影像、画面出现,也可观想自己的心识离开自己的身体,安在头顶上方,同时看着自己潜意识浮现的那些想法、影像、画面,对它们说:"是的,我看到你了。谢谢你!"

5. 当你在亲子关系中,因为一些隔阂与沟通不畅而感到焦躁与焦虑时,你也可以观想自己的心识离开你的身体,在头顶上方,同时对那些声音说:"是的,我听到你了。谢谢你!"

6. 如果你不喜欢自己现在的生存状态、社会身份、团队位置,那么你也可以观想自己的心识离开你的身体,站在旁边一米左右的距离,对那个角色、身份、位置说:"对不起!请原谅!谢谢你!我爱你!"

每次观想自己抽离之后,你都可以去感觉自己的心变得更加安定祥和。

【步骤说明】

出离观,也叫作抽离第六识,可以让我们随时从自己不想要的批判状态中抽离出来,获得活在当下的状态;观想抽离的时候,你不仅可以观想自己在头顶上方看着自己,也可以观想自己的观察者意识在身体位置的任何方位观察自己,如明镜之心,而一切出离观的最终目的都是出离我执(执着心、批判心)。

进行抽离观想的时候,也可以观想某种你所喜欢的"光"来作为辅助,人体对光是比较敏感的,不同颜色的光之所以能够影响情绪与健康,主要原因之一是这些彩光的颜色就是不同波长的电磁波。源自印度的脉轮学说本身就认为人体上有 7 个能量中心,而在这些能量中心上都有相对应的彩光,包括红色、橙色、黄色、绿色、蓝色、紫色、金色。人在观想的时候,黄色的彩光有助于强化神经系统;橙色的彩光有助于令人感到愉悦欢畅;绿色的彩光有助于人体排毒与消炎;紫色的彩光对人体免疫力有一定的提升效果;红色的彩光会令我们有能量充满的觉受。

此外,值得一提的是,抽离观并不是让我们去排遣原来的自己,也不是去排遣身体的感觉、情绪、想法、内在影像、画面、声音等;抽离只是让我们不去对"小我"的这一切执着心认同。平日里我们的意识之所以无法清明地处理一些内在冲突,是因为我们对这些执着的内容认同太深,以至于把这一切都认同为全部的自己。而且,出离观还是以下我们要练习的慈悲观的基础。

神奇的慈悲观 —— 对治封闭的心

【基本方法与步骤】

1. 闭上眼睛,注意自己的呼吸,让自己安静下来。

2. 花 3 分钟时间观想一种光(力量源泉)自上而下笼罩着自己的全身,且安住在这种祥和的心境中。

3. 观想一个你平时觉得很难以相处的人,这个人时常引起你的焦虑,现在在充满光的世界中就好像他在你面前,给自己一些时间接纳这个人的到来。

4. 允许自己现在看着他或者一件与他相关的焦虑性事情,并去感觉现在自己内心有什么感觉。不管这个感觉是什么,你都允许自己不去排斥它,也不对抗它,允许自己只是单纯地去感受这一感受。

5. 也允许自己内心浮现出任何过去与此人发生的事件内容、影像、画面、声音……当内心浮现出这些觉受时说:"是的,我看到了,我听到了。"

6. 现在观想自己在光里面,把你内在对他的全部看法与感受完完全全地表达出来。我们须知如实、如是地表达是慈悲观的第一步,也是解放自己与对方的第一步。因此,在意象对话中请充分地表达你的情绪或愤怒,唯有当这股能量有所释放时,一个人才能够相对清明地换位思考与拥有同理心,所以不必担心自己的情绪表达会是不慈悲的。

7. 允许自己敞开心灵,抽离自己的身体,去感觉对方此时此刻听到刚才的那些话语后有什么回应。你也可以融入对方的内心，完全成为对方，看看他是什么感觉。无论你感觉到对方是什么样的感觉、想法，你也都允许他表达出来。

9. 然后，你再次出离他的位置，回到你自己，成为你自己，并再次将你的内心感受与想法表达给他。

10. 可以有几个回合，在你与他之间轮流去表达自己内心真实的感受，不论这个感受是什么，直到你们彼此都可以把所有想对对方表达的感觉、想法都完全表达出来。

11. 带着同理心，去尝试了解为何当时在那件事件中他会有那种反应，是不是他也有一种难言的苦衷抑或他也是一些早年教育者与监护者情绪的牺牲品。

12. 观想自己最后可以带着爱去看着他，并对他说："我已经完全宽恕你了，谢谢你！"

【步骤说明】

慈悲观是出离与融入技术的整合，也叫作自他相换，是帮助我们培养平等心的辅助方法，可以良好地处理一些因人际关系冲突或亲子关系冲突而造成的内心焦灼感。

练习慈悲观的时候，我们只需要完全信任自己内在的感觉与指引即可，不需要任何勉强；我们要表达的是自己内心真实的感受、想法，既不是压抑，也不是逃离；情绪、感受本身永远不是固结所在，只因为我们曾经没有去正视和表达，要么是采取压制，要么是采取逃离，所以它们才会变成我们的问题；慈悲观，也不需要我们带有任何的预期目的，就只是单纯地表达彼此的感受与想法。有目的便有了界限，慈悲观是没有主观思维界限的。

《大学》云："知止而后有定，定而后能静，静而后能安，安而后能虑，虑而后能得。"而观想心法则十分有助于"知止"（将心停留在该停的地方）。

在日常生活中将观想（包括抽离观、慈悲观）与站桩或静坐结合，长期锻炼，就会有机会达到道家无为全生法所强调的形神不亏之境界。

走出焦虑风暴

> **补充：长期冥想的结果：寂静轻安**

那是一个从未出现过的可爱清晨，那是一个分外晴朗的早晨，你的头脑里充满了清晰与明朗，似乎整个世界都充满着令人屏息的奇特光辉。此时，你不能只用眼睛，还得用心眼去感受……外面的天空也似乎非常接近地面，于是你整个人迷失在这美中。在你上班的路上，你看到路肩小花丛里绽放着一朵花，走近一点看你居然发现其中还绽放着爱……这种微妙的觉受仿佛雨后的天空被刷洗得干干净净，马路上回荡着喜悦，大地充满着寂静、安详。安忍的大地和你的脚心连成一体，一股巨大的临在感降临到你身上，你的脑子及心灵开始呈现如实如是的本然面目。你的内心对以往的恐惧担忧都没有了抗拒，也就是彻底解脱了"早期失落事件"所带来的负荷，以及它们带来的冲突和虚伪，你开始张开手臂迎向真实律动的生活。

于傍晚时分，你的心仿佛停驻在潮湿的沙土上，四周都是海鸥，你感到源源不断的生命力和充满着美的感恩之情。那份感觉真是不可思议，很奇怪，深夜来临时它甚至都追着你不放。随着绵延的呼吸，一种更加深沉的寂静笼罩在整个睡眠时分。你醒来后，太阳尚未升起时它已再次停驻在你的心堂，使你充满着没有理由的喜悦。它的呈现没有任何理由，却又那么令人沉醉。只要你不执着它，不需要你的邀约或请求，它大部分时间都会陪伴着你。

面对未来充满挑战与新奇的人生，你开始彻底觉知到活在此时此刻的美丽，你开始轻装上路，你的心中充满着彻底的空寂和美。你逆风而行，突然觉得自己和天空之间没有任何阻碍，这份开阔的感觉如同身在天堂！

欲擒故纵

长久以来因为无明焦虑情绪的侵袭与蔓延，我们的身与心早已被妄情妄识所奴役，随着不断对这股漂浮性焦虑产生盲目的好恶习性反应，导致我们总是看不清焦虑背后的幼稚性，不断沉沦在这个心灵坑洞中。因此，最令人悲悯的不是方法的问题，而是"小我"缺乏对"幼稚性情绪"的认识与领悟，所以总是活在预期焦虑中而对实相（喻指本然的心）一无所知，只知道"焦虑"是自己此时此刻最大的敌人，只热切地幻想着干掉它。几年下来，一些带有慢性焦虑的心灵一直在重复这个错误的心气反应模式，然后不断地被自己创造出来的体觉不适与灾难性联想所摆布。这些病友们俨然已经发现一个事实：**不想要的在不断地发生，期许中的愿景却渺无踪影。每日、每周、每月的生命运作品质是那么苦涩与僵硬。**

是的，当焦虑来临的时候我们都想对其先做点什么，或赶快将自己保护起来，抑或通过小我最擅长的压抑、消弭、逃避、麻醉等方式来获得暂时的解脱，而这些都属于有为法的范畴。有为法并非不能使用，在某些情况下也是可以用的，只是从长远来看有一定的"副作用"，可能会造成更多的压抑与焦躁。对于一颗已经拥有足够定力修为与正念品质的心灵而言，真正的自在就是不怕它（妄念）的存在，不怕它起起伏伏，也无须压制恐惧性的能量使内心平静，一切都自自然然。

《金刚经》载："一切有为法，如梦幻泡影，如露亦如电，应作如是观。"引申到心理学中，可以喻指在各种烦恼现象中的许多"有为法"都十分短暂，不可执，不可取。应当如实如是地反观本心本性的清真原貌，就能显示出内在自我调谐机制的巧妙造化。圣贤们讲的"如是"就是无为，反观本性的清真原貌就是无为，这个过程中只要有能力对妄情妄识不做任何分别与执取，它就能显示无比巧妙的造化。智者云：性之动有为，性不动无为。也就是说顺着自性的本然造化规则就是无为之道、康庄大道。

《庄子·逍遥游》启发世人：我们可以通过发展我们的自然本性，从而使我们得到一种相对的幸福。

《庄子·秋水》启发世人：顺乎"天"（自然规律）是一切幸福和善的根源，顺乎"人"是一切痛苦和恶的根源。

庄子强调的是若"以人灭天"一定会得到不可思议的痛苦和不幸。老子也说"常德不离，复归于婴儿""含德之厚，比于赤子"，老子并不是期许世人变得孩子一般的天真，而是在颂赞孩子的纯真之心与赤子之心的可贵。因为在"赤子之心"的状态中，一颗心灵是没有多少会妨碍自我心性的分别心与执着心的。

妄念（幼稚性思维与灾难性联想）的本质是空，我们与之拼命搏斗，就相当于与天斗一样，不但徒劳无功，反而形成严重的内耗而彻底败下阵来。因此所谓的"欲擒故纵"就是说与其穷追不舍，不如先放松下来，再看看到底会发生什么。

就好比一个3岁的孩子如果突然脸红害羞了，下一秒就没事了。他们的大脑边缘系统并不会把这个"现象"定义为"病"，仅仅只是一种非常纯粹与自然的意识状态，并不会因此产生对立冲突，所以安然无事，保住了"晚节"。这一切只因为他们年纪还小，习性不大，还不容易产生过度的分别心与对立的念头。所以小孩子就没有成年人那般强烈的抗拒自然现象的进攻性，因此就没有形成精神交互与拮抗的作用力。但是随着慢慢长大，我们接受了太多负面的批判以及诸如"这个是软弱的，那个是羞耻的"等各种（分别）知见的持久灌输，这就是最初的心业及初期焦虑的原始种子。

许多孩子进入青春期后，也如同进入了多事之秋。青春期是性心理成熟与生理成熟的巅峰时期，伴随着快速壮实，一股潜抑许久的"初期无意识焦虑"也希望有机会升腾出来，以求得"解脱"。许多苦痛心灵就是在青春期的时候出现了强迫性症状与焦虑性症状的苗头。因为在第一次所谓电光火石般的"经验"出现时,许多青春期孩子的"无明识"立刻将它认为这是"我的",这是真实的"痛苦","我"必须要想办法扼杀它,"我"必须干掉它,"我"必须现在就干掉它,"我"需要避免它下一次出现,万一下一次还来怎么办?天呐,下次千万不要再来了,太难受了,我一定要尽快找到方法消弭它、转移它……就这样,经由不合理与不合道的心气反应模式,最初的症状就这样开始了泛化与固化的造化旅程。

《庄子·齐物论》启发世人:人初生之时的淳朴天性与自然本来是同一的,但后来为什么会变成不同一的呢?笔者认为主要就是后天的各种患得患失的人欲干扰所造成的。

《庄子·大宗师》启发世人:天与人的关系不论你喜欢与否都是合一的,天与人是不能互相战胜的,它们是阴阳互根的关系,本质是一不是二。

有这么一个故事,有个人想要以皮革覆盖大地,好让他走起路来比较舒服。事实上,他只要穿上一双皮鞋就可以了。同样,与其不断尝试控制妄念的升起从而让自己感到快乐,还不如采取"欲擒故纵"的策略,唤醒与生俱来的喜乐。

"欲擒故纵"源自兵法,精髓是故意先放开敌人,使敌人放松戒备,丧失警惕,斗志松懈,充分暴露,然后再伺机而动,歼灭更多敌人。

通过上文的描述,我们已经深谙在心理自我疏导过程中,我们十分需要欲擒故纵的底气。与其被自己的预期恐惧搞得紧张不堪,不如放开它,信任天地的无为清净造化,允许这份"无中生有"的妄识妄念在它自己的舞台上充分的成、住、灭、空。**而你只需要气定神闲地如明镜之心一般觉知着妄念的生灭过程。你永远都不用去担心妄念会不会造成心灵溃堤现象,答案是绝对不会的,最终会破碎的只有妄情妄识本身而已,再无其他。**我们的清净本性原本就不曾染垢,根本不存在受到伤害的问题,也不存在需要保护的道理。在对妄念的积极认识与领悟的前提下,再结合一些正念的品质,广大自助者就可以大胆地去践行这一心灵法则,虽然它看起来有悖常规理性逻辑,但事实就是如此。

在自我疏导中"欲擒故纵"是一种先入为主的底气,深深地信任"结果"一定会如其所是,这种气势本身就充满了正能量,对于止歇妄念背后的"动能"有重大意义。这种不战而胜的智慧贯穿本书,因为我们的潜意识需要反复的灌输与强化才能扭转一些习性。

下面我先提出9条正见基础,领悟后,即可自然而然地加深对"欲擒故纵"这计阳谋的认识与理解。

1. 企图通过驾驭焦虑情绪来化解无明焦虑是没有用的,你若假定无明焦虑需要被驾驭,就等于是助长了它的威力,真正的解决办法唯有在正念与禅悟(积极的生活禅悟)中以爱(完全臣服便是爱)来驾驭。你越是想要去压制它、转移它,就表示你正在怕它,你在对它分别取舍,这样反而会加深自己的痛苦。不论我们面对何种焦虑情绪,唯有以爱来驾驭,用爱去涵容它、用宽恕去臣服它,让那"焦虑气机"自由地起,自由地落,而不给予任何分别取舍的知见,这才是真正的自爱。因此"欲擒故纵"的核心本质就是:即使当我们感到焦虑的时候,我们也深爱并接纳自己。

2. 有的人知道刚强却保持每日看似微不足道的精进,把无为当有为,以小为大,以退为进,久而久之,量变引起质变。诚然,调心蜕变的过程就是从一个恍恍惚惚的主观"我执"世界中,有了相对确定的乐观和自信停驻,以及相对稳定的能量场呈现。我们普通人解决困难一定要从容易处着手,一定要从细小处着手,先学会真诚地跟焦虑情绪说:"是的,我同意,我爱你。"而后在3分钟内先不要跟随"心瘾"急着做冲动的反应,诚如亚圣孟子所言:"必有事焉而勿正,心勿忘,勿助长也。"其大意就是当心中有罣碍时,不要急着去端掉它,或端正它,也不要去刻意忘记它,一旦汲汲营营地去对抗都是在助长它的淫威。

《道德经·七十八章》说:"天下莫柔弱于水,而攻坚强者莫之能胜,以其无以易之。弱之胜强,柔之胜刚,天下莫不知,莫能行。"

《庄子·养生主》所主张的"缘督以为经"就是要求我们不论是保养身体还是保养精神都要以"顺应自然"为标准。

3. 当你感觉到沮丧、焦虑或者愤怒的时候,恰好是你去体验它们最完美的时刻。

在自助过程中,"开悟"意味着你如实如是地允许你所有的觉知能够自由地揭露你所体验到的一切。对许多人来说,敞开我们的心去体验快乐和喜悦是很自然的，对焦虑和痛苦关闭自己的心也是很自然的。但如果有一天当你正在感受焦虑的时候，你不再是关闭自己的心，而是打开心去真正地感受焦虑背后的那份失落感，慢慢地你就会发现这份焦虑情绪只是一种"虚假空"，它只是某种早年初期焦虑的印痕再现，并不代表成年人的情感反应，它属于幼年幼稚性思维的范畴。

各种层出不穷的焦虑故事本身不是真正值得担忧的问题，它只是过去的记忆与幻象，它和现在的真相毫无关系。就如同我们回顾小时候的"我"，根本就已经不是现在的"我"。这也好比我们看小时候写的作文一样，过去的"我"早已不存在，过去的"儿童记忆"与"儿童处理问题的方式"皆属于儿童阶段。"儿童的困境"在成年人看来都是风趣的故事或笑料。

4. 道家经典《清静经》中讲"清者浊之源、动者静之基"。引申之意就是：从水里来到火里去，在激荡的情绪中历练出来的底气才是真正的不落两边的中道观（平等心、平常心）功夫。

有意制心，心即是一个妄念，制又是一个妄念，以妄制妄，其妄益增。譬如家有盗贼进门，主人起而与之抗争，未必能胜，反或被害，倘端坐室中目注盗贼，毫不为动，则盗贼莫测所以，势必逡巡退出。细细体会心中所念一切事物皆是虚妄，了无实在，则心不取，若心不取则无依无着，妄想颠倒，毋需有意制之，自然止住。此外在日常生活与工作中，待自己的心境相对比较安定时，可以适当观想自幼而壮而老，刻刻变迁，刹那不停，了知一切"相"（外在现象）全是因缘假合假散，了不可得，既不可得，则无心，无心则无生，又有何灭。因此笔者认为单纯地抱持"欲擒故纵"的思想，结合正念体察，久久纯熟，其心得住，自然能止。（注：这段话源自《因是子——静坐养生法》一书的启示）

《物不迁论》也启发世人：万物在每个刹那间都有所变动、移动，在任何特定的时刻存在的任何事物，实际上已经是这个时刻的新事物，与过去存在的这个事物不是同一个事物，因此所有的妄念也都不可能一直停驻在一个地方。

5.《道德经·七十六章》说："人之生也柔弱，其死也坚强。草木之生也柔脆，其死也枯槁。故坚强者死之徒，柔弱者生之徒。"因此学会臣服不是意志或人格软弱的表现,有时候它是十分高明的以柔克刚的智慧。

在自我调心中一定要灵活且自信地把握"自动调谐定律"的威德与内涵,务必将自我调心融合于日常工作生活中,在这个过程中忘记"消除焦虑"这个事情,一切皆是无心而为,水到渠成。 或许有些人在开始的时候的确需要一点点"努力",然而其目的也是为了达到无须努力;一开始的时候的确需要用点"心",但其目的也是为了达到无心。正如同智者所言"终于忘记了记住必须忘记"。当终于忘记了记住必须忘记一切的意图心时,就会歇得念念驰求心,自然心能转境,这就是无为而治的魅力。

6. 人心里面对于焦虑能量的起伏有着非常敏锐的觉知力,然而随着从小到大各种各样恐惧性的教育与专制性的批评否定,这颗原本天然、纯真的心早已被攀附了各种错误的条件反射式的心理防御系统。而"欲擒故纵"的内涵之一就是不被"小我"的分别心与执着心所捆绑。当我们心中正在升起任何不愉悦的感受时,先尝试看着它自在的律动,看着那股恐惧能量自在的来去,就像站在海边看着红日自由升起一般,何来罣碍!久而久之,这会带给心灵一种全新的洞见,焦虑的冲动会不断降低,内在的底气会不断扬升,对生活的热忱也会与日俱增。

此外,你所担心的那个"万一"是真的吗?你能百分百肯定那个"灾难性联想"会是真的吗?假设你所担心的"灾难性联想"真的发生了,而且是即刻发生了,那意味着我们就要面临死亡吗?这意味着我们就要交付出一切,且无条件被人宰割或欺侮?这意味着就要失去家人?就要失去事业?答案是绝对不可能的。事实唯真:它只是一种儿童式的幼稚型思维。

7.《道德经·四十八章》说:"取天下常以无事,及其有事,不足以取天下。"所谓的"无事"引申至心理学中可以理解为"顺应自然"。中华禅学文化中也将无心、无为中的"无"说成是"非非"。这个"非非"是人类文字所能够描述的最贴近"道"与"了悟"的一种表达了,应用到心理学中也可以延伸为一种"无心插柳柳成荫"的境界。这种似修非修,非修似修,不修而修的第一义,的确很难靠文字来表达。而"欲擒故纵"在心灵层面的运用内涵之一就是通过这种"不修而修"的朴素行动哲学来达到修正,但是这种不修之修或许就是一种相对高明的"修",正如道家的弃知而知本身也是一种知,但是不论是不修而修还是弃知而知,他们和原来的修与知已经大不同,因为这种修与知是经过精神领悟的转化过程,而非理性上的逻辑推理与主观内省经验。因此我们可以从心理哲学文化中获得许多前进的力量。

再比如我们经常听到的一句禅学偈语:看山是山,看水是水;看山不是山,看水不是水;看山依旧是山,看水依旧是水。这句话代表了禅悟过程中的三种境界。最后一个境界所看到的山和水已经没有了"人物分离"的概念,而是一种"心物一体"的整体观,虽然眼前呈现的还是山和水,但是经验者和被经验者已经完全融为一体,甚至也可以说经验者就是被经验者,这种真实体悟的境界怎能通过文字来表达呢?因为文字是"有"头脑的理性概念分别,而真实的经验体悟则是一种特殊的感受。就好像我们在说接纳一切焦虑症状的时候,最终最好连"接纳一切"也忘掉,甚至进一步忘记"需要忘掉"的这回事情,这种状态就是我们心理学中所追求的接纳的状态,也就是哲学启蒙中的类似"非非"的状态。但是在达到这个无法言说的"接纳"状态时,一颗心灵需要先明白若想要保持一些东西,就要从其反面开始,也就是说必须在内在空间中容纳一些与它相反的东西。因为有了这个基础,才有更多自然而然接纳的造化过程。

8. 过去我们认为要"干掉"一些焦虑后,才能获得快感,而实际上快乐是一种无意识的状态,不是刻意强行而为的状态。是否记得我们曾经在不经意间经过一个海滩时,你突然感受到这个地方非常惬意和畅然。而时隔多年,你内心中因为装满了种种压力或焦虑,然后无明识跟自己说,要去中国最好的海滩放松一周,可当你带着强大的苛求与期许前往三亚后,发现也没有多少快乐可言,更没有以前那次不经意间的纯粹快感。你在寻思,这究竟为何?

因为快乐不是在自我意识下存在的东西。它是自然流动的一股能量,当妨碍快乐的执着罩碍消失时,当焦虑、沮丧以及无明识对患得患失的安全感停止追求时,快乐就自动出现了,你根本不必追求它。所以于心灵层面,"欲擒故纵"的一个直接好处就是体验到"无心"的自然状态。当我们的心灵处于"无心、无为"的心气模式时,一些简单的事物都会令自己感到静心。

反之,每每遇到焦虑的时候立即飞奔到马尔代夫、夏威夷、巴厘岛等著名海滩去寻求快乐或解脱,仅仅只是徒增业苦,浪费光阴与金钱。

9. 究竟是什么束缚了你?人们都希望在当下解脱痛苦,那么到底是什么束缚了自己呢?束缚源自内心的"我执"(执着心与不平衡心态),人们颠倒妄想,活在虚幻的执取中。殊不知念头不是我,妄想不是我(本心),而那个一直执着的"我"只是各种源自外在评价与早期印痕的综合体,并非真心本体。

人们看不透这一点,便需要拼命地用外在短暂的物欲来填充"小我"的心灵坑洞,这就好比人与虚空战斗,不论怎样挥拳也是无尽的内耗。因此于心灵层面,"欲擒故纵"的本质就是创造一些契机,让我们有机会领会所谓的"灾难"或是因灾难性联想而产生的恐惧性画面通常都不是真实的。在沾染慢性焦虑情绪的心灵世界中,许多人都非常讨厌令自己厌恶的东西,也非常讨厌所谓的"灾难"。那么试想那些淤泥和莲花,莲花是否会将淤泥视之为灾难呢?你再试想自然界中的各种种子,种子有相当长的一段时间都待在阴暗潮湿的地方,它们是否会将这些物体视之为"灾难"?你再试想怀胎十月期间自己泡在娘胎羊水里,饱受压迫与浸泡,这是灾难吗?因此,把焦虑症状当作是灾难的"灾难说"也是不能成立的!在这个世界上,许多事情的因与果其实是并存的,焦虑是"魔鬼",也是"天使";这个世界上最大的焦虑或许就是焦虑本身,当一颗心灵充分觉知焦虑所带来的体觉不适后,这份不适背后所携带的心灵负荷就会自动降低,无意识中的未完成事件的作用力也将得到释放。

先知们反复告诉我们:"在宇宙中,经验的本质是变化,永无间断的无常变化。"在脑子里冒起的一个杂念,几秒后就会消失,随后生起的念头,同样也会消失。当清晨来临,张开眼睛,世界顿时涌入;眨眼间进入梦乡,它又消失了。所以我们一定要明白"欲擒故纵"的最终目的是让我们有机会回归体验自己安详的本来面目。许多人会觉得那个所谓的本来面目距离自己十分遥远,其实一点都不遥远,当我们在动态的日常生活中有意识地提拉正念与开放性时,那么也将会不断地领略到"习以治惊"的魅力。

"欲擒故纵"的变相策略：反治法

"欲擒故纵"的另外一个变相延伸策略叫作"反治法"，它专门针对过度的预期焦虑而发明，倘若操作得当，在许多时候将会强有力地化解预期焦虑的被动性。

"飘风不终朝""骤雨不终日""矫枉先过正""物壮则老""物或损之而益""反者，道之动"，从这些充满智慧的语句中，我们可以汲取到无量的阴阳辩证智慧，以此来协助自己达成一些事情。其中笔者所获得的启发就是"反治策略"，它是一招在某些关键时刻可以积极协助心灵增加一些"豪气"以及降低过度的预期焦虑的好点子。

值得一提的是在国外著名心理学流派"格式塔"的理论中，有一剂"倒转技术"和笔者所分享的"反治策略"有一定的类似之处。格式塔的一些理论认为当事人的某些症状和言行，通常是他自身潜在行动的倒转表现。譬如有个人在人际关系中总是脾气粗暴，极有可能是他的无意识通过"粗暴"来将"温柔"的特质掩盖起来的倒转表现。而一个平日里总是充当老好人的人，也极有可能是他无意识中通过"和善"而将其隐性自我中的"粗暴"特质掩盖起来的倒转表现。格式塔的一些策略适合在团体课程中应用，效果更佳。而笔者改良的反治策略更适合个人练习，如能操作得当同样也可以让你触碰到已经埋没或忽略的一些潜意识信号，进而帮助你进一步的体察到烦恼的空性本质以及降低对焦虑的防御性心理。

诚然，笔者分享的反治策略在严格意义上应该属于"心理治标法"。在临床应用心理学中有不少方便法也都属于对治法，本身看起来有着人为的努力，但是它们也都能起到渡河之筏的作用。通俗一点讲就是先给心灵"消消炎"，降低一些焦虑的强度，而治标的意义不论在临床还是自助过程中都是非常重要且关键的一环。**对于许多正值严重预期焦虑的心灵而言，当下最需要做的就是缓解燃眉之急，待心气有所沉淀，烦恼之火有所降低后再导入一些长远的修心调心策略比较好。**

反治策略可以这样来应用：当焦虑或恐惧再度不请自来时，温柔地转化一个心念，怀着期待与兴奋的心情告诉自己：太棒了，赶快紧张，赶快焦虑吧，我今天下定决心一定要焦虑，赶快来呀……为什么还不来，快点呀，还不够紧张，再紧张一些吧，赶快呀……

如果焦虑发生于睡觉前，针对害怕失眠的心灵可以这样应用：我今天晚上下定决心彻底不睡觉了，我真的一点也不想睡着……太棒了，我就喜欢这样睡不着的感觉，千万不要睡着呀，千万不要太快速睡着呀，我不想放松得太快，赶快紧张呀，为什么还不紧张，快点兴奋吧，我真的不想睡着，上帝，我真的一点也不想睡着。这就是"道者，反求之"的情怀，也符合矫枉先过正的原理。

但是这种口诀仅仅只是协助心灵在害怕"预期恐惧"的情况下，由倒转的大无畏情怀，即可化被动为主动，往往可以起到立竿见影的治标效果。当体验到治标的效果后，就不要再去念这个口诀，不要去执着所谓的理论，这个时候导入清静无为的觉知情怀，也就是本土心灵文化中经常讲到的"回光返照"，也叫正念。

引用越南的"一行禅师"的一段教导："就像自然界的太阳照耀每一片树叶和每一株小草一样，我们的觉照也要照顾好我们的每一个念头和感受，以便我们识别它们，了知它们的产生、滞留和瓦解。不要判断和评价它们，也不要迎合和消灭它们。不要把你的心灵变成了战场，那儿不需要战争，因为你所有的情感、欢喜、悲伤、愤怒、嗔恨等情识都是你自己的一部分。"

觉照及正念，它是一种宽容且清明的中道观，它是非暴力和无分别之心的。人们常把善与恶的敌对比喻成光明与黑暗，但是假如我们从另外一个角度来观察，我们就会发现当光明出现的时候黑暗就消失了，黑暗并没有离开而是融入光明之中，而后变成了光明。心理学家早已研究发现，当我们能够冷静地观察内心某种激烈的情绪或强烈的意念时，这种情绪或意念所具有的能量就会在短时间内消退或消失。

苦肉计

苦肉计源自兵法，是一种反败为胜的高明计谋。在自我调适疏导中也是非常可取之计。不过，它不是要去欺瞒谁，而是针对自己的习性下手，来一招剥阴取阳的"狠"招数。从某种哲学角度而言，人们往往保护自己太多、爱惜自己太多所以才会受苦。如果一个人都不愿意对强大的习性采取一些逆流而上的作为，那么我们就会被习性彻底奴役，最终面临更大的焦虑。因此我们也需要一些"以毒攻毒"的智慧，让身体与习性阻抗机制吃一些苦头，为进一步的拨云见日打下坚实的基础，正所谓以苦为师，以精进为师，必定破涕为笑。

在过去，不少被习性彻底奴役与蒙蔽的人的确都不愿意逆着自己的习性做一些需要吃苦头的事情，但是如果我们吃一些苦头可以带来巨大的精进与对自身精神状态的整体改善，我们就应该好好上演一场"苦肉计"。今天我们探秘的这个"苦肉计"被证实十分有效，且意义深远，它就是：站桩禅。

首先，许多人会十分好奇它对缓解身心焦虑的辅助性意义是什么。

按照阴阳学说，当阴阳双方动态协调平衡，则万物有序，生生化化，在人体表现为身心健康；反之当阴阳失衡，表现为逆乱或紊乱，在体征上则表现为疾患。在一些传统养生文化看来，我们的生命进程中，父母赐予的先天之气逐渐转化为后天之气。当先天之气耗尽，生命的五大（地、水、风、火、识）也将瓦解。古人在长期的劳动践行中发现，一些特殊的按摩导引法（包括站桩），可以使人体阴阳逆化，让后天的饮食水谷之气与大自然的精气培补为肾中的真元之气，从而使先天之气延缓衰退，进而影响到人的身心健康与寿命。

通过站桩可以积极地影响人体的经络系统，它是人体的"气血经历之路"，内连脏腑，外连四肢关节，并借此运行气血，输送营养，协助脏腑正常的运作生理功能。俗语说："天有三宝，日、月、星；地有三宝，水、火、风；人有三宝，神、气、精。"气流动于体内，人体呼吸的吐故纳新、水谷代谢、津流濡润，抵抗外部邪气（病气）等许多生命基本活动，无不依赖这股"气机"的功能来维持。而依据气在人体分布部位的不同，又可以分为元气、宗气、卫气、营气、脏腑之气和经络之气。实践证明，通过长期的站桩有助于"气"在人体内环流畅通，温煦周身气脉，推动精、血、津液的和谐代谢。此外，神是人体意志的统帅，神分为元神与欲神。婴儿的那种不自觉的灵动状态就是元神的体现；欲神为"气质之性"，为后天产生的情志与欲望。实践证明，通过长期的站桩非常有助于个体达到"除欲神、炼元神"的目的。因此笔者将站桩称为站桩禅，因为它的好处实在说不尽，就像静心禅修一样。

《庄子·达生》记载着："夫形全精复，与天为一。天地者，万物之父母也，合则成体，散则成始。形精不亏，是谓能移；精而又精，反以相天。"这段话告诉我们，精神充足就可以和自然合而为一，精神进一步完善返回来又可辅助自然。反观长期处于慢性焦虑状态的人，精气神最先受到内耗机制的破坏，一旦到达某个临界点，衰疲的精气神就会进一步影响到大脑的一些神经功能，致使个体陷入进一步的恶性循环中。所以，在此书中所分享的站桩与静坐一定要当作自我调心中最基本的两个宝贝来护持。一个人若没有了精气神，再伟大的心理学理论也无法让其之心灵活泉再涌动。当一个人最初的生命动力受到严重的抑制与摧毁时，不管练习怎样的心理学技巧，都将是心有余而力不足。

坊间练习站桩（马步）的人已是不在少数，体验到站桩微妙好处的人也是越来越多。《黄帝内经》亦有"上古有真人者，提挈天地，把握阴阳，呼吸精气，独立守神，肌肉若一，故能寿敝天地"的记载。它是十分古老的养生导引术，历来许多修道之人、禅修之人、习武之人都把它当作是一个锻炼精气神的好方法。根据笔者实践可知，站桩最直接的好处有四个，分别是：强身健体、长养精气神、提升正面磁场、培育中观定力。

关于站桩的姿势虽有多种，有罗汉桩，韦陀持杵桩，太极桩，混元桩，伏虎桩、降龙桩、马步桩等，但核心的原理并无多少差异。这些不同的姿势只是对于不同群体因缘而方便。对于普通大众而言，实在无须去执着哪一个好。你喜欢哪一种，感觉哪一种自在，那么就深入实践它。实际上，当一个人锻炼一段时间且了悟了它的内涵后，自然就会发现其实最重要的就是最基本的动作：马步（腿部的姿势比手部的姿势要重要许多倍，而双臂的姿势更多的只是辅助性配合）。

中医里经常讲"气血"二字，实际上"气"在人体当中的确是与血液一样重要的元素，它负责向各大经络传递"营养"，长期气虚不仅身体易萎靡，人也容易变得悲观，忧郁。通过站桩，只要精进到位，火候具足，就是一种比较快速调节气血不振的有效锻炼方法，它可以自动平衡气血的运行。站桩不讲所谓的周天循环，没有任何副作用，当然身体若有特殊疾患者须以主治医生建议为宜。对于长期站桩或两年以上者，就会发现身体周围尤其是两腿之间有一种磁场的存在，它就是一种旋转的能量场，这股看不见摸不着的能量可以对身体起到很好的保健作用。

现在我们来谈谈站桩的几个要点（腿势、手势、呼吸），请参考如下。

1. 初阶练习者在下蹲时不用参考低桩的站法，而是应采取高桩的站法，也就是说膝盖弯曲的角度无须太大。首先两脚与肩同宽，也可以略宽一些，而后下蹲时膝盖不超过脚趾尖，把重心自然地放在脚掌涌泉穴向后到脚跟之间的区域内即可。

2. 背部自然挺直，臀部如坐姿状，两只手臂的姿势可以采取环抱式也可以采取直角式。所谓的环抱式即两只手掌在胸口前方相对，手臂环抱呈弧形，形同抱着一个大气球一般，两臂里的肌肉尽量自然放松，不必紧绷。而所谓的直角式相对于环抱式，对手臂的挑战会大一些。小手臂与手肘连接处呈90度内直角，两只胳膊也自然地向腋下上方提拉一些，这样有助于让手臂产生更多的压力。对于能够忍受这份酸痛的初阶者而言，这个手势由于压力强度略高，自然可以让身体出汗更快，因此排毒效果更好。

3. 将两只手掌平行交叉后自然地贴合在小腹上为上乘之选。这个是笔者从一位禅师那里获得的方法，以及自身对比传统手势后得出的经验。之所以更加推荐这个手势,主要是此书的定位是针对沾染慢性焦虑心灵的自助调适,对于长期处于慢性焦虑状态的个体而言,身体中的元气与精气神普遍匮乏,而这种能量的匮乏又会直接影响到精神世界的焦躁。采用这个手势则可以有助于元气的培育,也有助于心气的凝定。肚脐附近的"丹田"被誉为人体的发动机,系一身元气之本。肚脐与十二经络、奇经八脉、五脏六腑、四肢百骸、骨肉都息息相关。此外经脉中足之阴、胃、胆、三焦、任脉、带脉、冲脉等也都经过腹部。简而言之,腹部是气血生化之所,经常把手心贴合此处,能使气血生化得更加旺盛,从而间接改善因焦虑情绪所带来的身体负荷。

中医在诊病时通常会先按脉搏来判断个体血液循环是否阻滞,倘若有阻滞则必定有健康问题。而不少慢性疾病皆由气血上逆所致,当我们将双掌平行交叉后贴在小腹处,血液即随之凝集于此处,待凝集之力越发充沛,则运行之力亦强,血液之阻滞可祛,血液不再有阻滞,可调众病。此外只要长期保持这个动作习惯,小腹的筋肉也会愈发富有弹力,也就能够自动地把血液再次催化起来,以返回整个血液大循环中,心脏也会得到更多保健。只要保持循序渐进,由浅入深地站桩一段时间,对元气长养的好处实在说不尽,对身体亦是大补。

4. 初阶者在站桩的时候,大概过了几分钟可能就会感受到一些来自腿部肌肉的酸痛感抑或轻微抖动感,这是非常正常的,不必担心。那股被我们所激发出来的"气"就是我们的"盟军",当你感到酸痛的时候,一方面可将其视为在协助身体打通经络,一方面让自己尽可能随它去,不去管它。

对于长期站桩的人而言,他们早已发现大腿或腰腹处每隔10分钟不到就会有细微的弹跳,这个弹跳有的人感觉会略微明显一些,有的人则不明显,这些也都是正常的。大腿的能量在激活到一定程度时,就会出现往上半身涌动的趋势。对于初阶者而言,如果站桩到20分钟左右面对酸痛忍无可忍时,可以稍微提一提膝盖,微调一下也是可以的,所谓的保持不动,并不是说绝对不能动。对于练习几个月的锻炼者而言,实际上不仅不会排斥酸痛而且还很喜欢,因为这种酸痛还有助于培养觉察定力。

5. 初阶者的锻炼火候与时间上的把握可以遵循由浅入深,量变到质变的原则。一般刚开始锻炼可以先从 15 分钟开始,而后根据自己的实际感受与进步不断延长时间,但不用超过 45 分钟。站桩时间尽量安排在半空腹或饭前饭后一个小时,也不要在非常疲劳的时候勉强练习。通常情况下在清晨或下午都比较好,如果是在晚上锻炼不要安排在睡前,因为有可能会造成大脑兴奋。

6. 待体内气机充足,呼吸的质量也会被自动改善,将从一开始的粗重到细长。原则上呼吸对人身而言比吃饭还要重要,人若不进食可挨数日,但是若有一刻钟窒息,就要面临死亡。站桩过程中遵循自然有条不紊地呼吸即可,无须刻意地进行腹式呼吸,也不必刻意地观察呼吸。当我们的呼吸能够跟随心的律动一起在相对"动荡"的身心环境中自在地享受时,渐渐地就会心息合一,而心息合一本身就是精神世界禅定的征兆。

此外,站桩中需要注意几个小细节。

1. 不要对着风口或在空调房里站桩,一点点的微风是可以的;

2. 站桩过程中尽量不要开口说话,话多易耗神;

3. 在冬天气温低的时候先做几分钟热身为宜;

4. 站桩结束后也不要立刻上厕所或进食,10 分钟后为宜;

5. 既定的站桩时间到达时,尽量不要立刻走动,不妨先自然站立 1 分钟,双手掌可以从上往下慢慢运行几次,当作收气收尾,有助于气沉丹田;

6. 结束后尽快把汗水擦掉,因为此时汗水中掺杂着体内排放出来的一些"毒"气或湿气;

7. 站桩前可以喝点温水,但不可过多。可于站桩结束 10 分钟后再喝水;

8. 如果平时有长期静坐的习惯,站桩过程中可能也会出现一些禅定现象甚至有的人还会出现光明定,此时不必执着,随它去就好;

9. 在站桩过程中不必去关注身体的任何经络,也不要特意去关注某个脏腑或心跳,你不去管它是最好的;

10. 经常感冒的人非常适合通过站桩来调理自身的抵抗力,站桩所产生的气是非常正向的,它会逼出那些负向的病气、湿气;

11. 对于那些只静坐不站桩的人,最需要开始重视站桩。因为长期站桩的人下丹田里的能量足,这样在静坐的时候身体就可以提供足够的能量协

助心灵更好地培育定慧。反之当能量不足时静坐,不少初阶者容易昏沉或杂念纷飞;

12. 许多人习惯站桩的时候闭着眼睛,闭着的时候或许容易在早期耐住性子以及有助于心气的沉淀,但若长期持续地练习站桩,尽量不要全程都闭着眼睛;

13. 若眼睛睁开的时候可以看着前方一些正能量的物品,比如花卉、山水画、人物画,以及任何自己所喜欢的有正能量感受的物体都可以,这个符合心物心电感应的原理,有助于磁场的培固;

14. 有的人为了挑战自己的习性,在一天中的一些闲暇片刻安排站桩也是可以的。比如一边站桩一边聆听有正能量的音乐,抑或看一部有正能量的电影也未尝不可;

15. 站桩到一定程度时是"内气外放",会在身体的外面形成一层保护自己的磁场,这是功夫到位的表现;

16. 站桩几个月后,若希望增加一些挑战,可以把双脚再拉宽一些,这样可增加一些强度;

17. 初阶者在练习时在姿势上有一些小瑕疵是没有关系的,站桩重点是依靠身体向下的压力,促使膝盖附近的气血往上,它能激发自身肌肉、骨骼、海底轮及下丹田尚未被开发出来的能量,而这股能量并非是从外面进来的;

18. 之所以把它称为"苦肉计",是对于初阶者而言,若保持一个不动的膝盖打弯状态20分钟以上的确是需要耐住性子的。但是一般情况下初学者只要坚持一周就会感受到难以言说的微妙好处,而后自然愿意坚持下去。

最后,要补充的是,站桩时最好与"禅"结合在一起。任何一位初阶者待功夫日长,精气神得以充沛长养,就可以一边恒顺自然地呼吸,一边在站桩中自然而然地体会人生无常。蓦然看去,它们实在了不可得,了无实在,而后心中洞然放空,没有虚妄。继续深入下去,就会觉悟到平日里的各种忽生忽灭的焦虑妄念,都是虚诳的。慢慢地,到达这个境界时也会体悟到和静坐中禅悦经验的类似效度。它与静坐禅定最大的不同就在于它是在身心相对动荡的环境中获得的真静,原则上对于广大都市心灵而言,或许更喜欢这种"水里来,火里去"的成就感。如果把静坐比喻为文火,站桩就是武火,平日里如果时间允许，建议在站桩后尽量再静坐一会儿（一文一武，一阴一阳），这样有助于精神世界的安定与精气沉淀，久而久之，必定会影响到一个人的"神"（神越足，焦虑就越少）。

所谓的"神清气爽"，应该就是我们练习站桩的最高乐境与回报了。但是对于有一定觉知能力的心灵而言，不应当去执着于这种乐静或任何禅悦的感受，因为它本身也是"无中生有"，源于自性。既然是自性中本已具足的东西，何须执着与攀缘，一切自自然然地来，一切自自然然地去。

所以，不论是站桩或静坐中培育出的副产品（禅悦、乐境、法喜），我们都不可去执着于它们，禅悦虽好，可一旦过度执着，反而会助长"魔"性，若生"魔"事，也应当了知乐境既从心生，应随心灭，一生一灭，一阴一阳，归于空性，而后放下即是。

补充

在撰写此书的过程中，因平日有一定的工作量，所以往往都是在夜间进行思考创作，时常于2点多入睡。熬夜一周不要紧，当熬夜一个月的时候，身体就感到有一些吃不消了，比如早上起来时也总是感到头晕乎乎的，在原地跑几步也显得有气无力，俯卧撑也做不了20个，中途还感冒了几次。在熬夜2个月左右时，体重就明显下降。而那段时间由于早上起得晚因而忽略了站桩。待认识到身体机能的下降所带来的妨碍时，我开始挤出时间重拾站桩，每日即便睡得比较晚，也不再落下，至少2次。果然不出几天，身体的精气神就开始快速恢复，头脑也再度变得清醒。当然初阶者可能不会这么快，因为我有长期站桩与静坐的习惯，基础在那里，所以连接上也比较快。坦诚地讲，如果没有站桩，我实在无力在每天身体略疲劳的情况下对着电脑屏幕在夜间工作3个小时以上。一个人对着电脑屏幕长时间绞尽脑汁创作是十分消耗能量的，对眼睛伤害也比较大。所以我本身就是这招"苦肉计"的最大受益者之一，我深知它的威力与妙不可言的长远好处。盼诸君珍惜它！

身心是一不是二，当身体机能严重下降或气虚时，即便一个人平日心境比较乐观，也会不知不觉地变得有点悲观或焦虑。一旦身体机能畅旺，血气充沛，再结合一些必要的运动与充实的生活，一个人的内在精神世界也会不知不觉地变得达观。

盼诸君，成为这招"苦肉计"的护法使者与最大受益者！

女娲补天

从完形心理学系统的整体角度而言,某些时候烦恼和烦恼的解决之道就在一起,问题和答案也在一起,这似乎看起来就像一个悖论,也类似于中华禅学文化中的一些生活艺术:唯有停止改变的欲望时,改变才会发生。然而正如许多人从来都没有停下来且带上一份诚实与面对的破斥力去真正倾听自己的烦恼一样,如何指望他们真正地聆听烦恼背后的隐意呢?你或许还会问:为什么需要去倾听烦恼呢?

只因为过去一些残留的失落情感必须带入到此时此刻,而后个体便能运用正念去体察症状背后的潜在需求,并有机会知道如何去满足这些需求。因为力量只存在于此时此刻,对于一部分心病体验者而言,若一直停留在过去的创伤中与未来的幻象中来处理焦虑,除了体验到更多的焦虑外,对当下收效甚微。当个体在此时此刻开始感知到自己是如何去体验焦虑的,那么这个"知言觉察"的过程本身就已经是在释放一些残留的能量,同时也是将一些潜抑的心灵负荷意识化与表面化的过程。这样一来,非常有助于我们化被动为主动,从而坚定探索症状背后隐意的动力与进一步认识自我的兴致。也能够让"成年人的理性情感"早日当家做主,而不被"幼稚性残留情感"长期奴役。

我听到这样一个故事:一个热心人骑着车跟在另一辆自行车的后面,前面那辆车的挡泥板咔嗒咔嗒地乱响。他扯着嗓子大声地对前面骑车的人说:"嘿,你的挡泥板咔嗒咔嗒地乱响!"

前面的人应道:"什么?"他又扯开喉咙大叫:"你的挡泥板咔嗒咔嗒地

乱响!"

那人答道:"我听不见你的话,我的挡泥板太响了!"那个热心人这才认识到:"他根本就不需要我的干预。"

许多"心病患者"往往因为"我执"而觉察不到症状的隐意,从而我行我素、掩耳盗铃。许多苦痛的人都在问精神科医生或心理指导师,如何才能消灭它们(焦虑症状),如何才能在短期内彻底康复……总之,他们都迫不及待地想祛除心病,追求所谓的心理健康与快感,而这恰恰进一步创化了抗拒心。其实,在这个世界上有很多心理疾病不是人类在疗愈它,而是这些心病在疗愈人类。从哲学角度而言,心病或许也是人类灵魂的助教,一些心病引导人有机会回归阴阳互根的整体意识。

焦虑背后的心灵坑洞现象最初是由失落、空虚、沮丧的情绪演化而来,它喻指一颗心灵和自己最重要的本体与"成年成熟情感"失去联结的时候,"小我"的盲目幼稚性情感开始占据上风,而"自我"往往有时候却意识不到。当一个人持续感受不到自我价值与安全感时,内心就会有一丝空荡荡的漂浮性焦虑。而后"小我"会下达指令依靠各种外在的"追逐"来填充这个"坑洞"。最常见的就是暴饮暴食、盲目购物、酒精麻醉、物质滥用等,能高明到哪里去呢!

坑洞现象最初和早年的家庭教育、学校教育有莫大关系。许多人由于没有从母亲或教师那边得到足够的安全感,也没有从父亲那边得到自我价值感,自体人格产生了一定的缺陷,就不容易看见自身本已具有的一些品质。然而,许多人最不喜欢做的一件事情便是去直接体验那份失落和分离的感觉。这对他们而言似乎意味着一种危险,他们害怕与这些感受共处,他们不明白其实避开这些风险的最佳办法就是去触碰这些"危险"。一旦进入感受的澎湃之海,心灵才有机会感受到自己的那个坑洞,而这意味着已经成功了一半。心理学先驱荣格也曾说过:谁要是学会了跟他的无力并存,那人就获益良多。当我们感受到自己的坑洞后,接下来需要一个循序渐进的温和觉察,我们可以将其视之为一种游戏抑或认识自我的一种乐趣。

觉察的第一度空间就是学会"不偏不倚的正念",此书不少章节的内容中皆有正念的影子,因此只要多看看这些文字上的指引以及配合一些静心功夫，稍微有一点火候时就会体验到正念的实际好处。觉察的第二度空间是深度，许多初阶者在这方面通常因为自身的阻抗习性而被挡在门外，因此得不到微妙殊胜的体验。我们都知道潜意识就像一座冰山，它是无限宽广且无限深。而冰山所露出来的一角，仅仅是表面上我们所看到的一个行为，有很多初阶者连自己的行为模式都没有觉察到，所以觉察要往深处去探索。（行为→思维模式→感觉→情绪→伤害→恐惧→渴望→价值体系）

首先你有没有觉察到自己此时此刻的行为？该行为可能是焦躁的，可能是轻快的，可能是坐立不安的，可能是无所适从的，但不管是怎样的状态，背后一定有一份思维在撑持着这个行为。所以你需要再温和一点去看看自己的行为是什么样的思维模式造成的。而后顺着这个思维继续温和地参悟下去，一份隐隐约约的"感觉"就会浮现上来，这份感觉有可能是失落的抑或焦虑的。此时先不管自己的这份感觉是怎么来的或对应的是哪件事情，只需要进一步温和地对它说是，而后就会发现比感觉更深的地方有一份未圆满处理的情绪。现在用自己的慈悲心去谛听这份情绪，几分钟后你会看见这份情绪背后是一份"伤害"，而这份伤害有可能是自己造成的或是自己内在习性感召来的。

继续温和地走在这个觉察的时间线上，当你看见伤害的时候，就会发现比伤害更深的地方有一份强烈的恐惧或体觉不适。这种恐惧或体觉不适或许就已经比较靠近"初期焦虑印记"，而这份初期焦虑印记一定和当时自己的深沉渴望未得到满足有关，比如强烈地渴望得到父亲的肯定，强烈地渴望得到家庭的温暖，强烈地渴望得到小学老师的赏识，强烈地渴望在同学中充分地展现自己等，而当这些渴望最终全部落空，就变成了无意识的失落残留情感。每当在成年世界遇到一些持久的挫败或叠加的压力时，就相对容易诱发曾经的那份残留的失落感。这份残留的失落感就会影响到成年情感的价值体系。带着这种不完整的价值体系，就容易在人生道路上产生一些"以偏概全""非黑即白"的理性偏差错乱。这样一来，则非常符合心魔的胃口！

如果能够觉察到这一步，就说明"知言觉察"的能力已经基本合格，而最终的功课便是以充满爱的方式去填充那份失落的坑洞。

我们有一个防御机制，它只接受内心认为美好和舒适的经验，拒绝一切

走出焦虑风暴

丑陋和痛苦的经验。由这个防御机制引起的极端心态，就是喜欢自我否定抑或极端的完美主义！这股自我破坏的力量让我们自己把自己的心一层一层地包裹起来，原先"纯真的心"俨然被它们催眠了一般，使我们与生动活泼的当下强行隔开。所以，现在是时候来处理自己的心灵坑洞了。当你看见导致焦虑坑洞形成的最初失落情结时，花几分钟时间允许那个坑洞的部位（头脑或胸口）跟随你的呼吸一起呼吸，并且对这个坑洞说："我看见了！"

能够看见自己的坑洞，且感受到自己的软肋，本身就是一种幸福。而后不妨继续停留在坑洞中，允许自己害怕，允许自己无能，允许自己不完美，即使感到十分软弱，也一直爱着它。就这样一股自性之光便会射进幽暗的坑洞，一股大自然的力量会帮你净化一些东西，而你就像一个好奇的旁观者一样看待整个变化。诚然，我们都听说过"女娲补天"的神话故事，而笔者此处谈及的女娲补天是个隐喻，它喻指一个人应该修补他内心的坑洞。当一颗心灵感受到泛滥的负性情绪时，就好比内在天地正在经历一场水灾抑或火灾。其实对于一个已经走在自我调心道路上的行者而言，不论自己的内在空间遇到怎样的大水灾、大火灾、大风灾、大瘟灾，我们都要效仿女娲补天的精神，我们也应"炼石补天"，我们也可炼出五彩石，我们的五彩石就是经由我们自己净化各种情识后得到的正念。

为了更好地在日常生活中、于喜怒哀乐中强化正念的品质以及正确把握"女娲补天"的精神，提供几条建议：

一、当一些内在冲突的状况被允许出现在意识空间里，我们偶尔会感受到比向内观照之前更深一点的小痛苦，而后我们自然会想要逃开这个痛，但我们会卡在抗拒里。诚然，有些业习相对容易解脱，而有些大业习则不容易立刻解脱。这个过程有时候就像是艾灸，当艾草的热量（观照）渗透下去，你开始会感觉到有点痒痒的（表层的情绪），慢慢地也许它会变成小刺痛（过去被压抑的深层的情绪），那时你会非常想要把艾草拿开（停止观照）好减轻痛感。这个就是自我觉察过程中会遭遇到的第一关：抗拒。如果你知道这个小痛感是正常的，是疏通淤塞能量过程中必经的阶段；如果你知道小刺痛之后就是畅通无阻，如果你知道只有那些浮现到意识空间里被你看见的才能有机会被释放，也许你就会比较顺利地通过这一关，从"抗拒"来到真正的

"接纳"。

在宽广的接纳情怀里，你心甘情愿地迎接任何浮现上来的觉受，且慢慢沉住气，全然地体验它们，无论此时此刻出现的是什么感官经验。慢慢地，恐惧的气机就开始对你臣服，当你懂得什么是无声无息地无为接纳，当你经历过"痛苦"在接纳中消融的过程，你就会对这沉淀的旅程有更多的信心，你的脚步将会越来越稳。

总之，你必须先接纳自己的不接纳，先原谅自己的不原谅，先宽恕自己的不宽恕。

二、此时此刻没有"对的状态"要保持，也没有"错的状态"要摆脱，没有一个感受高于另一个。 当你感觉很美好，且敞开心门并和所有存在的经验融为一体，那的确是很棒的感觉，你可以庆祝并让它加深你对美好的信任且遍及到你生活的全部。同时，当我们有时感觉很悲催或很焦躁时，不可就此总结认为自己失去了什么或是哪里出了问题，而应该视其为一个邀请函，它邀请我们打开这个新的经验。此外，当偶尔的小痛苦或迷茫情绪再次出现时，它正等着你的正念之光去照耀它，去理解它，这个正确的心念就会把痛苦和迷茫从心灵的黑暗角落解放出来，而后这旅程将会继续、继续、继续，直到解放……

有时候不是我们在疗愈烦恼，而是烦恼在疗愈我们，让我们有机会重新回到整体，一些小痛苦反而有助于我们加深对觉知能力的把握。而亚圣孟子讲的"人之初，性本善"中的"善"，不是我们世人所理解的"善良"的意思，而是那个"空间"，那个超越善恶、对错，所有二元对立且广阔无垠的空间。

三、人生碰到委屈、羞辱或是在事业上陷入非常艰难困厄的逆境时，我们就把它当作是一种自我人格修炼。 当作是一件无可逃的考验去接受下来，当作是提升心性的机会，当作是忍辱定力的最佳道场，本着无愧于天地的灵明良知，而后依靠合理的情感去积极面对。此外，我们需要了解当一个人在说天地大道的时候就会谈到自己的运势，其实"运势"多半情况下是一个非常"人为"的东西。如果外在的时机可以匹配到一些人为因素，这个运势就会顺势爆发。反之，若运势没有匹配到正确的心态与一些人为精进的因素，那么这个运势就会走向衰弱，就会失效。所以有的时候在人的命格当中，当一个人经历了很多风浪与历练后再回头看早期的运势，他便会发现那些经历对良好运势的造化是有效的。反之当一个人对时机忤逆以及不能接纳过去一些无常造化的时候，他的潜在运势就暂时不能生效。简而言之，不能觉知与享受不好的状态，就会延迟运势的积极造化进程，唯有当一些无常经历被完全"逆来顺受"过后，它的转机才会出现。很多负性能量和无明情绪也是这样，当它在正念情怀中被完全消耗了与体验过了，就会出现一个新转机。

四、日常生活中少一些非中道观的分别识。 东方心灵哲学文化中讲究的无分别对立，并不是告诉你什么事情都不需要分别，如果是这样的话可能就学傻了。比如一个男生去上厕所的时候，心中惦记着无分别之心，于是索性就进了女厕所而后被女性破口大骂……我在此书中所强调的无分别之心不是针对所有的理性判断，而是针对那些会影响自己心气烦乱的妄念以及患得患失的投射思维。因为只有这种"分别心"才是烦恼的源头，也只有这种"分别心"才会消极地影响到一个人的心、气、性、命。

在生活中，有的人没有做坏事情，也会被身边的人套上各种"旧有"的坏印象，这就是我们讲的有害的成分。比如一位孩子的父亲有一天吃过晚饭后正在埋首于工作，看起来兢兢业业。然而就这么简单的一件事情，不同的女人就有不同的看法。有的女人可能会理解为这是不关心老婆跟孩子的表现，而有的女人会理解为他正在为老婆与孩子有一个更好的物质生活条件而努力奋斗着，而这恰恰是关心老婆跟孩子的表现呢！因此一位兢兢业业的父亲因为家常便饭的一件事情，而被理解为坏男人（不关心老婆孩子），那么他想到这里，心中可能会产生委屈与自怜的感受，从而影响了自己的情绪与睡眠，间接埋下了家庭冲突的种子。而在被理解为好男人（为老婆孩子付出）的那个家庭里，可能这位丈夫会被她看作是对家庭负责且上进的男人，这位女士可能会感觉温暖而舒心，这就是分别识所对应的不同情感反应。

再比如在情人节的时候，有些女生因为男生没有及时送花给她，就歇斯底里地抱怨抑或认为男生根本不重视自己，所以火气很大，结果无明识就主动埋下了分手的念头，而事实证明一个人只要在潜意识中出现3次以上的分手念头,最终就容易分手。同样有一位男生在每次情人节或七夕节的时候都百般殷勤,而那个女孩认为这才是爱的表现,结果就很快被"搞定了",而该女子殊不知自己的老公平时去夜总会或酒吧的时候也是一样的"殷勤",她后悔莫及,所以激情来得快,亦走得快,平常心是道呀!而那位没有送花的、恋爱言辞相对朴实且表现笨拙的男性,可能仅仅只是因为他觉得如果两个人没有情投意合的默契,即便情人节到月亮上拍拖也毫无浪漫可言。若是两个人情投意合,即便因为工作暂时忙碌错过了一次情人节的相聚,彼此间的感情也不应该为此而动摇。如果因为这个就动摇了,那结婚后恐怕更没有安全感了,或许是因为他觉得一个成熟的男人应该想办法尽快买房子,多挣钱,多务实一些,这样才对得起自己心爱的女人,所以他认为情人节的时候刻意送花反而十分不自然,这样的人生反而不踏实。因此,他认为没有必要为了成全不地道的世俗规条而牺牲自己内在对这个世界的真实洞察,他的潜意识里是打死也不干的。

那些被世俗"分别知见"与"规条"鞭打的情侣们的分手率是很高的。那些刻意维系恩爱画面的年轻夫妻们离婚率也是很高的。那些动不动就轰轰烈烈,海枯石烂,一生一世,没有你就活不下去的饮食男女们,很多都不是真正懂得经营感情与维系感情的人,都还是心智没有成熟的孩子,人生见地不够开阔,心路历程不够丰满。真正懂感情的是在365天平平淡淡的生活中,拥有好心态,懂得与当下的联结和感恩。

在生活中,有些人可能一谈到灰尘,表意识便会立刻浮现"肮脏"二字,总之就是不喜欢,因此他们必定要"时时勤拂拭",要去之而后快。但在另外一些人眼里,反而灰尘或泥土是大自然赐予人类最重要的东西之一,这就是关于灰尘的两种看法。然而真正探求真相与真理的人或许都不这么看,他们会发现灰尘其实是无所谓肮脏还是干净的,灰尘就是灰尘而已,垢或净都是人为的自心分别罢了。

人的分别心本身才可能是产生所谓肮脏与不肮脏的源头,因此对于垢与净,我们是无法用"时时勤拂拭"的方式来彻底清除的。"清除"一说本身就代表我们还陷在"梦境"里面。这个世界上没有任何东西会消失,唯有形式上会发生转变,因此从根本上来说,我们最需要了解的是垢和净在本质上是不存在的，它们皆来自于我们小我执着心的分别。

五、行有不慊于心，则馁也。引申之意：如果每天充满了各种分别情识与不恰当的恨、怨、气、嗔、恼，那么迟早有一天，其"心气反应模式"与"能量场"会越来越衰疲。这样一来正气消亡，就容易抑郁寡欢。中医讲"正气内存，邪不可干"，正气少了，阴气就容易占上风，会浑身难受，气场阴沉，毫无生机。纵使聪明的"小我"知道再多道理，你身体的自主神经功能与经络能量场也一时半会儿较难恢复至阴阳平衡，所以一定要重视。

许多迁延多年的慢性焦虑障碍不是一下就变得那么严重的，这里虽有一些原因是早年失落与外力作用，但也与我们自体的一些率性而为的抱怨、不平衡、沉不住气、所知障、无明心有重大直接关联，不可不察也！

在这个世上，凡夫之情大都是"爱之欲其生，恶之欲其死，以偏概全，非黑即白"。很多自诩"善人"的人，一直想不通为何善良的人总是受苦，一直想不通为何自己没做什么坏事情却如此遭罪，更想不通那些"暴发户"为何优哉得很。**在这个世界上，许多现象本身亦善亦恶，你所看到的恶并非纯恶，你所了解的善并非至善。**很多人认为自己的行为很有"义"，其实却非大道造化之气节，非本心中道之义，若能自观自心，便会发现自心中也充满了大量怨恨、嫉妒、不平衡等心态，这亦是亚圣孟子说的"义袭"。

"义袭"就是看起来像是义，像是好人，但内心却夹杂着嗔、痴、妄，而背后的这些意念越多，结果自己受到袭击更多。有因就有果，播下幸福的种子，日后就会变成幸福的助缘，而宽恕与爱则是好的因果。在日常生活中，在你的起心动念间，一丁点一丁点地去累积对各种不愉悦感受的"涵容"与"自爱"，当你的心能够逐步清净不二的时候，浩然之气就随时随地在身上产生，然后借由向上的"志"，会自动开启精化气，气化神，神还虚，虚还无，无为而无不为的造化路径。就好像盖房子一样，是一块砖一块砖慢慢累积起来的，这样的功夫就叫作"集义"。心头的"义"与"正气"积累多了之后，身体中那个自动调谐系统才会再次被启动，如同母鸡往鸡蛋上面一坐，只要时间足够，小鸡便自然会被孵出来，妙不可言！

六、以下这段优美的"正念歌谱"，大家可以多多默读，其精义会不断渗入到我们的信念系统，进而成为内在力量的一部分。

当焦灼感来临，当烦恼来袭，
当惊惧心来临，当习气来袭，
当翻滚的强烈的逃避欲来袭，
不以任何方式牵扯它们。
此时此刻感受你的念头之流，
像优雅的或咆哮的河流经过你，
而你只允许自己做那安恬的河床；
一切杂念来了又去，一切感受一受就了，一切事物抽丝剥茧，
只留下这清明的觉知精神，不增不减，不垢不净，不生不灭。
静静的正念觉察，让生命里的妄情、妄识、妄念像河水一样流经你，
而你气定神闲，恬淡虚无地甘做那河水下静静的河床；
优哉地坐在生命之树下乘凉，管它东西南北风，虚空就是虚空。
抱持立根原在破岩中的信条，
任微风震颤树上的叶子；
就这样，任尔东西南北风，静静地观自在，
任小我的所思所想震颤你的身体……
不忘欣赏自己的微小进步，也不忘赞赏自己的以退为进。
以这样清明雅量的内在空间：
对待心中百千万亿困难，
对待脑中百千万亿念头，
对待身中百千万种感受，
静静地觉察，任你的杂念飞来，
无为地涵容，任你的觉受离去，
静静地等待，任你的欲念诞生，
大气地信任，任你的逃避欲成虚……
你能只是静静地效仿智者吗？
若你不能，那么就让你的焦虑故事再度从心底涌起，任恐惧气机将你卷走，
在翻滚的焦灼的间隙里，或被岸边树枝挂住的时刻，

恍然清醒，于是再次进入感受的澎湃之海，无善无恶。

在这个正念游戏中，我们并不是和习性或老生常谈的故事顽抗，

我们不好战，我们只是专注于让觉察自己去觉察；

我们不发狂，我们只专注于对自然的信任，

就这样，能觉察多少是多少，能享受多久是多久。

仅仅内观，就是救赎，

仅仅觉察，就是被度，

仅仅正念，已经在消泯有史以来的心的虚妄习气，

仅仅观自在，似乎已在悄悄地改变什么……

而后你连"观自在"这个概念也忘掉了，你本身就已经变成了"观自在"，于是智者说你已成了自己的"菩萨"。

  常识补充：何为正念　　▶▶▶

哲学中的"观自在"一词有很深的禅机内涵，若能深入契合与实践就能很好地调和一些漂浮性焦虑及强迫性联想。其中"观"这个词在修心体系中也叫"正念"。

●正念的特质：

是什么就是什么；

不偏不倚的观察；

当下的觉知；

无我的警觉；

当下的临在；

觉知经验的变化；

●正念的态度：

不评判：不做评判的自我观察，也永远不要去批判自己的习惯性批判。

耐心：遵循自己的速度与脚步，不必与他人作任何比较，只要善加应用，就一定可以体会到它的好处。

接纳：赞赏自己的进步，也赞赏自己因为一些无常事件的干扰而暂时停滞。有时候上升前，可能也会有一点小小的下探，这是非常正常的现象，因

为成长之路注定是螺旋式向上。

信任：信任的对象不是我，也不是任何外在的权威，而是你自己的内在的自性，千万不要沦落到只接受权威的讲法，而发挥不了自己的潜能与开创本性的力量。

不蛮力追求：只要把此时此刻的"作业"做好，看看什么事情会发生即可。

放下便是：不管你的体验是好的、坏的或中立的，不要把它投射到未来，让事物如实如是地存在，不加以执取。

● 正念的基础活动：

臣服于更加宽广的自性；

保持明镜之心观察事物；

正念看见一切现象的无常本质。

量子纠缠现象的启发

拿两颗以相反方向、同样速率等速运动的电子为例，即使一颗行至太阳边，一颗行至月亮边，如此遥远的距离下它们仍将保持特别的关联性。当其中一颗被操作而状态发生变化时，另一颗也会即刻发生相应的状态变化，这就是著名的量子纠缠定律。而这个定律，在东方心理学中就是：心电全息能感、同步同频共振原理。

通过这个定律，间接启发我们：当一个人能够对"心病"拥有百分之百平等性心智的时候，再去洞察烦恼的本质，那么许多心理学辅助策略或许会产生事半功倍的效果。反之，再好的方法也会带有缺憾，不可不察也。因为在某个层面，烦恼与菩提是一不是二。拥有同一属性的极端两点，它们之间也总是有相连接的时候。

许多强迫性症状与灾难性联想症状最初的焦虑感受是因为第七识（无明识）的分别种子起现行，在青春期的时候正好撞上了表意识的压力源，也就是导火索，潜意识就把那个东西当成了替罪羊，于是某个内在小孩很自然地就发明了一个关于症状的故事，这就是多数人症状的缘起之一。当下我

走出焦虑风暴

们需要改变的是我们对心病的理解以及必须无条件地对它们有一颗平等心，你越是持着爱与尊重去倾听它，它越能够打开自己的心扉，这是唤醒纯真之心的关键一步。

《道德经》中有："为学日益，为道日损""其出弥远，其知弥少"，引申之意便是有些智慧在我们本体中早已具足，向外面求索愈多，反而迷失愈多。许多苦痛心灵因为早年各式各样的恐惧性教育以及旧有信念系统的牵绊，使得自己从本体的一端滑到了另外一端。而成长的本质就是借由强力正见与正念之光让心灵从迷失的一端一点一点回归到纯真的本体一端。在这个移动的过程中，或许人类才会发现一些在书本上永远都掌握不了的真知与心性提升。

德国哲学家叔本华说："人是什么要比人有什么重要得多，也比他人的评价重要得多。"其实在所谓的"心理疾病"中更是如此。

在某种契机下探讨"心理疾病"是什么，的确比如何治更加重要。因为许多人不知道"焦虑症状"是什么（无意识退行机制与置换机制），因此无论在任何时刻，一旦它降临在我们头上，我们除了头上安头，以念制念外，都不太懂得需要以怎样的符合自然造化规律的心态去面对它们。因为缺乏这方面的正见教育，许多心灵即便长期依赖安定类药品与酒精，也无法很好地处理自己的历史人格问题、失落卡点、无意识创伤印记、自卑敏感及完美主义的软肋，于是一次次与真正可以"釜底抽薪"的智慧擦肩而过。

诚然，许多时候各种焦虑性症状如同一个忠诚敬业的"快递员"，"他"只是跑来告诉梦魇中的人们，有本"经典"要转达给主人。而这封"邮件"出自何处，我们暂且不论，然而多数人见到这个"快递员"的第一反应往往都是把这个家伙赶出门外，于是这个邮差总是没能完成他的"使命"。但是当我们再一次处于昏沉之际，"他"还会再一次赶来，这一次为了传达给我们信息，拿了"锤子"敲打我们的心门，可是我们又再一次把"快递员"赶走，我们连去倾听一下想法的时间都没有。最后这个"快递员"要用"炸弹"来轰炸我们的心门了，然而即便在这种情况下，主人还是没有停下来去认真听取"焦虑"这个邮差要告诉我们一些什么。不少在年轻时代沾染慢性焦虑障碍的心灵就这样一不留神进入了中年，但依旧没有机会破解这本难经而白白受苦。

调和身心焦虑的十五个策略

"症状语言"或许是心灵表达自我的工具，我们借由这些信号才得以了解内在这片大自然的生态样貌，因此说"他们"不是忠实的邮差又是什么呢？孟子说："大人者，不失其赤子之心者也。"而心理学家马斯洛所认为的自我突破者与实现者，在许多创造性方面与气质方面就是一种如赤子之心一样的感知。它不是倒退或生理上的返老还童，而是一种凤凰涅槃般的纯真之心。

因此，在此章节的学习中，倘若你们能够用心领会与进入自我觉察之道，将会有机会升起一缕又一缕的正念之光与赤子之心。而后强有力地从占有、竞争、美的、丑的、错的、仇恨、追逐、逃避等分别知见中抽离，最终创造出一个让衰疲不堪的身心能量场获得休养生息的大好机会，亦是"女娲补天"（填补心灵坑洞）的智慧。

寄语

我们必须针对光（正念）来下手，却无须对黑暗做什么，因为黑暗它只是光的不在。

自我疏导与疗愈的过程就是修复这颗烦乱之心。而所谓的修心或调心就是面对过去的所有业习（前半生滞留的），它注定是一个相对漫长的旅途，不可能在几周或短时间内就彻底蜕变，判若两人。有些心灵在这个过程中更需要额外的专业心理咨询与辅导来完成一些目标。

对于螺旋前进中的诸多自助者而言，修心之路亦如同登山。当一些心灵在中途放眼前方，发现终点依然遥不可及时，或许会心生沮丧。但如果我们转身，就能看到自己已经走过的路程，看到过去的努力与可观的现状，这便会使我们重新振作，鼓起勇气继续踏上精进之路。

然而，不论在任何时刻遇到怎样的情绪，就在当下，在你的书桌前，或车子里，静静地施以无为的正念；允许你的故事从远或近不邀而来，亦不去阻挡，允许它们离去，也不以任何方式拉扯它们；感受你的念头之流，尽量不急着批判它。像静静的或汹涌澎湃的河流经过你，而你只允许自己做河床；中立地、平等地看待自己的种种觉受，它们就像从内在这个太虚的不同方向吹来的风，只允许自己做那虚空；将一切感受视为客观——身外的是客观，产生于身心内部的也是不断生灭不实的客观。

当痛苦来临，烦恼来临，悲伤来临，只是静静地觉知，静静地注意，静静地听，静静地看；这就是方法，既不是做些什么的方法，也不是什么都不做的方法；这是最无为的心法，走上康庄大道最简单的方式之一。

记得现代心理学先驱弗洛伊德曾说：本我是马，自我是马车夫。马是驱动力，马车夫给马指引方向。自我要驾驭本我，但马可能不听话，二者就会僵持不下，直到一方屈服。因此，我认为为了避免这种互相内耗的情况，通过积极的正念修为就可以做到相对平衡。

转化压制

所谓压制，是一种常见的心理防御，它的核心意图是要刻意忘记一些情绪上的内容，尤其是一些会让人感到非常不适应的焦虑情绪或痛苦的想法。然而问题是"凡事过犹不及"，如果一个人在漫长的人生旅途中不断地趋乐避苦，在不经意间就容易养成非健康型的压制性习惯。

压制与压抑是不同的两种防御机制。压抑就是把一份情感或思维内容"无意识化"，而个体往往在意识层面并不知道在压抑着什么。而压制是我们故意在试图忘掉什么，但可以觉察到那份想要转移的情绪体验大概是什么，就是自我想要把一些七情六欲的认知反应统统赶出自己的头脑意识领域。然而迫于现实的潜在威胁或一些不安因素，没法疏泄成功，于是为了继续苟且于当下，只能暂时吞忍以求得一时太平。如果一个人长年累月把自己的情感反应压制过度了，一旦超出临界值而未能科学地转化，便会面临情绪溃堤的风险。

而健康型的压制也可以称之为"成长型压制"，它是一种任何人都会在此生反复经历的心理过程，它也是人类在社会道德，各种约定俗成以及人性观的小小制约下，所采取的一种延迟性自我满足的禅让。它是一种建立在发展观的适应性基础上，个体允许自己在某个时间点不让一些欲望赤裸裸地表现出来，不让它立即得到满足。这种暂时压制的手段是为了更好地达到适应社会与自我平衡的目的。只有拥有这种平衡的智慧，一些暂时压制的东西才不会发展成对心性成长有害的元素。

现在我们需要重点探索的是如何转化"非健康型的压制"。它是一种自我全盘否定式的打压手段，根源于害怕获得外在世界的惩罚或某些重要客体互动关系的批判。因此暂时压制下去后，没多久在内在精神世界里便会体验到一种心不甘情不愿的冲突感，日积月累，就容易形成更大的隐匿性焦虑情绪或抑郁情绪。

接下来笔者所要分享的一种方法——自我慈悲式疏导，可以较为有效地转化这种非健康型的心理压制现象，它可以广泛运用在各式各样的人际关系中，如经常出现隔阂的亲子关系中，一旦自己觉察到内心因为压制而感受到一些愤怒情绪或说不出的压抑情绪时，就可以找个安静的片刻进行练习。

第一步是你要找个清静的时刻，拿出纸和笔，如实地写一封信给父亲，当然这封信不需要给他看。你在这封信的开头可以这样写道：亲爱的父亲，一直以来我想对你说……

而后把心底深处所有的愤怒、压抑、委屈，统统喷薄而出，不要有任何隐藏。这个过程看似无关紧要，实际上可以有力化解压制核心部分的愤怒，而唯有当这股愤怒得以合理宣泄，你的吞忍感才会被减弱。这种疏泄的方式是自我慈悲沟通的第一步，唯有如实地表达了自我的压抑情绪，内在"勇士"的力量才会有机会占上风。反之，持续不被允许或表达愤怒，在日后便会严重影响到生理与心理状态。

一颗不懂得合理释放愤怒的心灵，就形同自己喝下毒药却希望他人自动改变一样荒唐。写这封信的过程旨在让潜意识中的负能量投射在文字中，这有助于培育自我觉察的能力，通常写完后就会获得一些释放，有的人可能会有如释重负的感觉，并且会发觉自己比想象中的还要坚强许多。

练习者不是去与父亲对抗，而是在完成一次慈悲的自我沟通。那些被压制的愤怒有着合理的位置，它是一股能量，而能量是永恒不灭的，它只允许被表达或转化。或许唯有这一步完成了才谈得上升华，反之，正向的升华是不存在的。

第二步便是花一些时间从父亲的角度，带着一些同理心去揣摩去理解父亲所经历的一些因缘。或许只有了解了对方所体验到的一些觉受，才会理解对方为何会有那般言行，这样一来就容易产生一份相对的慈悲心与宽恕心。当我们试着这么去做时，就是在训练我们的头脑，让大脑中的"杏仁核"与"海马体"边缘组织重新审视旧有的心气反应,以及对全新的宽恕习惯进行编码。而事实证明一个人的头脑有越多宽恕,其大脑的情商与心灵抵抗力便会与日俱增。那么在充满无常的环境中,就相当于拥有了一套弹性十足的心智模式,以至于在面对各种挑战与负面情绪时可谓"能进能出"。反之,许多心灵是进得去,出不来,因此只能依赖非健康型的自我压制。

第三步便是完成转化的关键一步 —— 反转故事。

所谓的反转就是把此前对父亲的观感或旧有信条来个180度的切换。比如,一开始练习者认为"父亲是一个不称职的父亲",那么把这个信条反转为"父亲是我的人生中最重要的导师之一"。接着请专注在这份认知信条上,可以重复默念几次,也可以对此冥想一下。而后心智系统与大脑边缘系统如果觉得这契合自己深沉诉求,它会自动审视与完成编码,进而有机会成为强有力的正能量信条。

不论是在亲密关系中还是在其他人际关系中,我们都需要尊重每一个人的因缘。从整体角度而言,每个人都是平等的,其内在的智慧也是相等的,当下所表现出来的一些表相特征皆与他们过去的心路历程或独有的心业(负性的心灵作用力)有关,而关于这一切我们是很难去随意评判的。从人天合一的和谐角度而言,"宇宙的心"爱每一个人,不论我们和他人之间是否熟悉或亲密。简言之,一颗心灵越是擅长宽恕,就越容易发现没有人能真正伤害到自己,以后每当我们遇到难以宽恕的对象时便使用这个策略,一旦形成习惯,意义非凡。

诚然,在生活中我们也一定曾经做过伤害他人或侵犯他人内在空间的事情,在那个时候我们也迫切希望寻求对方的宽恕。所以当我们在写那封信的时候,一旦深谙其理,便会明白其实在表达愤怒的背后恰恰是在表达爱。那封信绝对不是为了加剧矛盾,而是给予自己更多转识成智的催化剂。所以,只管安心地操练这些步骤,而后内在高等的潜意识或许自会提供一些直觉性智慧给你。(那封信不需要给对方看,可以在合适的时机将其撕成碎片,而后扔掉)

每个人都离不开各式各样的人际关系,许多烦恼包括非健康型压制也都来源关系的链接问题。宽恕的真正内涵是解放自己。当我们解放了自己,才能够去影响他人的惯性模式,他人会因为你的改变而自动自省。当然不排除有一些你所宽恕的对象他们依旧我行我素,但那是他们自己所选择的宿业。因此,通往自我人格完善与心理卫生的关键一步便是掌握宽恕的强大力量。如果我们能够合理地转识成智,便会发现那些曾经激怒你的人,恰恰也为我们提供了深层自我认识的机会,包括我们此生最重要的客体——父母。

假设一个人真的存在灵魂,那么或许我们可以进一步假定这个人的灵魂在进入娘胎前就已经设定好了自己所要选择的父母,选择了最适合自己此生人格修炼的父母。也许他们是不完美的,但或许是与我们最初那个人格修炼"蓝图"最为匹配的。那个"蓝图"便是你需要来人世间学习与进化的,而关于这一切最好的途径便是在各种并不完全和谐的人际关系中来完成。

进一步识别压制背后的压力

压力是时常会光顾人们心门的不速之客。严格意义上讲,一个人只要有欲望和追求,就必然会产生压力。

压力的正面意义就是可以提醒心灵,不要见利忘危,不要言行不一,不要过度欲求,不要爱上重复旧有的模式,不要停止自我探索与人格进化等。而压力的消极意义也主要体现两个层面,一个是对身体的危害,一个是造成精神层面的痛苦,如上文所讲的非健康型的压制。

医学研究发现,在瞬间的应激性压力抑或适应性不良导致的急性压力(焦虑、恐惧)下,身体都会分泌大量的肾上腺素与皮质醇,从而让心率加速,引起大脑的高度警觉以便"主人"做出反应。然而这种化学物质一旦产生后如果没有合理地消耗掉,则会留在体内一部分,形成对身体微妙的负面影响。所以同样面临压力,每周运动几次的人,很自然地就可以把这些因压力产生的化学物质内耗掉,从而维护了身体的正常机能。而那些长期喜欢坐着或躺着的人的身体就容易堆积这些化学物质,因而许多慢性疾病往往先光顾他们。当然在尚未发展成严重的压抑前,不妨依靠一些最简单有效的认知疏导来调节它们。请你在脑中设想这样一个画面:你已经成家立业,有一栋别墅,一天你在外面庆祝自己的生日,这是美好的一天,然而当你回到家时,却发现自己的庭院里堆满了奇臭无比的牛粪,那么对于这般压力与负性焦虑情绪,你会做怎样的应对与思考?

毫无疑问,关于这一堆牛粪,当下存在着几个事实:

1. 这堆牛粪不是你在网络上订购的,所以不存在"退货"一说。

2. 眼下这堆牛粪看起来无比煞风景,也影响你的内在"风水",你没有办法不恼火。

3. 刹那间,你开始产生一个念头:为什么是我?

4. 你开始感到一些无所适从与焦躁,因为就连你最好的邻居,也无法帮你移走它。

5. 你可能打了110,但派出所只管立案做笔录,暂时无法协助你拉走这些牛粪。

那么问题来了,接下来只有两种方式可以处理掉这堆牛粪,第一种是带着粪便到处走,在口袋里装点粪便,在包包里放点粪便,在衣服上蹭点粪便,在裤子上沾点粪便。人走到哪里,粪便带到哪里。我们很快就会发现当一个人带着粪便四处游走时,会失去很多朋友,就连最好的朋友也避开了。

"带着粪便四处游走"比喻沉溺于焦躁、愤怒而不能自拔。这是人们对于不幸的自然反应,是可以理解的。可是,谁也不愿意跟这么消极的人在一起,朋友们渐渐离去也是自然的、可以理解的。更糟糕的是,那堆粪便非但一点也没减少,反而在发酵后更加难闻了。

所幸的是我们还有第二个方法。对着那堆门前的牛粪,我们可以挽起袖子,然后开始工作:推出手推车,找出铲子,把粪便铲进车里,推到后院,堆在花园里的阳光下,成为日后免费的有机肥。这活儿一开始看起来很吃力,很不容易,可是没有别的办法。

虽然第一天只能推走十分之一的粪便,可是我们是在积极地处理问题,而不是坐在那里抱怨不停,让自己越发消沉与焦虑。日复一日,我们铲着门前的粪便,粪便越来越少,直到十天后的一个清晨,我们会欣慰地发现,门前的粪便已全部被清理干净啦。更令人喜出望外的是,这些被太阳消毒过的牛粪变成了很好的有机肥，正好可以当作花园里的花花草草的养料，你开始觉得"这货还不赖嘛"！

"把粪移走"比喻将逆境和压力转化成生活的养料，这是我们必须独立完成的工作，因为没人可以替我们完成。日复一日，当我们把它移入心灵的花园时，焦虑与压力便会越来越轻。

同理，如果我们能够不断地从压力与焦虑的体验中去积极地体察自我，且把它们转化成为心灵花园的养料，那么有一天当我们面对一个陷入悲伤情绪的心灵时，就能够温和地引导对方开展"清理心灵粪便"的工作。你会教导他如何使用手推车、铲子以及自身不屈不挠的勇气。所以说，如果我们还没有管理好自己的"心灵花园"，就不知如何去帮助有同样困扰的人。

诚然，在人类的各个领域都有许许多多的导师，但是却只有少数成了某个领域里的权威或先驱。在我看来，那些生活比较一帆风顺，且没有自行处理过很多"粪便"的老师，一般不会成为优秀的启蒙者。而那些历经种种磨炼、静静地把痛苦一点一点移走、并浇灌出美丽花园的过来人，都能成为各行各业优秀的启蒙者。

这份认知启蒙告诉我们，下一次当所谓的不幸与压力降临到你的生活中时，你会说："哇！我花园的养料又来了！"当你乐意接纳这些养料后，我还建议你养成一个习惯：为自己创造一个心灵密室，也就是完全属于自己的一个独处放松空间。

独处的时候就是在享受那份孤独的清明感，而唯有在这种清明的独处中，人们才能够邂逅自己最美丽的智慧。这个世界上有许多人本来具足成为"最佳版本的自己"的潜能的，但是由于一些不必要的事情消耗了过多的能量，缺乏一个相对清明的独处空间，来让自己的心涤荡掉一些"垃圾"。而反观许多有志人士，他们都喜欢找一个安静的角落通过一些静坐、茶禅、弹琴、听音乐冥想等辅助工具来让浮躁的心沉淀下来，就如同为自己创造了一个"内心圣殿"或"心灵密室"。梁启超曾说："在一生中，不可无数年住世界外之世界；在一年中，不可无数月住世界外之世界；在一日中，不可无数刻住世界外之世界。"便是指要尽可能每天都有一些独处的时间，暂时停下纷纷扰扰的脚步，反观静思，让心识处于相对平衡中，这样，一颗心灵才有机会在喧哗与骚动的外部世界中培养出具有高度弹性的适应能力与独立的清明思考能力，长此以往不仅能够培育出较为强大的抗压性，在个人事业的成长上或许也能增加不少胜算。

许多焦虑人士之前就是完全忽略了这种看似不起眼的心灵卫生之道，要么被动地等待溃堤，要么提前爆发。所以，如果当下压力比较大，可以先依靠此书中的其他方法通过适度转化与减压后，每隔几天都抽离出一个片刻与自己独处，真诚地面对内在心声，并做一些与净化心灵有关的事情，比如内观静坐，听音乐冥想，阅读一本正能量书籍，观看一部正能量影片，抄写《道德经》或《心经》，一边品茗一边感恩当下的一切际遇等。需要注意的是，做这些事情的时候是没有意图的，不讲究实用性，只是单纯地在"内心圣殿"中清明地沉淀一会儿，这样或许才能感应到无为法的自然加持。这个习惯会使得我们身体的下丹田部位有机会储存更多的能量。时时处在这样的内在生态环境中，一颗心灵就有能力做到"清明在躬，志气如神"，才能够高度灵明地思考，且坚定初心。这也是所有都市上班族都需要掌握的自我心理卫生调适技巧。（如果小的焦虑情绪不善于调适，就有可能发展成慢性焦虑障碍。）

乔布斯对东方禅修文化与瑜伽冥想十分喜爱，他在创建苹果公司前，时常在自己创建的"心灵密室"中获得深刻的沉淀与放松。这个自我沉淀的习惯直接培育了他对外部世界的新眼光与新视野，他信赖自己从禅定中培育出的灵明直觉，并从直觉中获得了足以改变世界某个领域的惊人创造力。乔布斯的传记中曾描述他19岁那年在印度乡间待了7个月，在这7个月里他观察到乡间的许多人和美国人大不同，美国人通常喜欢理性思维，而他们则更喜欢运用冥想放松后的直觉。乔布斯知道许多美国人只要静下来就会很焦躁，只有通过工作才能转移那股焦虑能量，他深谙所谓西方理性思维背后存在着许多疯狂的不合乎自然规律的造化与局限。所以他更加知道唯有当一颗心灵平静下来的时候，才能聆听到一些非常微妙的内在心声，视野才有可能极大地延伸，才有可能看见之前看不见的东西。乔布斯的传记中还有一句耐人寻味的话，他对他的精神导师说想要去日本的一座寺院静心，该导师并没有直接否决，而是很简单地告诉他：那里有的东西，这里都有。后来乔布斯领悟到，一个人如果愿意跋山涉水去见一位所谓的精神导师的话，往往在他的身边就会出现一位。因为只要在此时此刻浇灭心头的烈火，何处不是禅的故乡！

善用"容器"的转化功能

有一个教师，主述每当念大学的女儿打电话给她时，她就会焦虑不堪，似乎有一种被吞噬的感觉。有时候有意识地拒接，但是依旧会受其罩碍。经过一些科学的分析，发现并不需要去探索所谓深沉的原因，其主要问题来自于她想要在意识层面拦截一些负面的能量，苦于找不到方法，因此表现为焦虑症状。

她告诉我现在只要听到手机声音响起，就会焦虑或心有余悸。

背后的原因是这样的：每次通话过程中，她总是会感受到从女儿那边传递过来的负能量，平日里她是一个兢兢业业的教师，比较操劳，然而她发现自己在独处的时间里，几乎没有清净过，只因为女儿三天两头把她当作是心灵负荷的储存盘。有时候一想到女儿把自己当成了情绪垃圾桶，她便会带着愤怒陷入持续的失眠状态。总之，如果不尽快合理地回应内在的心灵防御诉求，有可能泛化成广泛性焦虑症。

经过一些必要的互动，我告诉她：女儿之所以把她当作情绪容器，那是一种源于母婴关系中的本能反应。当婴儿降世之初，在未形成自我概念与内聚力时期，母亲就相当于婴儿的全部，甚至婴儿本身的无意识也会将自己认作是母亲的一部分。婴儿"生之本能"中的性驱力与攻击驱力都需要从母亲那里借由充分的共情与哺育才能顺利过渡。倘若这个时期较为频繁地中断联结，婴幼儿的自恋便会受到严峻的挑战，则较容易在后天形成人格功能缺陷抑或无法发展出相对良好的内聚力。内聚力不足就意味着安全感不足，而许多心理障碍的内核中都有安全感严重不足在作怪。

我继续告诉她：每个人身上的确都有一个可以转化他人情绪的"容器"。而许多人是错用了"容器"的功能。所谓的容器并不是无条件接收各种负面垃圾情绪的意思，当对方将一些"不可承受的情感"抛给自己时，我们如果采取无条件地帮对方直接承揽这份情绪的方法，这是错误的知见。即便承揽的了一时，一段时间后因为自己的不平衡便会出现预期焦虑。实际上这个容器不是用来"装垃圾"的，而是用来"转化垃圾"的。

一般情况下，我们可以把情感简单地分为两种，一种是可以承受的情感，一种是无法承受的情感。你的女儿之所以让你感到焦虑不安，那一定是她把自己不可承受的情感丢给了你，从某种角度而言的确像是在变相地攻击你，就跟一个婴儿为了自己的需求，需要紧紧地咬住妈妈的乳头是一个道理。然而女儿对妈妈已经形成了一定的依赖性，这种依赖不是安全型的，而是紧张型的。那么我们下次就需要依靠"容器"的转化功能把孩子丢过来的不可承受的情感，经过一些科学的中立加工，再把它返回给孩子，让孩子自己去回应，这也是对孩子人格的最佳尊重。

经过母亲的中立加工，把孩子的情绪命名且帮孩子陈述出来，就相当于已经把那份不可承受的情感转化成了可以暂时承受的情感，所以孩子此时可以自己去积极应对，而非依靠母亲全盘吸收与代处理。这样做，一来保护了母亲自己的情绪，二来把属于孩子自己的东西返送给她，这是对她人格的尊重，也是助她形成内聚力的重要催化剂。

在日常家庭生活中，许多家庭主妇经常被孩子折腾得十分焦虑，主要原因之一就是没有善用这个"容器"的转化功能。孩子会经常无意识地把不可承受的一些情感抛给妈妈，如果妈妈此时烦躁了抑或觉得孩子是个很麻烦的捣蛋者，那么母亲不仅没能协助孩子消化掉那部分情感，反而也把自己搭进去了。实际上从孩子那里丢出来的情感母亲是可以消化的，只是母亲在那一刻放弃了自己的容器属性与转化能力。

有些母亲在孩子年幼的时候便已经教会孩子使用这个功能，因此孩子长大后早就学会如何依靠自己的人格力量去积极地回应日常生活中所遇到的挑战。所以，对于一位母亲而言，当孩子还处于童年阶段时，如果希望自己的孩子心智功能能够朝着健康的方向迈进，那么必须协助孩子做一件重要的事情：把属于孩子自己的情绪经过中立的转化后，再返送回去。

这位教师后来习得了此法，且运用得游刃有余，她发现不仅自己解除了戒备,也不断依靠这股无为的力量让女儿依靠自己的人格力量去充分回应属于自己的东西。顶多是在女儿真的搞不定的时候,再合情合理地给予一些行为上的支持,后来她很快就走出了焦虑风暴。

许多临床心理学工作者发现,当一个人的人格被恰如其分地对待后,对方就会使用恰如其分的方式来回应那份属于自己的东西。在个别发达国家,十分重视对教育者灌输容器的正确观念,对初为人母的年轻妈妈,幼儿园老师与小学老师们讲授如何不断地给孩子的情绪命名,这样就可以无为地促进孩子自动化回应属于自己的情感的能力,当下一次情绪再出来的时候,孩子也就不容易急着把问题抛出去,让大人们为自己操办,大人们也不会对孩子抛过来的焦虑而招架不住。

许多妈妈由于过度疼惜自己的孩子,总是舍不得让孩子受到一些必要的小挫折,这样十分不利于孩子人格功能的完善,未来造成的后遗症也是很多的。社会上所谓的"妈宝男",就是这种产物。孩子成年后某个内在人格部分(子人格)希望摆脱母亲的操控,但实际上发现自己的内聚力不够,于是又只能依赖着母亲,而当其依赖母亲的时候往往又会表现出焦虑的状态,担心被母爱吞噬,但是又无计可施。这样的一种冲突心理,很容易诱发进一步的心理障碍抑或人格障碍。

然而在大众日常生活中,许多父母(包括教育工作者)并不愿意使用这个容器功能,当接收到孩子的情绪时,不仅没有按照上文所讲的方法去中立转化,反而在孩子焦虑情绪的基础上再添加上一份自己的焦虑,这就相当于是把成倍的焦虑返送给孩子,这样一来孩子能有怎样的感受呢?结果已经无须猜测,不是形成进一步的隔阂,就是为日后的关系冲突埋下种子。

一旦孩子频繁地感受到父母把更多的焦虑返送给自己的时候,他的人格与心智功能在完善内聚力的过程中,就相当于一棵树少了一半的阳光,少了雨露的滋养,也就是说少了很多能量的加持与磁场的保护。我们探讨到这里的时候,心情总是会有几分沉重,从某种意义上而言,有时候临床中与其治疗一个问题孩子,不如先调整父母的人格与教育知见。通常情况下这也需要父母的自觉,往往也不可强求。

许多正值青春期或刚进入大学的孩子,有时候自己私底下看了不少关于心理学的书籍,希望能够改善与父母的互动关系,但是他们心中往往会有一个顾虑,他们会觉得如果只是自己知道了一些真谛,只是自己发生改变,但是父母(或其他客体)却依旧我行我素,那么改变自己也是无济于事,那么这些孩子便会继续采取冷淡的防御机制来回应父母。因为他们的潜意识会担心向对方表达爱的时候,对方没有用爱来对等回应,这样会让自己的自恋受伤。而越是担心自恋受伤,就越是会使用一些防御机制来保护自己,比如分离,冷淡,缄默等。

善用自己的容器功能与对情感进行命名并不是说问题就得到了解决,而是说经过了这般处理,就能够把情绪中的一些"毒性"暂时转化成相对能够接受的一种磁场。将此前的不可承受,转化成暂时的可以承受,这样即充分运用了积极的防御机制作用。

临床中每个人的焦虑故事与心路历程都是不同的,此书中针对不同程度的焦虑情绪分享了不少方便法与调适正见,对于一些已经被确诊为焦虑症的人,笔者建议在自助的同时最好寻求专业人士进行更多深层次的精神动力分析与针对性系统化解。不少人的焦虑根源属于原发性焦虑,需要先适当处理好继发性焦虑,而后依靠稳定的咨询同盟关系逐步探秘到原发焦虑的源头,在那里进行必要的转化工作。

认识压制背后的孤独感

许多人不能够正确认识孤独的助缘,所以每当一个人独处的时候总是会不自觉地诱发压制这个防御机制,因为个体认为如果不压制,这份孤独感会带给自己很多焦虑情绪。

实际上,"压制"这个防御机制在此时不需要派上用场,因为它会阻抗内在智慧的开发。

很多迹象证实,独处时的孤独感可以极大程度地增加人类对自身处境的洞察,少数勇士则会发现,当深处心灵炼狱时,他们亦能够瞥见到天堂的寂静轻安。

走出焦虑风暴

从某种哲学角度而言，一个人终究须独立寻找自己的人生意义。一个伟大的人格若要深谙坚强隐忍之道，那就必须在内心最孤独的时刻觉醒到人类与生俱来孤独感的伟大助缘。对受苦的人来说，如果支撑自己的力量就来自自身，那么任何苦难都可以忍受。人类的防御机制中有一种是很强大的，那就是没有怨气的忍耐力，也可以称之为耐受力，它是人格健康的重要指标之一。这种耐受力与带着烦躁的压制是完全不同的。差别在于前者是心甘情愿的，心灵的容器可以无限大。

如果在日常生活中我们不经意邂逅了一份焦虑与痛苦，如果这份不舒服的情感已经真实存在，那么一味地压制、回避痛苦就是放弃了人格升华的机会。孤独会怎样？如果此时此刻明明内心充满孤独或淡淡的哀伤，但为了迎合世俗社交或别人的看法而强迫自己去克制自己的情感，那不是跟自己过不去吗！还不如遵从自己的内心灵明，孤独地走自己的蜕变之路。

的确，对于充满不安的外部生存与发展环境，有时候一个人唯有抱持"独孤求败"的成熟自恋情怀，才能在内在营造一个属于自己的心灵圣殿。在那里尽情忘乎所以地追求与自己、与天地全然融为一体的"太虚般感觉"。这种带着觉性的孤独之旅，我相信也是任何人心灵成长过程中的必经之路。而且，在独处的时候无论你想起什么样的情绪，无论这种困扰来自哪里，都请把注意的焦点回归到自己的呼吸上。把指责的矛头收回来，反观自己，感受自己的内在情绪，对着这份情绪在心中默念：对不起……请原谅……

当一个人能够毫无抱怨地为自己的遭遇与苦痛完全承担起改善的责任与使命的时候，就会激活许多改变的力量。这句话不是针对那些让我们不舒服的人、事、物说的，而是对内在的"自体我"说的，那里是我们人格的大本营。许多心灵智者们认为我们所看到的各种境界就是我们内在"关系我"（头脑造作）的一部分投射，我们身边所出现的一些人际关系，也都是我们的潜意识显现。直到内在的压力变小，且多了一分清明的感受后，不妨再对那份情感说上一句：感恩你。

这句话就是肯定道的力量与造化。不是让你在嘴巴上去感恩某个人，而是一种完全的臣服，信任自然中更大的那股力量，那么就会与一种无量宽广的力量发生联结，而这个宽广的东西就是智者们所谓的"道"，也就是"一"。

而"一"代表着无执着、无冲突、无分别、无内耗的单纯之心。

慢慢地,你会爱上这两句话。

荣格曾说"当一个人经过了愚昧无知的迷信,对自然的恐惧或盲目地崇拜,在无数无谓的抗争和追求中的迷失,获得了必要的对自身和外在世界的认识后,从而有能力而且敢于承担自己的一切时,就没有必要再将自己的希望和恐惧'交付'给外在的'神仙、皇帝、救世主',没有必要再在外在的偶然性中寻找自己立身行事的依据。"因此,我们只需要在工作之余,花一点时间营造一份属于自己的孤独之旅与内心圣殿。在那份精神空间里,你会洞悉:凡是我们抗拒的,会持续存在;凡是我们正念静观与如海洋般涵容的,皆会慢慢消退;一个人越痛恨自己的软肋,越是执着于"超我"的绝对化理想愿景而丝毫不甘妥协,对自己的伤害就越大;凡是能够从容接受各种无常的失望,尽其所能加以灵活变通的人,反而会幸福许多。

超越自恋

认识自恋中的自卑

  自卑不是所谓的心理疾病，虽然它是许多慢性焦虑障碍的催化剂；自卑也不是人生的失败，它是一份对早年与父母互动关系残留遗产的反馈。从大众通俗心理学角度而言，自卑的背面就是自大，而自大的变相则属于自恋这个范畴。自恋又可分为两种：成熟型自恋与自我攻击型自恋，因此也可以说自卑的变相之一就是盲目的自我否定与自我攻击，最极端表现形式或许就是自我迫害，草率轻生。

  那么，一个人究竟是什么时候开始自卑的？

  自卑很少是从成年后开始的，许多人从小学一年级的时候就已经有了。有相当一部分人会把这份自卑感带到成年，甚至是老年。诚然，我们的全部的"精神附体"都来自那些坚信不疑的观念，而这份心甘情愿被附着的背后就是因为我们的潜意识要对某个人表达一份"忠诚"，表达对某人早年所制造出来的糟糕互动环境的忠诚。所以，从动力学角度而言，自卑（自我否定）就是一种强迫性重复，重复一份早年的命运脚本。

  20世纪自体心理学理论先驱海因茨·科胡特认为，一个功能良好的心理结构，最重要的来源是父母（监护者）的人格，特别是他们以没有敌意的坚决和不含诱惑的深情去回应孩子驱力需求的能力。如果孩子长期暴露在父母不成熟的、敌意或诱惑的回应中，将会引起强烈的焦虑与过度的刺激，从而导致精神成长的贫乏。因为孩子的内驱力的很大部分被压抑了，而这部分无法参与他们心灵的发展。

科胡特这段话大意就是指父母是什么样的人格比教育内容要重要许多,父母的人格健康水平直接影响后代的心理健康水平。

许多人因为在6岁前被父母过度干预人格的自主性发展,交出了很大比例的自我控制权给父母。这样一来,自体的人格结构注定会出现坑洞,久而久之就会形成一个缺乏"内聚性"的自体,也就很难有正确的自我认知与中立评价自我的心理功能。

成长过程中,个体的"本我"为了避免更多潜在的外在威胁与吞忍压抑,开始怂恿、挑逗"自我"发明出一些带有自虐味道的症状来置换与达成象征性的平衡,因此从某种通俗角度而言,自恋中的自我攻击性就是"自我"妥协的产物。而后"超我"见到"自我"如此妥协,就打算"曲线救国"。它开始时常浸淫在一些雄心壮志中,试图来掩盖自身的软肋。(许多有抑郁气质的诗人或作家都有这种人格特征)然而只要自我的力量没有成长起来抑或没有解除那份对父母早年内化人格的无意识"忠诚",那么"超我"想要展示自己安身立命的才华和理想化技能,则是充满荆棘的,这样一来就无法中立地调节与维持个体自尊的平衡。于是对心性危害极大的病态式自恋心境开始出现,甚至横行霸道。这样一来,不论接收了外界怎样的好评或称赞,(自卑者)内心深处依旧会觉得没有安全感。

健康的自恋则是一个人发展过程中必须拥有的合理人格成分,如果没有它,人也活不下去。拥有健康自恋的人通常有能力时常体验到一种自我确信的价值感和实实在在的存在感。

然而我们今天探秘的是没有过度成熟的那份自恋。这些群体大部分时间只是在自恋地体验别人的情绪,因此时常被他人的情绪反应所撩动或被外部的各种反馈"挑逗"得十分沮丧。

识别自恋背后的防御机制

有个大学毕业5年的来访者,有一份好职业,然而他一度十分焦虑与抑郁，生活作息与人际关系也混乱不堪。经过一些摄入性谈话，得以理清他的核心问题是迫切地渴望得到外在的力量支持，哪怕是每天都能够听到一些赞美（俗称拍马屁）。

因为这样一份心灵坑洞，导致他在日常生活中惯用一种防御机制："否认"。比如当他听到一些不同的看法时抑或对方在相对顺畅地表达自己的观点时，他喜欢打断对方的话语，并道出："不不不，不是这样的；不不不，我不认可你说的；不不不，你说错了……"

这份否定性的防御背后是因为他十分担心因与对方亲近而被对方所融合。而后其潜意识或许就会进一步担心失去"自我边界"，因此才使用否定性的防御机制。

其实这份防御机制背后所折射出的就是一份自卑情绪，而自卑的反面是自大，多出来的自大是为了掩盖那份多出来的自卑，所以它们俩总是手拉手进入恶性循环。

该来访者在人际关系中，时常不自觉地还没等对方话说完，就表达否定性情感信息或微肢体信号，这都是在进一步依靠自恋的方式来保护自己的"自卑"。

实际上，我认为绝大多数的自卑者并不是自己不够好，而是处处、时时跟自己过不去。自卑实际上就是"超我"的化身。最初源于人格发展过程中被过度干预而形成的"自我否定"。

在进一步的交流中，他告诉我自己在人际关系中时常会有激烈的愤怒情绪，他把这种情绪反应归因为自己的情商低。我温和地告诉他：你这是在"以攻为守"，愤怒背后的攻击力或许是我们本来就存在的对他人的敌意与攻击力，这部分多出来的情感能量恰恰利用被对方挑衅的那一刻喷涌而出得以宣泄。而这份多出来的敌意最初源自于儿童的"幼年潜意识"对家庭最高统治者试图说"不"的残留压抑。当时很难挑战父母的权威，自然会生出残留的"恨""屈辱感"与"敌意"。

他表示十分接受这份能够适当整合他内在心路资源的解释，我继续向他补充说明：当一个人经历了一种于意识层面难以一下子消化的情绪时，我们的防御机制总是会很聪明地发明一些暂时隔离它的办法，隔离不是为了消弭它，而是暂时把这份情感及情感背后的能量"打包"后先储存在潜意识中的某个地带，且派一个"子人格"来监察。所以防御机制一般都是两极获益，也像是一种折中主义。我们不要急着去粗暴地破坏自己的防御机制，这不是一件很安全的事情，我们需要做的第一步就是认识它，唯有充分地认识，无声地领悟才会发现，而后才有转化可言。

他还告诉我在中学时期，因为被班主任当面指责了一句"你为什么这么自卑，不要太自卑……"后，而一发不可收拾，变得更加在乎他人的看法，在自我意象中仿佛就是一只在寒风中瑟瑟发抖的过街老鼠。

我告诉他，当时我们的老师或许缺乏一些必要的心理学正见，在无意中粗暴地干预了我们的防御机制，这让我们非常没有面子，班主任所谓的激将策略反而形成了更多的反作用力。

我向他进一步指出自卑的"临床变相"多半属于自恋的范畴，背后的动力大概是："我"如此需要别人的赞美，如果没有得到他人的即时性回应，"我"似乎会立刻感受到活下去的困难。诚然，当一个人对别人的期待是赞美的时候，如果没有在第一时间得到赞美或肯定，便会产生一种落差，同时如果对方还带着指责或异见，那么反差就更大了，所以说我们对自己多出来的一部分情绪反应是源自于别人做的和自己所期许的反差太大。然而若是细微地觉察，发现这一切并不是他人的问题，而是我们自己过度地向外渴求得到他人的肯定，而忽略了每个人都有表达自己不同看法或保持沉默的基本权利。我们之所以总是认为对方会赞美自己，有时候也在使用另外一个防御机制——夸大自体，它也是自恋的产物。我们之所以时常没有安全感，就是因为我们的无意识中残留了大量的敌意与攻击性，因为我们的另外一个防御机制（投射）为了帮助我们缓解一些，就把它们都投注到外部磁场中，而这样一来，根据物理学中的作用力与反作用力原理，外部的集体潜意识中的磁场就会反射一份更大的敌意与攻击力到个体磁场中，所以我们在当下才变得很不安。越是不安，我们会越条件反射式地使用更多相对低级的防御机制来掩盖它们，这是一种恶性循环，我们需要充分地认识与觉察，而后才有转化契机。

那么，自我攻击模式究竟是如何形成的呢？

对于"幼年自我"而言，生之本能中的"攻击驱力"的隐性磁场需要向外投注，尤其是投注给孩子最重要的客体关系——母亲。此处的攻击驱力投注在母亲身上时，母亲并不会有什么被攻击的感受，母亲的自身磁场与容器功能足以涵容它。如果母亲在孩子的婴儿至幼年阶段没有给予其恰如其分的共情回应，那么孩子无意识所投注出去的攻击驱力就会遇到反作用力，在持续受挫后，一些孩子的无意识会寻求将这股驱力投注在与母亲有关的象征物体上，比如母亲的丝袜、高跟鞋、内衣、发梳、枕头等物体上，这亦是许多青少年具有恋物癖的动力性因素之一。然而多数的孩子当时也没能将这股强大的驱力投注在母亲的象征物体上，因此就会很自然地向内对准自身，许多青少年在早期记忆中就充满了失落、哀伤、自责、懊恼、内疚、耻辱感等心理情感体验。

青少年如果不能合理转化这股对准自己的攻击驱力，在青春期就容易因为一些压力的诱发，而开始拼命地自我攻击。比如每年高考结束后有一些对成绩不太满意的孩子就选择了轻生或自暴自弃，其中有一部分孩子潜意识中总是担心自己会受到来自父母的指责，抑或某个"子人格"幼稚地认为已经背弃了对父母的"忠诚"，于是他们会提前完成一些自我攻击程序。

在自恋范畴中，还有一些严峻的自我攻击艺术，属于变相的"忠诚模式"，它们的潜在危害同样是惊人的。如果不能充分地觉察与疏导，很多人就在不知不觉间自己跟自己"玩"，然后把自己彻底"玩坏"。所谓的"玩坏"，就是当自恋障碍到达最高程度时，会延伸出大量的抑郁情绪与焦灼情绪，甚至有可能结束自己的生命。

无意识忠诚模式："与受害者认同"

认识到以上关于焦虑背后所隐藏的自恋模式后，在日常生活中一旦觉察到自己急于获得他人的认可与赞美时，不妨先以正念的方式，不偏不倚地感受自己诉求背后的焦灼感与一份多出来的"急"的感觉。经由无声地觉察与抱持，这股能量会经过一些小波峰式的发展，而后逐渐自动地越变越小。

当这份感觉变小的时候，对外在赞美的渴求就会同步降低，自然就不会渴求获得客体的及时回应，那么就不会有接下来的自我攻击这些程序的运作。所以，当自恋降低，安全感会立刻得到提升，它们之间是成反相关的关系。

有一个广泛性焦虑情绪较为严重的职场女性，她是高级会计师，有着无规律性的焦灼情绪已有多年。她以前接受过一些辅助性心理治疗，能够意识到症状背后是一股无意识动力与程序在作怪。通过几次交流，我很快便觉察到她的焦虑情绪背后有相当的自恋障碍，也就是上文中所谈及的自我攻击程序。

首先她主诉的是因为自己长期心情不稳定，所以经常对孩子进行责难。而每次近乎失控地指责过后，便会更加痛苦与衰疲。当建立了相对稳定的咨询关系后，我在恰当的时机向她阐释：当你对孩子感到愤怒时，你会下意识地自我憎恨与内疚，因此某个"子人格"会适度收敛而意欲表现出一份相对慈爱，这或许会使你"超我"的道德性焦虑降低一些，然而这个被压制的愤怒没有被成功转化，所以在无意识层面开始转向了自身，于是你便在不久后感受到了一股说不出的抑郁。

听到这样的一份解释后，她补充道，自己不仅对孩子容易发怒，对丈夫也很容易进行无端的指责，有时候也能够意识到这样做是非理性的，但总是控制不了这份"易激惹"情绪。

在恰当的时机，我向她解释道：许多时候，你在非常努力地试图不对孩子生气，也试图不对丈夫在教育孩子问题上的"不作为"行为生气，你试图采取"逆来顺受"的方式来转化，但是你的潜意识并没有心甘情愿地体会到逆来顺受的雅量，你是带着愤怒与怨气在执行逆来顺受的朴素烦恼观。"逆来顺受"实际上是一种很好的人格修为雅量，它源自于人格系统中一种相对成熟的防御机制，它的背后并没有多少痛苦吞忍的成分，这是一种人性的自然升华而延展出来的内在素质与心灵强度。 然而在你身上，你通过对孩子的指责，极大程度地满足了自己在夫妻相处过程中的心理压抑与早年对父亲不够护家的那份敌意，同时你的无意识也激发了另外一个"内在小孩"（人格部分侧面）通过自我惩罚以减轻内疚的诉求，所以抑郁情绪是一个不错的选择，你每次骂完孩子后，立刻感到无比的抑郁，或许就是这样的动力性因素。

对于这份解释,她有点措手不及,陷入了沉默,我直觉这种沉默不是阻抗,而是一种领悟过程。很快她自觉补充道:我能够对此有所觉察,同时发现背后还有一份防御机制在作怪,但是我不知道它是什么。我顺着她的自我觉察直接提问道:你时常容许自己被伤害、被指责甚至无意识的"主动勾引"外在的一些人、事、物对你进行伤害,从而让自己表现得像另外一个人……这个人会是你的母亲吗?

在经过一些合理的互动与解释后,她表示自己的内在的确隐隐约约地在对一个人表达着"无意识忠诚复演模式",且告诉我更多关于她与她母亲之间的故事。而在接下来的几次咨询过程中,我觉察到了她对母亲表达了一种"与受害者(妈妈)认同"的防御机制。我告诉她:你的母亲在生活的时代,承受了一定的社会压力与思想压制,在茶余饭后与你互动时所流露出的那种哀伤情感与受害者的情感已经深深地烙印在你的幼年心灵,你在进入小学的时候或许就已经对母亲的那份带有哀伤与焦虑的人格与气质表达了认同。认同不是指你渴望哀伤的特质,而是无意识地希望通过成为母亲的样子能够缓解母亲的焦虑,能够与母亲站在同一个阵营,以对抗莫须有的潜在威胁或不安的外在生存环境。这就是幼年幼稚性思维的一个特征,它不擅长理性,也不会复杂的逻辑推理,这是它能够对母亲表达忠诚的最佳方式。所以,你需要这个焦虑甚至更多的焦虑幻想来配合你表达这份无意识忠诚抑或配合你"练习忠诚"。这就是为什么你时常胡思乱想,炮制一些无具体事实根据的预期恐惧,从而变相地对早年与母亲制造出来的互动关系表达一份赤裸裸的幼稚性"忠诚模式"。

总之,你的无意识对母亲的价值观表达了一种很深刻的认同(与受害者的磁场认同)。有时候你也把这种"无意识忠诚"带到家庭生活中。不过,当你把这份忠诚带到家庭互动关系中时,你的无意识还额外增加了一个防御机制,那便是"受虐性的主动诱惑与挑衅"。

聆听了她的一些正向领悟性的反馈后,我进一步温和地向她解释了什么是"受虐性主动诱惑与挑衅":你在日常生活中持续多年表达着一种救赎的愿望,试图通过自己的焦虑来与母亲成为同盟,然而这是行不通的。因为你的"本我"会有很大的意见,本我是遵循享乐主义与快感主义的,你这样一而再，再而三的自我惩罚与无尽地表达救赎母亲的无意识动力，将会引起本我极大的躁动与抗拒。同时，你的"自我"（此处的自我并非个体整体意义上的自我，而是人格结构中的一部分）在感受到"本我"的压力后，它也会很自然地感到焦虑，也因为"本我"的力量是最大的，如果没有找到平衡本我的方法，"自我"也担心自己驾驭不住焦虑的洪流。所以，"自我"甚至会想到寻求心理医生的帮助来让自己摆脱"本我"的躁动与"超我"内化的无意识忠诚模式。"自我"被夹在中间非常难过，于是焦虑情绪在这种对立状态下，很容易升级，每当焦虑升级时便会出现更多的抑郁情绪，因为抑郁情绪与焦虑情绪是一对孪生兄弟，它们俩是互相捧场的。简单点说，这两股情绪会狼狈为奸，恶性循环。

我继续告诉她：你的"自我"它想到了一个点子，毫无疑问这个点子也是一种防御机制，它会在你相对比较安逸的片刻，突然跑出来告诉个体（整体自我）"你需要寻找一些'受虐性的挑衅'。"也因为你的某个子人格受到内在心魔的长期催眠与说教，它在心底深处不断地告诉你唯有凭借这般疯狂或许才能止息，所以你就这么去做了。这就是为何你总是主动通过一些言语上的挑衅，希望得到丈夫与孩子的变相惩罚的动因之一。你人格结构中的"自我"试图通过这样的挑衅，抑或借由想象出来的受虐性的挑衅或主动胡思乱想，来制造一种能够释放焦虑的途径。也就是说"自我"在应对"本我与超我"的双重压力时，所采取的折中办法便是通过勾引一种焦虑来转移另外一份更大的焦虑。这就是为何我们总是被胡思乱想或灾难性联想所奴役，问题就在这里。

在这次咨询中她有所领悟。（任何一种动力性解释必须是能够整合当事人的过去经验，不能过于随性或教条化，诠释性语言讲究因人而异）而后在下一次的咨询中我在恰当的时机进一步解释：在外头你不会轻易通过言语的挑衅来达成被惩罚的意欲，因为你担心拿不准尺度。而家庭中的两个成员，很显然是最佳的投射该防御机制的道场。所以你总是控制不住要指责自己的丈夫与孩子，而当老公批评你的时候，你内在的某个子人格（人格侧面）确实会感到莫名的踏实。此外，如果我们一味地在理性认知层面去处理那些焦虑故事，那么永远都处理不完，它会像捉迷藏一样跑来跑去，最后突然间你会发现自己玩不动了,因为完全玩不过它,所以产生了更大的受挫感与焦虑沮丧心境。

在接下来的几次交流中,经由恰如其分地对待(支持性共情)与科学的解释,她能够从情感上(非理性层面)认识领悟到这份幼稚性情绪背后的无意识动力,精神状态像紧绷的弦突然间松弛了下来。

该来访者焦虑情绪背后的自恋障碍中,有一份夸大的幻想,认为自己有一份无所不能的力量能够解救自己的母亲,很显然这是当年幼儿自我的理想化思维方式。实际上在她的自恋模式背后,还有一份防御机制在影响着她,就是对母亲潜意识中的一份幻想表达了认同。

很显然母亲潜意识中的一份未完成愿望,便是在充满怒气与怨气的心境状态中,能够挑战一下外在的力量,以便充分释放自己的不平衡情绪。所以,她(来访者)在表达无意识忠诚时,在主动"勾引"焦虑故事时,都是针对男性,因为男性在意象层面可以象征着威权、强势等,这也是为何在她的预期焦虑中普遍的对象都是男性。

临床咨询中,每个人的心路历程都有所不同,没有固定不变的模式与诠释性语言,此文中的案例仅仅只是为了更好地阐述自恋情感模式中的一些潜在不安因子与部分无意识动力。当我们越来越深入地识别到它们是如何启动这份"一边在自卫,一边在自我迫害"的矛盾程序时,只需要先温和地觉察,什么都不要做,先尊重防御机制背后的能量与当时所经历的各种因缘,而不要觉得有任何不妥。同意当时自己的愤怒,也同意当时自己的愚蠢,同意当时自己的失败回应。就先以这样的方式"同意"它们,经由无声的同意,有些事情会自然发生转化。

谛听自恋

在广泛性的慢性焦虑障碍中,并非所有人都有自恋情感或障碍。自恋实际上就是自体结构存在着一些缺陷,源自于个体在早年未能恰如其分地建立良好的自体内聚力与完善的人格功能。心理学家海因茨·科胡特认为:

自恋障碍的实质是自体结构的缺陷，就是个体不具备一个内聚性的自体，没有形成现实可行的雄心和理想，也没有发展出适当安身立命的才华和技能，进而无法获得关于自身的良好感受，无法调节与维持自尊的平衡。

科胡特强调的是自恋背后的自卑因素，以及自体结构的功能缺陷。我认为最重要的就是自我攻击，以及自我攻击背后的一些相对不太成熟的自我防御机制，对部分焦虑心灵而言，它们的确是严峻性的风险因素，与焦虑情绪之间有着密不可分的关联，甚至是一股强大的催化剂。

因为一些低级防御机制的持续作用，一个人的无意识会更加喜欢通过"筑坝拦水"的方式来消除负面情绪所带来的负能量感受，然而这里面的风险因素一目了然，当水坝过高之时，如果溃堤，冲击力也是成正相关的。

总之，自恋模式很容易识别：过度的渴望外在的及时回应，如果客体回应的方式与其预期有一定落差，很快就会形成自我攻击，攻击后的产物就是焦灼情绪及抑郁情绪。同时，在临床心理学中，我还发现有时候自恋背后的自我攻击模式会投射到外部，以变相的方式达成无意识合谋——那便是对某个外在的攻击者表达认同。

如何理解？比如有一个人在小区里散步，看到一对父母在教训或大骂自己的孩子时，他反而会有一种幸灾乐祸感抑或一种说不出的"踏实感"。之所以会有这种反应，其中很大一部分原因就是以前自己也被他人"虐待过"，所以在某种情景下，看到有人在虐待其他人时，他会不由自主地通过对攻击者行为的认同，达成一种象征性的自我保护感。

所以，如果能够依靠谛听觉察的智慧，认识到这份情绪反应源自于自己曾经也感同身受过，为了自我保护才不得不使用了这个低级的防御机制，来保护自己免于退行到早年那份对某位亲人的愤怒中。不妨依靠此书中所授导的正念智慧与一些自我平衡情绪的策略来试着转化那份愤怒而后完全宽恕自己早年的成长环境（宽恕就是解放自己这个人质），如此，必定会有获益。

我们探索自恋背后"自我攻击"的程序与防御机制是如何运转的目的不是为了端掉它，而是借由适当的触碰与觉察，使得自体有机会发生转识，从而自动降低背后的隐性负荷。觉察是非常重要的，在自助心理学领域，它是必须牢牢掌握的一项心理基础技能。杰出的心理学先驱荣格曾讲过:"你没有觉察到的事情,就会变成你的命运。"

实际上大部分顽固性情绪反应,都需要我们先谛听与尊重这份防御机制,而后优雅地对其防御机制背后的无意识能量进行诠释与科学回应,且把握时机有节奏地让那股被隔离起来的"暗能量"意识化、表层化,那么那股负能量就不会变成所谓的宿命。简言之,被阻隔起来的潜意识如果没有进入意识,就会引导我们的人生成为自己所不喜欢的那种。反之,如果能够觉察到它们,以及在情感层面充分领悟到它们是如何发生的,这本身就已经足以产生改变的自然动力。

实际上,一个人在某个成长阶段中一旦出现了停滞(卡点),也是常见的事,此时个体的无意识会持续以他所停止的那个年龄水准,去感知、体验与回应这个世界,即使在回应的时候充斥着大量儿童时期固有的"幼稚性思维与情感"(以想象作为判断事实的依据)。诚如弗洛伊德所讲的"潜意识里没有时间感",在许多神经症性的心理冲突中,多数个案都有一些情结属于"未完成部分",因此不妨利用眼前的症状与冲突,深入了解自己在何处受阻,以及我们需要在那个受阻的地方达成怎样的学习以便更好地回应"未完成事件"。

在临床异常心理学中,如果一些当事人能够深入谛听与探秘自恋情感反应模式背后的动力因素,他们往往能够获得比普通人更加深刻的洞察经验与智慧。总之,在探秘自恋情感的背后,如果具足耐心与定力,必定会收获一份宝藏。当然在具体的操作过程中,有一些来访者最好先通过一些行为简单地处理了一些继发性焦虑情绪后,再论进步比较好。

从某种心灵哲学角度而言,如果你认为已知的所有的东西都是外面给你的,或书本上告诉你的,那么你就建立了一个属于自己的狭隘的信仰体系,但只能得到一点点帮助;如果你还有一部分重要的领悟是来源于指导师或书籍的启蒙后所诱发的内在智慧,且在日常生活中获得了验证,释放了自己的创伤,那么你就逐步靠近了内在导师,明白什么是真正的心灵科学,在那里不需要任何信仰,也不需要任何指点,一切自然呈现着。

成为上帝

上帝这个词汇在中国的民俗思想中可以被替代为"老天爷"。在日常生活中，上帝或老天爷这个词汇出现的频率颇高。人们心情好的时候会感谢上帝（老天爷）的加持，心情不好的时候也会责怪上帝（老天爷）没有保护，所以这个上帝（老天爷）也很难当，有时候似乎成了人类招之即来的保镖或私有财产。

很遗憾，我既不是上帝的信徒也没有任何宗教信仰，虽然我出于好奇研究过许多宗门哲学文化，但我只是一位普通的心理学工作者，见地有限，能耐也有限。我唯一能够保证的就是基于内心真实的判断以及对这个世界各种现象的直觉洞察，与各路有识之人随喜探讨。我从未见过什么上帝，也没有在梦中看见过哪位神明，也不想枉费精力去找寻上帝。对于我而言，**亲身体验到的真理就是上帝；既存的自然生存法则就是上帝；通过自然法则了解了自我内在心智系统的所有奥秘与真相，就等于看到了上帝。**

我始终认为这个世界上没有绝对的唯一真理，除非一个人亲身体验它，验证它。因为只有这样，它才会成为我们的真理，不然真理只是别人的，真理与你毫无关联。我所理解的"道"就是生活禅的意思，喻指一个活泼的、积极的、健康的"活法"。我认为当一个人拥有了正见并按照和谐的自然规律去生活，当下就有机会过上美好的生活，而那个时候不论他是否相信一个超自然的上帝，都已经不重要了，因为他当下已经成为自己的上帝。

在自我认识与心理疏导领域，我们需要以自然法则为岛屿，皈依真我，务必认识到每一种事物皆是阴阳互根，对立的事物本质上是一模一样的，只是能量振动的频率不同。极端的两面总会有相连的时候,所有严重的冲突在理论上说也都可以被调和的,一切发生的外在境况皆是成长助缘。我认为这些信条对于广大心灵自助者而言或许才是上帝信仰的真正化身。

有的人信仰上帝是因为恐惧;有的人信仰上帝是因为空虚;有的人信仰上帝是因为挫败;有的人信仰上帝是希望进财;然而却有一部分信仰上帝的人仅仅只是依靠单纯的欢喜心与本心的直觉感应。

传统的"天命论"把人看成是只能任凭"老天爷"摆布且无所作为的"奴隶",就如在风调雨顺时就说是上天的显灵,闹旱灾时就说是上天的惩罚。事实证明,在封建社会的每个朝代都有自然灾害的发生,这个与大自然阴阳二气的变化规律有关,抑或是与人为的破坏大自然导致环境变化有关,而与老天爷或上帝的个人号令恐怕没有任何关联。

荀子的天人相分论,虽然在那个文明并不发达的封建社会突显了"以人为本"的积极思想,把人从天帝的奴役地位中解放出来,不再把"天"看作是超自然的神格或天神,且给后世治学者留下了积极影响。但是"天地"是大自然造化的真宰,若一味地强调人与天地之间的对立性或不相干性也不行,因为人类很容易因为自身的欲望去做破坏大自然的事情,也很容易因为自身的顽劣习性去做出各种违背自然规律的事情,事实证明人类已经受到了破坏大自然环境的惩罚。

在殷商时期所流行的天命论,把天加以神话,使之成为主宰人间福祸的人格神,那些尚处于奴隶制时代的君王或许需要依赖这种思想来更好地进行愚民统治及巩固政权。然而这种思想弊端甚大,严重束缚了人的潜能与主观能动性,对于人类的思想进步与文明发展都是一种阻碍。而这种限制性思想是很容易被推翻的,如在尚未掌握先进造船技术的一些朝代看来,船只能否顺利渡江完全仰赖于老天爷的脸色,而到了明朝,依靠先进的造船技术船只不仅可以在大江上躲避大风大雨,还可以充满自信地驶向大洋,这就说明了人类在尊重自然规律的前提下,完全有能力依靠自身不断的思想进化与自身的能动性从而不断挑战天命论中各种不可能的束缚。

儒家中所谓的"敬天"思想更多意在完善人的"仁义道德",而非无条件屈从于可以对人间发布号令的老天爷。人们耳熟能详的"尽人事,听天命"

的主要内涵指的是一些自然发展规律不以人的意志为转移，一些无常的必然性是人类有时候难以抗拒的，也就是说并非你想怎样就一定能怎样（比如并非任何一个发展中国家就可以轻易成为发达国家），但是如果一点都不去努力，则必定是毫无改观。所以既然如此，不妨去积极的发挥自己的潜能与主观能动性，无论能否成功，请尽量保持平常心，这样就能规避一些不必要的心态失衡。对于广大群众而言，了解了这个自然规律后，不仅不会被束缚，反而能够保持一个淡定的心态去追求幸福，而不是一根筋地去追求所谓的幸福。孔子的这种思想即便在今日也充满了十足的生命力。有时候人们越是刻意地去展现自己，反而越不被人所重视，而有时候却往往无心插柳柳成荫。那么，谁能用科学道理来解释这些每天在日常生活中都会上演的现象呢？

在古时，一些圣贤们也都有意识地模糊这个话题（是否存在上帝），因为他们希望把教育的主轴放在烦恼的解脱上，因此他们都在讲五伦八德、三纲五常、无常无我现象，同时强调因果定律的重要性，认为是因果定律影响着人类的方方面面。但问题来了，这因果定律又是谁创造的呢？如果有的话，我们就称那个创造因果定律的人为上帝也无妨。

总之，大家都认为世上有个最高的定律或真宰存在，称它为"上帝""老天爷""安拉""上主""道"等都行，只是名称不同而已！从发展心理学的角度认为有没有上帝这两种理念是可以并存的。认为"有上帝"的人请务必尊重认为"没有上帝"者的看法，只要他能解除自身的烦恼，能适当有益于身边的人，我想真正的上帝也不会计较的。而认为"没有上帝"的人，也请务必尊重认为"有上帝"者的看法，只要这能使他的精神修为更加精进与平衡，有何不可呢！

每个人与生俱来的内在智慧其实是完全一样的，没有谁多一点，谁少一点。我想鼓励你们能够抛弃权威、抛弃依赖、抛弃所谓的安全感，多独立思考，多读几本儒道禅经典，不要去急着找寻"大师"，有些"大师"可能还不如你自己。民间的不少"大师"都是唬人的，他们好谈玄说奇，装神弄鬼，故弄玄虚，从古至今一直不间断，他们除了吓唬"小孩子"，没有半点智慧可言。而"经典"则是源自于先知们的思想精华，那么你觉得谁的智慧大？你愿意听谁说呢？

补充：你相信天地间的因果定律以及地狱、天堂、轮回吗？

在职业生涯中，但凡与心灵文化有较大渊源关系的一些宗门文化我都会有兴趣去了解，不管是西方的还是东方的。因为如果我的来访者中有人很喜欢某个宗门的哲学，而我却一窍不通，那么我就很难进入他的内心。在众多东方哲学中，我相对比较偏爱孟子心理学、儒家心学、禅学、阴阳辩证观理论等。

很多人信仰轮回说或天堂地狱仅仅是因为内心的恐惧，缺乏洞见事物实相的真智慧。另外他嘴里说相信，其实也不是真信，因为他还活着，怎么可能会知道死后的事情呢，除非他有过濒死体验。因此，不要相信某事物只是出于其他人也这样做，否则我们那颗"心"很容易出于恐惧而盲目地依附在民间宗教人士的威权之下，这是违反宇宙和谐自然法则的。两千多年来真正觉悟自己本心的先知们仅仅是普通的教育家而已，并没自我夸大化或神话。

从中道的发展观而言，我们也不能因为过去的一些小过错而停下来一个劲地懊悔自责，而应当从中积极地吸取人生经验。在这个二元对立的世界，任何人注定从出生到死亡都要犯下一些失误后再积极反思改进。

有些人害怕因果定律是因为他一直知错不改，一直无法控制住自己的不良习性，那么在这种情况下，就需要学习情绪平衡策略。从某种角度而言，一旦降伏了这颗充满不良习性的心，或许就可以将功补过，因为：改过是最大的善行，行者不昧因果！

此外，有些人生无常事件并不是我们主动造下的原因，而是冥冥中一些集体潜意识（命运共同体）使然，这个不是我们的错，因为我们也不想那样。所以从这个角度而言，苦难仅仅是一种现象，非真实本质，大部分人在一生中几乎都会有一本难念的经。一部分有智慧的人，在人生的某个阶段有缘相识了适合自己的一位心理启蒙老师或哲学导师，并学到了许多宝贵的成长经验，而后进一步在充实的生活中不断向内觉察洞见到人生的真谛，因而获得甚多的清醒与自由，那么苦难反而成了他的最大助缘。

反之，在生活中一个人反复受制于不良恶习，其行为已经持续影响到心中的正气，阴气不断占上风，这本身或许就是一种最直接的惩罚（因果定律）！比如沉迷于赌博、嫖娼、吸毒、一夜情，敲诈、暴力、随性毁谤他人、不敬父母师长等，这些行为本身已经让自己的阴气越来越重，到达一个临界点时，就容易出现一些变故。

智者一再强调天堂与地狱在人们的心中。至于死后是否有地狱，那些都是宗教人士在描述的东西，我们不需要去探讨它，既不盲目排斥，也不盲目遵从。对于一个信仰宇宙自然法则的人而言，先学会享受"活着"这份伟大的礼物，才是正知正见。古人讲"焉知生，非知死"，莫等到老的时候才发觉人生价值的真谛。

人们应当健康地、积极地去活出自己的价值，拥有人生志趣，在工作之余多带给身边小伙伴们一些积极的正能量影响，而不受到各种威权主义、民俗主义、宗教主义以及各种恐惧性教育等的盲目影响。人有大志，天必佑之，福禄随之，神明卫之，众邪远之，众人成之。在自我精进的道路上，任凭褒贬，就像风儿不怕网罗，莲花不怕污水，面对无常，抽丝剥茧，拨云见日，天地叹之，鬼神敬之，何惧之有！

西方曾经有许多教派控制着国家，控制着人民的思想，控制着自由，控制着真理，虽有一部分虔诚的牧师是在传播一些积极的东西，但也有相当一部分狂热分子在违背自然法则。他们中有许多人鼓吹要对一切"恶"赶尽杀绝，要对一切不道德的非分之想赶尽杀绝。在那个宗教无法无天的时代，有一天，耶稣觉者看到很多人在一个街道上欲要扔石头砸一个失足女，许多围观的人因为长期被宗教疯狂的口号所束缚，这些愚蠢恐惧的心灵都认为这个失足女是淫乱的，是会影响人类进程或社会进化的，因此都认为要狠狠地砸死她。耶稣看到这一幕的时候，就对他们说：你们之中哪个人自认为没有罪，也没有过失，就可以扔第一块石头。结果人们都把石头放下了。人非圣贤，孰能无过！一颗心灵的伟大不在于他有多么完美，而在于能够不断地在失误中加深对无常的认识，且将失误转化成一种洞察的智慧，不断调整自己的轨道。生命中许多时候不追求完美本身就是一种完美，因此对于任何一位自助心灵者而言：尝试是经验的基础，经验是能力的基础，能力是自信的基础，自信是成就的基础。

> 此外儒道中的平常心与无心思想不代表不精进，而是待机而动，蓄势而发，于事前慎思，事中无悔，事后放下的一种处世智慧，这种智慧本身就是相对和谐的人天合一境界。

进一步认识宿命论与意志自由

当一个人认为一切都已经被注定抑或皆是宿命，那么既存的影响信念系统与心性的方法对他而言就形同虚设了。因此，我们需要强有力地挑战这个观念。

自然科学中的很多假设与基本观点都是建立在因果律之上的。比如当你看见一棵参天大树时，它一定是缘起于一棵幼苗，而这棵幼苗则缘起于那颗不知道从哪里掉落下来的种子，而种子之所以会是种子又缘起于大自然的循环造化。那么人们不禁要问，一颗种子之所以可以长成一棵参天大树的这个造化属性又是谁创造的呢？

又比如一台车子，对部分厂家而言，不论对汽车组装的技术达到怎样登峰造极的程度，但在批量生产的数万台中依然有几台车子会出现一些小故障，而这些车子与其他正常的车子所使用的零配件一模一样，装配程序也一模一样，丝毫没有差异。那么在这个因果中我们不禁要问，原因是什么呢？或许我们总是可以找出所谓的"最初原因"。没错，我们生活中总会面对许多不幸的结果或相对幸福的结果，人类似乎已经完全接受这条放之四海皆准的"因果律"，它似乎已经完全契合人类的逻辑。

宗教里的因果论是一种言行上的因果论，而因果论的世界观又被一些人称为决定论，也就是说所有的事物都可以找到最初创化出这个果的因。这个世界之所以会是现在这个样子，也都是被之前的一些原因所决定的。我们所处的这个地球从不缺乏宗教信仰，然而每一种宗教对"神明"的看法也是有较大的差别，那么究竟哪一个神才是最大的真神？

最近10年，量子力学带来的概率世界观对蕴含决定论的古典力学提出了强有力的挑战，那么量子力学会是因果律的例外吗？

根据宇宙阴阳互根的原理，总是要有另外一个理论来搭配因果论才会显得比较圆满，若只是一个元素说了算，或许也无法说服全人类的理性大脑。这个世界上有白天就一定有黑夜，有高就有低，有美就有丑，有清就有浊，有难就有易，一切都是圆满的阴阳互根互促、互即互入的关系。所以我完全尊重因果定律，也完全承认许多果确实都有着最初的因缘和合。**但是我也相信人类既然来到这个世上，一定也有最基本的意志自由权力。**

举一个例子：有一个罹患严重创伤应激障碍的来访者，他早年目睹亲人在一起车祸中惨不忍睹地死去，两年过去了，每次他想起来总是有预激反应，他觉得那个画面实在是残恶到令他无法接受，导致他时不时诱发出强烈的抑郁情绪与急性焦虑症状。如果是用因果决定论，这似乎有点宿命的味道，用宗教的一些术语来讲好像是所谓前世的业力来干扰他的神识，这样的解释对于广大接受现代教育的心灵而言一时会儿是很难让其服气的。

在具体的"救赎"工作中，我大概只用了10次左右的"快速眼动脱敏"疏导，以及结合一些特殊的潜意识脱敏技巧让其脑神经网络中的这些还处在无意识混乱状态中的刺激因子不再被隔离，让其充分意识化，结果很快就调和了这份应激创伤。日后即便偶尔有所反弹，也很快在正念禅修技巧的帮助下归复本然。这样一来，似乎证明因果报应学说也可以在一念之间松动的，并非像一些宗教人士或江湖迷信人士所强调的那样可怕或充满消极的罪恶感。

那么，究竟如何区分民俗迷信与正信哲学，各路人士或许有不同的应对取舍。我永远只关心能不能在当下不需要引入前世或来世的假设前提下，依然可以相对科学圆满地解释一些现象，如果什么都要回到前世或依靠上帝，那为何又不让我们窥见前世究竟发生了什么。或许慈悲的上苍本来就希望人类不要执着过去，希望我们在当下自己决定以怎样清醒的方式活着。所以，我认为上苍已经赋予了人类一定的意志自由权，让人类通过一些思想上的转化可以调和一些先天宿命的制约。

事实上，在具体的心理学疏导工作中，的确有足够多的心理学技术已经救赎了许多被民间宗教人士判定为是患有"业障病"的人，使他们得以解脱与康复。这里头一定有一些意志自由在充分地起作用，这一点非常重要。

走出焦虑风暴

虽然目前还有不少心理疾病尚未找到圆满的解决方案，但是如果一味地将其全部归咎于因果报应学说、宿命论，我觉得这样的说法不太慎重，因为许多目前尚是身心疑难杂症，在不久的将来必定能够找到突破的科学路径，同样在生理疾病与癌症领域也是如此。

我们今天若要在科学世界中就事论事，一定要保持独立的思考，可以暂时搁置争议，从系统观的角度尽可能地互相汲取一些对实际烦恼有意义的正能量成分，一起专注于如何更好地协助一些苦痛心灵从炼狱中脱离才是第一要务。简言之，发心第一，解释第二，善巧第三。

奥地利著名哲学家卡尔波普认为：科学是一种不断要求进步的事实，一种猜想代替另外一种猜想，一种理论代替另外一种理论。我完全认可这个观点，这个时代的许多重大发现在300年后回头来看，或许仅仅还只是开端而已。心理学更是如此，未来完全有可能出现一种比现在几种主流方法更加有说服力的学说，这个学说中肯定不是只有心理学一股力量在努力，一定会有很多生物学家、物理学家、哲学家、神秘学家、禅师的共同参与。因为心理学本身就是一门极其重要的科学，而当下任何一位心理专家也都不能保证自身的理论没有瑕疵，因此必须开放性接受各种进步的思潮。

面对心病人群的快速增长，广大的一线心理学工作者应该放下所有的门派之争，道统之争，圆满究竟之争，内道外道之争，有心无心之争以及中式西式之争，把更多的心力用于如何降低当事人的焦虑痛苦。因为苦痛的人等不及你跟他谈什么治本的方法，他当下处于高度焦虑的状态，最需要做的就是缓解焦虑，而非谈天说地话人生。在极度焦虑的情况下，没有一颗心灵是一些所谓治本法的拥戴者。

相对深奥的本土禅宗文化、古老的佛学文化与儒家性理文化都是以长远的自我修炼见长，在某些时刻面对一颗严重抑郁或焦虑的心灵时，授导者一定要考虑到对方的接受程度，务必将一些深奥的道理化繁为简，再结合一些科学的疏导法则与策略则比较好。待当事人的焦虑症状获得一定的缓解后，再导入一些立足于长远的调心术或医心术，这样才符合一阴一阳之谓道的东方哲学理念。

所以，建议长期在网络论坛里活动的一些宗教信仰者或哲学爱好者，当

调和身心焦虑的十五个策略

身边遇到一颗处于严重焦虑或抑郁状态的心灵时，一定要持守一颗开放的心，不妨暂时放下对自己所信仰的宗教一股脑儿的热忱之心，以实事求是的灵活方式，深谙法无定法，法无高下的内涵，先以通俗易懂的心理学策略疏导或建议当事人去医院心理门诊。因为有很多人在严重焦虑或抑郁状态下，是有可能做出轻生的行为的。

当面对一个欲罢不能的苦痛心灵时，有效果一定比有道理来得更加重要。

我曾经接待过一位沾染"强迫性灾难式联想"的来访者，他在网络上看了不少宗教文章，与笔者探讨这些内容的时候，眼神中也多充满了一定的虔诚之心，他也相信自己的顽固症状就是所谓前世被自己伤害的冤亲来讨债。

我问他既然你深信宗门文化，且坚信问题的来龙去脉就是和前世有关，那么你现在来找我做什么呢！我告诉他：我非常尊重古圣先贤的智慧遗产，也从不否定它们的普世价值与正能量，但是智者们让我们了解心性本源智慧，不是让我们变得更加束缚，而应当是更加有弹性。我不清楚是否有前世或来世，但在此时此刻即便有上帝存在，似乎跟你也没有什么关系。因为人从存世的那一刻起，就应该对自己的一切思想和行为负起责任。上帝或菩萨存在与否，都与我们的处境无关，因为最终还是要由"人"创造出自己的现在与未来。在某种哲学层面，强迫症、焦虑症、神经衰弱症不是所谓的心理顽疾，它或许只是一本"经典"，慈悲的上苍为了让你破解这本难经的深意，或许需要你亲自对烦恼现象有一定的体悟才行吧。如果有一位心理指导师在三个月内传递给你一些积极的讯息可以让你的"心魔"松动，并且有归根消融的迹象，你是否愿意放下前世报应学说的一些观点呢？他说愿意。果不其然，在三个月的时间里，我并没有跟他讲授任何治疗焦虑情绪与强迫观念的方法，只是讲授了"灾难性联想"的一些物理实相，以及协助他厘清了焦虑背后盲目幼稚性冲动的真意，而后他通过积极的认识与领悟，没过多久就大大缓解了看似难以缓解的顽固症状。

在自我疗愈的道路上中道观的信念非常重要，同时我们需要的也不是狭隘的心理学，而是广义上的心理学。它必须充分接纳生物学、量子物理学、脑神经科学、五行能量学、瑜伽行派、禅学、儒家心学、藏密冥想等部分神秘学的观点。这个道理就好比碗、瓢、勺、锅，表象上虽千差万别，但都有不可缺少的作用，从这个角度上来说，它们是完全平等的。

《易经》说：水流湿，火就燥。世上万物都各有各的属性与特性，水总往湿的地方流，火总往干的地方跑，这是特性使然。而人之所以感召心魔，也有某方面的特性在作用，若整日的存心都在消阳长阴，最后便会量变到质变，自然会培育出一个适合心魔居住的内在温床，受到各种妄情、妄识、妄念的侵袭。反之，若是开始积极依靠一些积极的烦恼正见与方便法，使自己整日消阴长阳，不断逆流而上，那么精神世界的浊阴终有一天也能转化为纯正阳气。

有人问：上帝、上主、上苍、佛祖、菩萨那么神通广大，为什么不把炼狱中的心灵往上面拉一把呢？这或许是没有办法的，就像"水流湿，火就燥"。物物各有一个理，在天叫天理，在地叫地理，在物叫物理，在数叫数理，在人叫性理，性由天而来，《易经》与《道德经》都告诉我们要顺应天性，因此天地间再有能力的"神明"也没有办法违背大自然的定理。所以古人云：各自烦恼各自断。指导师经验再足也无法代替来访者去跨越那些障碍，他只能以手指月，给予科学的启蒙、科学的行动设置以及一套较完整的系统工具，学生不能依赖老师，必须走在自己的道路上，最终成为自己。

有了以上的正见基础后，请你大胆地抛弃宿命论，以自然法则为岛屿，皈依真我，以广义心理学为方便之门，立志在当下成为自己的"上帝"，不断逆流而上，即能拨云见日。这个世界时常有人因为一些偶然的病历，而后发现一种全新的方法或整合式理论，或许你就是那个人。慢慢来！

附录

直面人生压力　提高心灵强度

导言

　　一位喜欢思考哲学的小姑娘，一日饱餐一顿后，迷迷糊糊就睡着了，她睡得很深，仿佛进入了最深层的潜意识地带。在梦中，她遇见了世人皆畏惧的"死神"，然而这个小姑娘颇有善根，她认为死神也是神，是传播死亡哲学的"神"，因此没有心生恐怖。死神见她颇有几分独立思考的可贵品质，于是破例和一个来自人道的俗子展开了时长三天三夜的跨时空对话。

　　他们之间的对话涉及许多世人罣碍不已的心病，同时也探讨了对治疗诸多充满焦虑人生观和烦恼观的正见。笔者采取贴近生活的隐喻性叙述以便活泼生动地表达一些朴素的道理，为一部分都市心灵提供现实性参考意义。许多时候预防焦虑比治疗焦虑更加重要。

面对死亡恐惧与尘氛之苦

小姑娘:"神仙爷爷您好,我天生悟性低,却又天生喜欢深奥的哲学,但往往理解得一塌糊涂。不过,我喜欢独立思考,比如从小学开始我就经常思考一些很现实又很严肃的哲学命题,诸如:什么是死亡?死亡意味着什么?人死后究竟是彻底消失还是会继续以能量守恒的某种方式得以延续?这些问题我只是在完成功课后思索,我没有强迫症,并非那种冲突型的穷思竭虑哦,嘻嘻!"小姑娘开门见山地说道。

死神对她说:"刚才你吐露的这些充满哲思的问题,的确都是当今人类最终都绕不过去的课题!据我所知,有不少人都对这个关于生死之间最本质的学问进行过持久思索,有的人找到了答案,有的人尚不得其门。"

死神与小姑娘又对视了一下,心平气和地说:"你今天遇到我,你认为这其中究竟是为何呀?你现在是怎样的心情与感受呢?"

小姑娘一听眼前大名鼎鼎且充满智慧的"神明"主动回话,喜出望外,挂着纯真的表情赶紧问:"神仙爷爷,我知道世人都害怕您,因为他们都不愿意面对一些与生死课题有关的事情,而在我看来若能参透与死亡有关的命题,我就能够更好地把握这一生,不会该停的地方停不下来,不该停的地方却卡在那里。我自幼喜欢阅读儒道经典,或许是长期浸淫经典的关系,因此也总是有隐隐约约的直觉,如果能够提前了知达观的死亡哲学,我才有可能停止自寻烦恼的坏习惯。"

死神从小姑娘的话中闻到了纯真四溢的味儿,微笑着对她说:"甚好,甚好!既然你看过儒家经典,一定会记得作为人类师表之一的孔夫子对学生说过的一句关于生死观的经典之语喽。"

小姑娘一愣,马上机灵地脱口而出:"对,对,对,神仙爷爷,孔夫子说过,未知生,焉知死。"

死神问她:"你是如何理解这六个字的呀?"

小姑娘还是一愣:"您一下子就点到我的盲点啦,曾经我一度因为这个问题而觉得孔子似乎智慧还不够,似乎是在回避问题,而不是在回答弟子的问题，这一度也让我有点懊恼，为什么孔老夫子不直接试着回答弟子的提问呢。神仙爷爷，您知道吗？我以前就因为没有从孔夫子那里得到确切的答案，所以开始去转向佛家。但佛家里讲的不少东西我暂且半信半疑。神仙爷爷，为何中国本土博大精深的儒家哲学中偏偏没有针对死亡这个课题做一些明明白白的解析呀？"

死神紧接着答道："圣贤已经回答的明明白白，世人每天都在死亡，每天也都在获得新生，孔夫子的意思是如果彻底明白了什么是新生，自然就懂得了什么是死亡。"

小姑娘惊呆了，嘴巴张得大大的："神仙爷爷，这个观点实在是太震撼了，我需要静坐一会儿，沉淀一下，您稍等片刻。"

死神抚须而笑。觉得这个小姑娘一定时常把父母逗得捧腹大笑。

一炷香过后，回过神的小姑娘对死神嘿嘿一笑："神仙爷爷，这些问题我可不光是为我自己提问的哦，我是替许许多多世间人问的哦，以后我会把您的答案记录下来，写在未来的某本书中或博客上。"

"人生中的无数个刹那，都包含着'死亡'，也同时包括新生。关于何谓生何谓死，就好比人们知道了什么是白天和黑夜一个道理，这个朴素的真相就叫'知昼，则知夜'。"死神气定神闲的说道。

小姑娘又晕了，带着一点愤愤的情绪脱口而出："不是吧，一个人怎么可能会有不晓得什么是黑夜，什么是白天的时候呢。"

死神继续对她说："你去看你小学一年级时候写的东西会不会觉得有点陌生呀，你去看自己幼儿园时期画的东西会不会觉得挺稚气呢。生物科学已经证实，在人体上除了极少数神经外，大部分的细胞每7年左右就会更替一次，假如一个人现在35岁，则意味着他已经更换过5次细胞。一个40岁的人的性情、知识、见地跟他30岁、20岁、10岁、5岁的时候都已存在着较大的差异，所以说我们一直认为永恒不变的自我其实并非恒久不变的精神实体。当代的许多思想家也已经发现人们所执为'实有'的自我，其实已经不靠谱，所谓的自我就是一组感觉要素的组合，或者说是一堆感觉材料。马可·奥勒留通过《沉思录》让世人间接了解到：'生命处于时刻的变化和活动中，每一种刹那间的变化本身就是死，这个过程值得害怕吗？同理，整个生命的熄灭、停止和改变也绝不是一件需要害怕的事情。因为生命在不断死亡的同时，必定会有新生，它们俩本来就是硬币的两面，不可分割。'孩子呀，其实这种生生灭灭在日常生活中经常上演，只不过我们的心没有沉淀下来罢了。所以，死亡不是对'自我'的一次性毁灭，它的整体觉受和人类每隔7年更换一次细胞是差不多的。"

小姑娘："嗯，神仙爷爷，我似乎有点明白了什么是生死如昼夜了。"

死神："现在你明白了孔夫子所讲的"未知生，焉知死"的内涵了吧。孔夫子本身就是华夏大地上数一数二的先师。孩子呀，有些东西叫第一义，不可道，若凡事都说破，后面一定会有不少人怪罪那些智者的。因为说破不一定是慈悲，世间许多智者各种'拈花一笑'的背后，本身就是一种真空妙有，是只可意会不可言传的心法。就如同有时候某个心理医生对一个罹患强迫症的心灵说要接纳它，但是这颗心灵可能会把'接纳'当成是消除它的武器，所以最终就不是接纳了，因此这就需要指导师通过其他方面的善巧启蒙来敲醒对方的一些执着心，而后再论进步。"

死神继续说："其实，之所以有人会害怕死亡，因为他们从来没有好好的活过，正因为如此所以才觉得很不甘心，这才是痼疾所在。"

"是的，是的，神仙爷爷，我年纪虽小，但心智比同龄人都早熟一些，我完全听得懂此理。我爸爸就是没有全然去把握生活的人，所以我发现他对很多东西总是患得患失。"

"你说得很好，大多数世间人无法自由的根本原因就是都害怕死亡或担忧自己所拥有的东西走向毁灭，而这一切只因为我们不知道什么是生活，因为我们不知道如何生活，所以也不知道如何去面对'死'。简言之，但凡某个世间人惧怕生活，那么他自然也就会比其他人都更加害怕死亡。一个不害怕面对生活各种无常挑战与课题的人，也自然不会害怕失去所谓虚无缥缈的安全感，因为他深深了解根本没有绝对安全感这回事。"

"神仙爷爷，是不是说只要对安全感的需求一解除，一个人就能够全然地活在当下，而后一些'律动'就会产生，那么'生活'和'死亡'就已经合二为一，它们之间也就没有什么分别间隙了，因为那时他将专注于当下，很生活，很尽致，很全然。"

"你回答得真是棒极了,小小年纪真是不可小觑呀。"

"不,是在您的磁场笼罩下,我的悟性似乎也一下子变得强大了,嘻嘻。"

"孩子,从宇宙人生自然的角度而言,一颗心灵若要很清醒地活着,似乎也必须要大'死'一番才行呢。"

"神仙爷爷,您所指的'死'一定不是身体上的吧,想必一定是精神上的喽,这就和我经常听到的那句'置之死地而后生'一个道理吧!"

"是的,'上苍'认为人间本身就是一个修炼心性的最佳道场,许多时候一颗烦恼心灵必须大'死'一番,才会体验到什么是'无所住而生其心'的妙谛,这的确不是开玩笑,任何一颗烦恼深重的心灵都必须大'死'一番。人的习性许多时候就好比一只披着虎皮的小猫咪,这只小猫咪是欺软怕硬的。一旦一颗心灵无为地进入了一种类似'毕功于一役'的无畏情怀,或许即刻会体验到重生的感觉。简言之,这种'死'就是完全从心底深处死于他一向执着与深恶痛绝之事。孩子,这种'死'与所谓的置之死地而后生,都不是一种激烈的抗拒,也不是一场战役,而是一种深深的臣服与信任。"

"爷爷,我们要臣服谁?信任谁?"

"孩子,许多人总是'无法无天'地认为自己可以依靠所谓的意志力去杀死一些无明焦虑与烦恼,殊不知越是抗拒烦恼现象,就等同于在哺饲这些烦恼。为什么说他是无法无天呢,因为面对烦恼不是他一个人的事情,也是'法'与'天'的事情。这个'法'就是道法自然的哲学,这个'天'就是理。"

"一颗烦恼心灵因为没有法,没有天,就会不断地被'我执'所统治与奴役,而我执和烦恼是成正相关的关系,所以心中若只有'我执'怎能不苦呢!"

"神仙爷爷,您的意思就是说我们要臣服于'法'与'天'对吧,也即是说如果一颗烦恼心灵能够毫无勉强地、不婆婆妈妈地、不讨价还价地臣服于自然法则,且信任天理的造化,那么就一定可以拨云见日?"

"是的,孩子,你的心理年龄比你的实际年龄恐怕要大十岁以上,你回答得很对!"

小姑娘喜滋滋地追问道:"那爷爷,关于'理',请您再与我分享一点吧,经常听到天理等词语,但始终不明白它和烦恼之间的直接关联。"

"孩子,'法'与'理'是阴阳互根,乾坤绝配的关系,一颗心灵若能知法、合法、存理，就一定可以有机会修正错误的心灵轨迹。我们先从'法'开始讲起，请汝谛听。"

"孩子，我们先悟一悟大自然中'水'对我们的启示吧！你若稍微仔细观察过，就会发现，**不论它身在何处，都依自己的本性与造化使命而恒顺自然地变化为霜露、雨雪、气雾、冰块，但却都没有失去水的天性**。它不会因身在冰山而生反感之念，也不会因身在地表下而生吞忍压抑之心；它不会因身陷沼泽污泥而有黑暗烦闷之感，也不会因身处小溪而心胸成狭小之度；它不会因身在江河而得意鸣鸣，也不会因身在湖海而忘乎所以；它不会因升华高空而飘然傲慢，也不会因从天再降而郁郁伤悲。在它流经的途中，不论遇到哪些草木山石，万物万缘，它都是毫无牵挂地放下它们，而后心无所住，顺其自然地奔驰向前，它在遇到该转弯的时候就毫不迟疑地转弯，它亦十分清楚自己的使命。然而一路上'水'的全程造化轨迹都在无为的自然之中，它走过的一切道路，都充分体现了清静无为的本性。水所流经的各维各道，哪一道不是极乐呢？哪一道不是净土呢？这就是水给我们的启示，这就是道法自然的根本体现。所以，我认为'水'就是大自然中开悟的大导师，它已经明明白白地向世人说明了什么是'无所住而生其心'，什么是'无为而无不为'的妙谛！世间万物的生命本身都仰赖'水'的滋养，而它却还为世人讲了最棒的道法！"

"是呀，爷爷，太不可思议了，平时唾手可得的水滴，居然就是道法的化身呢，太震撼了！"

"孩子，这是'水'圣洁的天性，大部分烦恼心灵也不必刻意去效仿，若能结合'世间生存规律'的实际情况，再悟到一点与自性有关的道理，烦恼也就开始消退了。"

"许多世人都希望事事如愿，抑或眼前的福报在未来也可以牢牢地拽着，那么这些人只要一天没有参透无常的真机，就一定会活在患得患失的生活状态中，许多人在一种小我欲望满足后，即刻会转向另外一个欲望的追逐中，这一生就这样没完没了的虚度着。有些明白人经由一些淬炼，淡化了我执，因此还有一点能耐像'水'学习并确立自己的人生价值与使命，那么这些人就会有机会感应到宇宙中的那股中气（浩然正气），这股中气会协助个体填充一些心灵坑洞。"

"孩子，万物本一体，这就是为何一个人生病了，可以依靠古老的医学从草木矿石中获得疗愈的力量，古人讲'与一气同游无穷'就是这个朴素的道理。也好比一滴水被污染了，一旦汇入太平洋就会得到净化。同理，内在小宇宙出了问题，就可以从外在大宇宙中感应到生命本源宽广'中气'的力量。但就是很多人不懂这个攸关幸福人生的'基本法'，也不敬天，遇到逆事不是怨父母就是怨天，然而不论是怨人还是怨天都是在跟天地法理作对，跟天地作对就是跟自己的天命作对，那么即便天命中有一些福报也被自己的火气与阴气给'爆'掉了，而后宿命开始拼命增长。所以，孟子将其称之为'蹶者''趋者'。"

"是的，是的，神仙爷爷，我父亲就是这样的人，从小到大遇到一点不顺心的事，总是和我妈吵得不可开交，这种不成熟的火气把来到家里的所有好风水和福气折腾得一团乌烟瘴气，还好我心胸宽广，也没有去责备父母的过失，所以还没有出现大的心理障碍，吼吼！"

"所以，你是一个有善根的孩子，必定福大命大。"

小姑娘乐呵呵地问道："这是真的吗，感谢神仙爷爷的威德加持！爷爷，我听说过一个置之死地而后生的典型励志故事。主人公是一家上市公司的创始人，他出身贫寒家庭，生活一度十分拮据，幼小以卖报为生，以微薄的收入支撑7口之家，经过几年的积淀，他终于下定决心开创一番事业来改变这一切。皇天不负有心人，果然时来运转，他用借来的50元钱发展到一年净赚两万美元。然而好景不长，银行倒闭了，他不但失去了全部财产，还负债累累。在那段时间，他始终无法接受这样的造化弄人。他每天无法入睡，也吃不下饭，并且开始生起奇怪的病来。有一天走路时昏倒在路边，从此只能卧床休息，结果全身都烂了，最后连躺着都痛苦不堪，医生告诉他大约只能活两个星期了。他很震惊，只得写好遗嘱躺下等死。或许是置之死地而后生吧，有一天他突然悟到让那些忧虑都去死吧，而后他的心灵开始自动放松下来，闭目休养了好几个星期。从那以后虽然每天睡眠不足两小时，但却很安稳，那些令人疲倦的忧虑渐渐消失了，胃口也渐渐好起来，体重也开始增加。

又过了几星期,他能拄拐走路了。六星期后又能回去工作了。以前的年薪曾达两万美金,现在能找到每周30美元的工作就很高兴了。他的工作是推销一种挡板,不再后悔过去,也不害怕将来,而是将全部时间、精力、热诚都放在推销工作上。爷爷,经历此番起死回生后,他的心态发生了很大的转变,他变得果断、灵活且具足破斥力,这般心境令他的事业迅速精进。没过几年,他已是伊文斯工业公司的董事长。从那以后,他的公司长期雄霸纽约股票市场,令人钦叹。神仙爷爷,您是如何看待这个故事的?"

"孩子,这个主人公之所以倒下是因为从'心'里生出了大量的阴气,导致沉沦不已。他最后之所以又站了起来,也还是因为从'心'里开始恢复提拉自己的阳气,以至于东山再起,这个或许是中华老祖宗们所讲的'积阴则沉,积阳则飞'的道理吧!所谓的绝处逢生并不是要鼓励人们都去经历绝境,而是指一种心机一转的禅机。许多心灵由于平日执取过多,被各式各样过度的欲望所攀附,因而不能谛听到从心底深处涌上来的光明心声。在这种情况下,'万念俱灰'的心境或许成了一种助缘,这种境界不是一种消极的觉受,而恰恰是一种臣服于'乐天知命'的造化,这是一种非常强大的新生力量,这种心态可以甩掉所有不必要的思想枷锁,而后为了在生与死之间留下一些作为,开始集中心力,知行合一地活出生命的最高价值。最终这般无所罣碍,一心向上的心念就容易生发'厚德载物',因此如果真的有'上帝'存在,恐怕连'上帝'都会额外护佑他呢。孩子,天助自助者,自助就是敬天,自助就是爱人。"

"神仙爷爷,我明白了,民间观音庙里的'有求必应'或许就是针对自助者而言的。"

"孩子,你说得好极了!世人在供奉菩萨的时候总是希望'菩萨'可以协助他们升官发财,仕途顺意,如果没有实现就不想去供奉了甚至还会心生怨怼。这些愚痴的人们不明白'菩萨'的意译是觉悟者的意思,而觉者的心念是一如不动的清静境,觉者希望世人可以夺一些志气,存一些天理,而不是盲目地拜这个木偶,拜那个木偶。一颗心灵之所以会感召'心魔',也一定有某方面的特性(深沉习性)在起作用。一颗选择消极心态的心灵若整日都是在消阳长阴,最后量变到质变,自然'培育'出一个适合'心魔'居住的温床,而后受到各种妄情妄识的浊辱。若是这颗心灵最终能够抽丝剥茧、拨云见日，而后整日借由正念觉察的智慧不断消阴长阳，逆流而上，那么精神世界的纯阴最终也一定能够转阳。在人世间时常有许多人捶胸顿足地问老天：上帝、上主、上苍、佛祖、安拉、菩萨那么神通广大，为什么不把炼狱中的心灵往上面拉一把呢？我认为这是徒劳的，就像'水流湿，火就燥'的道理。火很难将水往上拉，就算勉强拉得上一时，以后还是会降到该有的位置。"

"孩子，天地间物物各有一个理，修心就是修个'理'。在天叫天理，在地叫地理，在物叫物理，在数叫数理，在人叫性理，而天是性之根。古人云，各自烦恼各自断。诚然，一位有经验的心灵指导师可以在一些关键处给予当事人一些必要的点化或启蒙，不过指导者永远无法代替来访者去跨越那些障碍，他们只能以手指月，给予科学的启蒙、科学的行动设置以及一套较完整的认识自我的系统工具，最终学生不能依赖心理老师，必须走在自己的道路上，不断向内看，找到自己内心深处的真正大导师。"

"孩子，什么是'妄念'？'妄'这个字，就是一颗心灵所排斥的那个'东西'，其实根本就不存在，但是那个人却以为它是真实存在的。关于人类世界中的诸多慢性焦虑障碍患者，其修心的关键，就在'心'字上。我的意思是说，不是什么杂念或意念都会破坏心的秩序，而只有妄念才会破坏心性的造化！因此，任何一颗苦痛心灵当下暂时不必急着把所有的心念与感受都铲掉，我们首先要处理的只是有过分患得患失的那部分而已。假设一个强迫症患者对虚无的症状没有了患得患失，那么冲突感立刻会下降一大半，立马就会感觉到平静下来。而后如果还有一些深层的诉求，再寻求一位有经验的心理指导师做一些针对性的疏导与修通，包括针对紊乱的能量场做一些处理，那么很快就能重启'自我调谐系统'的精密工作，而后衰疲不堪的精气神会得到自然而然的恢复与提升。"

死神继续说道："孩子，《传习录》中记录着王阳明的一段话'可知充天塞地中间，只有这个灵明，人只为形体自间隔了。我的灵明，便是天地鬼神的主宰。天没有我的灵明，谁去仰他高？地没有我的灵明，谁去俯他深？鬼神没有我的灵明，谁去辨他吉凶灾祥？天地鬼神万物离去我的灵明，便没有天地鬼神万物了。我的灵明离却天地鬼神万物，亦没有我的灵明。如此，便是一气流通的,如何与他间隔得'。"

"爷爷,王阳明先生的这番话是不是在说'心物一体'的世界观?"

"是的,孩子!此外,世间人对死亡的理解还包括毁灭,也就是各种'求不得苦',这些苦实际上就是各种野心勃勃的诉求泡汤了,所以他们就会感觉很痛苦,会时常不自觉地念叨着'生不如死'。实际上在地球其他'生命维次'中的无量生灵看来,它们是多么羡慕人类可以得遇'万物之灵'的机会,但是世间愚痴的人类呀,贪执的人类呀,他们心中住着好几头'魔',而这些魔最初也都是从他们心中所生。这些'魔'和主人一起当家做主,但是这个主人因为缺乏必要的正见,甘愿被魔性所奴役,他们都深信魔性告诉他的那些都是真的,'主人'就是被这些魔性的心声日复一日地奴役着,丝毫不自觉。直到幻影不断破灭,才开始思考人究竟应该如何活着。"

"嗯,那么神仙爷爷,您如何看待世间人对物欲的执取呢?"

"孩子,其实我从来不反对世间人对'经济财富'的追求,钱本身也是一种带有物理能量属性的事物,它本身是没有任何罪过,在社会中它是一个很重要的关于价值流通与交换的工具,事实上若有一个企业家心量大、格局大,那么一般来说他的企业做得越大越好,财力越是雄厚越好,这样就可以对整个社会注入更加强劲的推动力,也可以对国家宏观战略贡献更多的正能量。或许老天爷或上帝都希望把财富交给一个有德行的人来运作,而那些喜欢炫耀财富、滥用财富的人,若不能加以节制且认识到财富的本质,或许很快就会遇到殃祸。老子一直讲福祸无门,福祸相依就是这个道理。以我的见地来看,唯一在'炼狱'里会被燃烧的东西,就是一个人生命中不肯放下的记忆和执着。'炼狱之火'会将它们燃烧殆尽,但并非是为了惩罚这个人,而是要协助这颗心灵认识到自己错过了一些极其宝贵的东西。许多时候,一颗心灵想要控制物欲,其实或许早已被那个物给控制了。世人一定要识别那个声音,那个声音不断叫嚣让他离开痛苦的骗局,那个声音不断地浮现出来告诉他避开恐惧和痛苦的强有力方式就是无条件地逃避或追逐物质……我们一定要解开这个坑洞谎言,否则这个坑洞会不断制造出越来越多的失落感。"

小姑娘听着觉得挺有道理,但又有了一丝困惑:"可是,神仙爷爷,当世人遇到求不得苦的焦虑时,应该如何做呢?"

死神淡然一笑:"停留在焦虑中,看着它燃烧。首先,带着诚实的心,直接去感受求之不得的痛苦,觉察欲求背后的贪欲,慢慢地或许就会看见自己深层价值观背后只是为了填补'自卑'那个不实在的坑洞,所以才会迫切地想要去拥有这个优越感或那个优越感。一旦他明白了这个因果链,这虽然会令其暂时感到一些翻江倒海般的抗拒,但是只要他对自己诚实一点、温柔一点,过一会就会发现这股焦虑的'质地'其实只不过和跑步一公里后胸口的那股密度有点高的能量是一样的,因为至柔胜至刚,至诚胜天理。但是为什么跑步的人会觉得没有痛苦呢?因为对于跑步的人而言,他有三个'弃知而知''不求而得'的信念:1. 它非常正常;2. 它现在就应该是这样的;3. 什么都不用做,等下它百分百会自动消退。"

"好像是这个道理,爷爷,有意思!"

"所以当一颗心灵因求不得苦时,就应当效仿跑步时候的心地,自然会尝到无为法的甜头。"死神继续说道:"其次,若他放弃以上的正道,而是立刻采取一些策略来应对,比如:石头(昂天垂胸)、抗拒(用尽意志力去排斥)、剪刀(剪不断理还乱)、操控(用所谓的理性干掉感性)、布(视而不见)、螺丝刀(拼命自责,拼命搓自己的心),那么,不论他使用其中的哪个策略,都是在跟老天作对。他不明白此时此刻所呈现的因缘和合,都是自己先前播下的种子。因此凡是对面来的都是命中有的,若能明白'逆来顺受'的正面内涵,老天爷就会立刻给他加德。反之,若是稍遇不合乎禀性所追求的就怨天尤人,那么他就是'小人',小人并非是道德有问题的人,而是特指这些人喜欢把'大'的理当作'小'的理,把'小'的理当作'大'的理。所以说一个经常怨天的人,就是跟老天作对呀,若不回头,反作用力恐怕不是一点半点呢。孩子呀,'人天'本是同根同源,有时候只要心诚,对于自己解决不了的问题,老天自会给他一些灵感。可是当一个人常发脾气那就是得了'性'病,'性'病必引起身病,身病又会进一步对'心病'产生负向导引。"

小姑娘听完这番话,感觉很受用,她很激动地说:"您今天这番话,超过我过去多年所悟。"

一杯茶后,死神继续说道:"许多人在工作中体验到了各种烦躁不堪、要死要活的痛苦,而有的人却时常能够在工作中体验到各种全然新生的感觉,这就是修心中的退转与精进在工作中的具体表现。西方著名思想家马克斯·韦伯说过:'你要像信仰上帝一样去恭敬自己的工作,上帝应允的生活方式不是要人们以苦修的禁欲主义超越世间法的基本诉求,而是要人完成各人在此生中由上帝赋予他的使命。'孩子,这种天职观是把日常工作生活当作是心性修炼的一部分,我也是非常认可的。世上最不幸的人,就是当体验到一些焦虑和烦躁后一点也不想工作的人。一个人若能在工作中充分感受极致努力之后所带来的成就感与价值感,这本身就是磨砺人格与陶冶性情的最好方式之一,也是长远心理卫生的绝佳预防之道。美国社会运动家马丁·路德金曾经讲过一句话:'如果一个人没有找到他愿意为之牺牲的事业,他就不适合活在这个世界上。'当然这只是马丁先生的价值观,采用夸张式隐喻,然而他的正面意图是一个人一旦把工作当成是修心的妙道,就会体验到孟子所说的'反观其诚,乐莫大焉'的内涵。"

"神仙爷爷,我明白了,若一个人可以把工作当成修炼自身心性与人格的一部分,这本身就是一种全然的新生,也好比在大白天充实地劳动了一天的人,到了夜晚一定可得一夜安眠。所以能够把握好大白天的人,就一定可以把握大黑夜。所以,知昼夜即知生死,我可以这样理解吗?"

"你能够这样去进行逻辑推理,这份成熟度已经超越许多成年人啦!"

"那么,爷爷,一个人不愿意把生活与工作当作修炼人格最根本的原因,您认为是什么呢?"小姑娘认真地追问道。

"一言蔽之:因为人类不愿体验从未知恐惧中生起的那股焦躁感,所以会有防御心理。事实上谁愿意跟恐惧共处啊!而实际上体验到恐惧并不意味着人类是无能的,因为大部分'恐惧心'只不过是人类的一种本能的制约反应罢了。"

"爷爷,那么我们突破这个思维束缚的第一步是不是要承认尊重眼前所发生的事,然后问自己:这是什么?来好好看一看它吧!"

"孩子,一点也没错!我现在举个例子给你听:许多人第一次登台演讲或表达一些东西时,都会存有不同程度的紧张感,那么面对这种紧张感时,究竟以怎样的心态面对才是强大的表现呢?比如,有一位优秀的博士生,他要对全系的同学做第一次演讲,由于他从来没有登台演讲的经验,也没有被数百双眼神齐刷刷盯着的经验,所以他既激动又紧张。但是这位年轻讲师感受到自己的强烈紧张时,没有将其定义为这是软弱的,而是完全诚实地同意自己这颗柔软的心。他对这种似乎偏离轨道的紧张反应完全保持诚实。也就是说,对于一个博学多闻的新讲师而言,他完全承认自己虽然读了不少思想类书籍,但依旧无法达到心中潇洒的状态,他对此没有多余的自责,只是认同自己的这种看似笨拙并温和的反应。当他听到糟糕的评价时,在第一时间的确会感到几分不开心,但是接下来他突然会感受到一份强有力的踏实感,因为他能够触摸到自己'柔软的心',能够触摸到自己的'脆弱',而后他继续反观其心,似乎谛听到了心底深处对这份脆弱发出的慈悲声。"

"孩子,这就是无为,这不是动,这就是静,因为他在真相面前不妄加造作。而后他进一步领悟到,所谓的紧张焦虑,只不过是一颗心灵不愿意去体验'超我'对它的'初吻'罢了。因为从小到大周遭的教育者一直都在间接地暗示他,紧张的表现等同于无能或懦夫,所以长大后一旦遇到让其紧张的事情就会带动一种肉体上的焦虑觉受感,但问题是这种紧张本身并不是导致恐惧蔓延的关键,让一颗心灵感到自己很糟糕的根本原因是来自于个体对它的分别心以及负面性的执着,因此原本律动清明的心不断被封闭。所以越要避开这份觉受,就越会长期陷入紧张的死胡同。这位年轻的新讲师,成功地经历了一次无为而无不为的心路蜕变,他充满信任地和紧张感待在一起,且不断地用柔软的心去触碰它,他最终不断地感受到'紧张'这个内在小孩背后的慈悲心,因此他并没有发展成社交演讲焦虑障碍,而是顺利地度过了。"

小姑娘眼前一亮:"哇,太棒了,我似乎也有一点演讲恐惧症耶,太感谢神仙爷爷今天的开示。"

"你我命中注定邂逅三天三夜,还有什么问题尽管问吧。"

"好的,我先消化消化,我要把刚才的话记下来。"

半个时辰后小姑娘问道:"爷爷,您刚才讲到紧张焦虑本身没有杀伤力,给我们带来麻烦的是我们对这份觉受的负面执着,而后顽固地认为这就是自己的真实状态,所以拼命地排斥并陷入死胡同,那么这个负面的自我观感是如何被强化出来的呢?"

"孩子,这个'自我观感'就是由是众'因缘'拼接而得的,而一旦这些因缘其中之一或其中之二有变化,那么自我观感也会立刻发生变化,那么他还会顽固地认为这个'我'是亘古不变的精神实体吗!答案是不会的。这个现象就如同汽车组装原理,一台汽车之所以不叫自行车,就是因为比自行车多了许多构件以及把众多不同的功能组合在一起,这些不同的功能就叫'众缘'。一个人遇到不同的一个'缘',而后经过大脑加工产生了一个'识',这个识进一步强化了一个心灵'种子',而后这个'种子'不断地在生活中被更多的'缘'所强化,就会创化出一个'果',而后这个'果'又会进一步熏染那个'种子',这个道理也叫'种子起现行,现行熏种子'。再简单一点讲,世间人多半所认为的'我'其实是由各种局限性观念及外界的反馈所整合而成的,并不是那个单纯精一的本体。他们之所以认定'我就是这样的人',不外乎被这些因素所捆绑:天生体质、父母评价、老师评价、经济收入、社会角色、阶级地位、社会奖励、姓名、学历背景等。如果把以上任一因子拿走,这个'自我观感'就会随之改变,所以这个'自我'不是不存在,而是'不常在'。**因此无条件认同就意味着一个人就是外部世界随意捏造出来的一个泥娃娃。**想怎么捏就怎么捏,你说是不是这个道理。同时,明白这个道理只是有助于我们唤醒内在真正的'主人',而不是一棒子打死,或把外部的各种反馈统统抛弃。重点是领悟到在外部这些众缘的作用力之下,我们才变成了目前充满局限性的'我',这个'我'并不是我们本来的面目。"

"孩子,一个人如果不明白这个道理,大自然中有一个真宰叫'无常',无常光顾的时候,有时候连智者也不可避免,常规的无常就是'生老病死',还有更多无常中的无常,会经常制造一些'境'来磨砺世人,就如同平静的河面还需要风儿经常吹拂,才会更加有流动性,因而流水不腐。但是那些高度与'假我'认同的人,会把这个'我'看得非常重,非常真实,如果无常给他一个境遇让他哭泣,他就会哭泣,如果给他的境遇使其笑,他就会笑。这样一来就如同被摆布的线偶,完全没有自主性。所以若无反闻自性的觉察,其一生就在各式各样宠辱皆惊中凄凄惨惨戚戚地度过了。美国有一位著名的行为主义学派的心理学家'华生',他曾表达过这样的观点:给我一打健康的婴儿,一个由我支配的特殊环境,让我在这个环境里养育他们,我可担保,我都可以按照我的意愿把他们训练成任何一种人物,诸如医生、律师、心理医生,抑或十足的乞丐。"

"华生先生用绝对的口吻,其主要意图是想要强调所谓的'我'是可以被'捏造'或打造的。那么我们不禁要问一个可以被随意捏造的'我',还是某某人所认为的如其本然,如不动的那个真我吗!当一个人温柔地觉察到一个事实'我在演戏',而不是'戏在演我',那么就不会为一些没有必要烦恼的东西而庸人自扰。人生就是一出戏,聪明的人总是可以把苦旦这个角色演好,但下台后不会入戏太深,立刻恢复清灵的觉知,能进能出。所以,孩子呀,如果一个人时常这样反诚其心,反闻自性,再配合一些有助于精神沉淀的心理学工具,那么就会有机会愈发认可导致一个人痛苦的都是那些'假因假缘'的伎俩在一唱一和罢了。明理后,就可以更加保持一个局外人的清明之心。也好比是站在一个圆圈的中间,看着周遭现象的发生而有机会做到'八风吹不动,端坐紫金莲'。"

"居里夫人是一个热衷于人类福祉的科学家,一直充满了正能量,她保持着对科学事业的持久热爱,在艰苦的环境下废寝忘食地进行各种实验,终于炼出了'镭',这是一种对癌症有积极干预效果的化学元素。然而在1906年,她的先生居里不幸遭遇车祸罹难,她受到了沉重的打击,一度抑郁不堪。但是没过多久,因为心底深处总是冉冉升起对'生命价值'与'天命'的朝气,她很快抖擞精神,拒绝了政府的抚恤金,继续努力工作,并于1911年再度获得了诺贝尔化学奖。"

"神仙爷爷,我明白您要传递给我的道理,中华禅学经典《坛经》上说:只合自悟自度。"

"是的,孩子。**每个人在这个戏台上,都有自己的独特因缘与量身定做的角色,我们要利用好这个角色,通过这个角色不断地看出生命的究竟意义,届时就会明白尘劳之苦为如来种。**对这个'角色'不必去唾弃,只要明理,不被外境盲目转动即可,而后积极地从各种事理中领悟'上帝'已经来到你的身边,或许'上帝'就是要通过你来显现一些正能量。此话的禅机,就是连接宇宙无量之网的接入端口。孩子,你也可以自己悟悟看。"

"是不是去开启周遭其他人身上的正能量,而后一起汇入宇宙这个正能量本源?"小姑娘思考后如是说。

"正解,正解。"

"嘿嘿,没有您的点化,我是悟不到的啦。"

"再去帮我泡壶茶吧,这堂课已经严重超时,先到这里!"

"好嘞!"

探秘失落印痕的缘起

"神仙爷爷,一个人经历某个灾难的情景后就一定会产生心理疾病吗?"

"孩子,人类有时候是脆弱的,但有时候则非常强大,并不会被所谓的创伤或挫败所绊住。过去人们接二连三地报道各种应激创伤障碍的数据,无意中也过度渲染了一些消极的暗示。就好像一个人只要经历了一些诸如车祸、疾病、破产或者地震等自然灾害就一定会形成重大的创伤从而表现出惊惧、麻木、衰弱、抑郁等症状一样,实际上这是盲目的观点。所谓天将降大任于斯人也,必先苦其心志,劳其筋骨……就是在积极暗示世人,一颗心灵若要成就宠辱不惊抑或泰山崩于前而面不改色的境界修为,就必须经过各式各样人情世故的淬炼与磨砺。从这个角度而言,世人没有必要去特意规避所谓的无常,因为连'无常'自己都不知道无常本身是如何造化的。一个人唯有经过一些'火中取栗'的磨砺,其人格才会更加完善与成熟,这也完全符合世人的普世价值观。此外一颗强大的心灵本身就是拜无常的一些挑战所赐,本身就是大'魔'(阻力)助大'佛'(本心)的真实写照。"

"从哲学上而言,人有时候的确是渺小的,但从人类生存进取的角度而言,人有时候一点也不脆弱。在殡仪馆工作的人们,虽然有一部分人产生了浮躁厌烦之念或情绪障,但是大部分人依旧每天充实地履行着自己的本职。又比如每个城市的交警,会相对频繁地目睹惨烈的车毁人亡的景象,但并没有妨碍他们的精神状态。这两种典型的现象说明了消极的记忆画面并非一定会对大脑造成怎样的知觉障碍。"

"亦有数据显示,一些历经地震的幸存者,反而因为心理医生的过度干预变得抑郁起来,这些人需要的是静静地充分地去体验那份哀伤,因为它是自然的,凡是自然的东西都尽量先不要去人为地干预。反之,情绪会固着化。事实上,人类大脑具备一种内在的适应性信息处理系统,这个信息处理系统是作为人类思维和情绪自我调节功能的一个部分而存在的。"

"孩子,有些驾驶员在遇到车祸后,虽然心情也是紧张且波动的,但是理性智能中的'分析式心灵'对眼前所发现的一切有一个主动'检视扫描'的过程,这个过程也就是'自知之明'的过程,而所谓的自知之明就是一种有意识地觉察与信息加工的过程。大脑边缘系统中的'杏仁核'与'海马体'很快就完成了对眼前一幕信息的自主性分析与消化,一切操之在'我',因此不会在日后形成一种类似'无意识冲动'的焦虑投射抑或扭曲的自我防御型反应。然而的确有一部分遭遇车祸的人,事后不敢再开车,一旦手握方向盘,曾经的那一幕惨痛画面就会闯入大脑,形成一种预激情绪。而这些主人公在遭遇车祸前的性格也比较开朗,也不胆小,这究竟是为何呢?"

"为何?"小姑娘眼睛瞪得大大的。

"因为在无所防备的状态下,突然经历了剧烈的撞击,'理性分析式意识'完全被动减弱,此时'分析式心灵'就无法启动它对客观事物所擅长的逻辑分析,在那一刻,意识处于一种特殊的状态中,这种状态就是'恍惚闷蔽状态'。**在这种状态中理性智能中的分析式心灵完全减弱,而后所听、所闻、所见、所触的知觉信息会大摇大摆地进入潜意识,形成一种心灵扳机的机制,在日后,当个体意识或自我力量处于能量场严重匮乏时,就容易'触景生情'而再次诱发出应激反应。**"

"神仙爷爷,那什么是'恍惚闷蔽状态'呢?您时刻都能监控到人类堕入各种心理陷阱与坑洞的现象,关于世人经历恍惚闷蔽状态时也一定逃不过您的法眼。请您开示!"小姑娘睁大两眼迫不及待地问道。

"孩子,你不用去执着这个名词,它只是一个特指名词,专指人的前额叶意识(东方心理学中称之为'第六识')处于相对昏迷状态。实际上也可以指'第六识'无法起分别、不起现行的意识状态。当第六识无法逻辑思考分别,这时人的'第七末那识'(无明识)往往直接执着认为前五识的分别种子内容为'我',而在第八识(含藏识)中储藏起来,形成最初的印痕种子。关于什么是第六识、第七识、第八识你了解吗?"

"嗯,嗯,爷爷,我以前在禅学文化中了解到'八识'的概念,它们分别是'眼识、耳识、鼻识、舌识、身识、意识、末那识、含藏识',其中末那识也叫第七识,它是情绪造作的总司令,它是分别心与执着心的老巢,也是让一颗心灵烦恼不已的幕后推手。而含藏识就有点像西方心理学中的潜意识,但它似乎比潜意识还要大,它可以储存无量的信息。"

"孩子,你说的没错,小小年纪,已经相当博闻矣。"

小姑娘笑眯眯地问道:"不过,爷爷,八识之间是如何运作的,我了解的并不是很多!"

"孩子,现代西方心理学为了方便区别精神世界不同层面的心识概念,引入了表意识和潜意识。而东方心理学也完全同意西方心理学家的方便划分法,同时更加细致全面地认为人的心识包括了八种,即眼识、耳识、鼻识、舌识、身识、意识(第六识)、末那识(第七识)、阿赖耶识(第八识、含藏识)。"

"眼识、耳识、鼻识、舌识、身识统称为前五识,这五种分别是经由我们的身体五官(眼、耳、鼻、舌、身)与外界的境况(色、声、香、味、触)互相接触而产生的。有的人眼睛看到一件衣服,鼻子闻到某种熟悉的味道或耳朵听到某种旋律后,会传递给第六识的理性智能。而'第六识'擅长直觉分析、逻辑判断、主观推测,也包括了对事物单纯的好坏、对错、善恶、苦乐等这一类的初级分别。"

"末那识也称之为第七识,它包括了我、他、你、你们、我们、他们、它们、绝对不允许、绝对不同意、绝对不放心一类,属于更加深刻的'我执'情绪;而阿赖耶识也称之为第八识或含藏识,专门储存所有以上七识分别后的种子(心识)。所以儒家讲的不以恶小而为之,就是这方面用心良苦的叮嘱,因为再小的业习、恶念、自责、消极、沮丧、暴力、目中无人、看不惯、嗔恨、破口大骂、歹念、执着心等都会被含藏识所保存着,一个都不少。量变就会引起质变,待因缘具足就起现行,而后就形成反作用力,形成一股暗能量,形成最初那个烦恼的推手。"

"孩子,关于八识是具体如何工作的,举例来说:在一个周末的下午,你坐在客厅里看电视,大门也没有关,透透自然气。这时从门外忽然进来一个不太认识的邻居,接下来我们就立刻会产生很多一系列的分别。眼睛可能会初步看到这个人的长相、外貌、衣着、气质等(眼识),耳朵能听到他走路的声音。推门进来听到说话所发出的声音(耳识),鼻子可能闻到这个人身体所散发出的味道(鼻识)。之后呢,我们可能也会开始分别:男人?女人?美还是丑?大还是小?认识还是不认识?好人还是恶人(意识)?再然后,我们的注意力会被吸引到我们感兴趣的地方,而不感兴趣的地方就会变成被排拒的对象。这就是另外一种分别(第七识)的产生,即从内心排拒自己不想要的,而执着于自己想要的部分,将自己想要、喜欢的部分执着为'我(们)的',而将自己不想要的、不喜欢的部分排除在'我(们)'之外,这让我们的内心进一步产生了对立意识而远离整体意识,这也是人与人之间价值观冲突的根源之一。这个进门的人虽然是个陌生人,当事人的'眼识'本来有一点惊愕,觉得这个人不懂礼貌。但是当'第六识'发现这个人是一位美女,气质也很棒时,他的心开始小鹿乱撞,没有了排斥,并且持欢迎态度。后来发现这个美女只是走错了房门,等这个美女走了后,他开始日思夜想,茶不思饭不想,突然觉得有点失落,这个时候就是第七识在运作'患得患失'了。"

"哈哈,神仙爷爷你说得太有意思了!"

"因此当世人执着于这些分别,只看到这个人的表象而产生喜恶或患得患失时,则意味着并没有认识眼前这个人的'本来面目'。在日常生活中,许多人对任何事物的认识也常常跟这个例子雷同。当他们活在事物的表层现象中,就必然跟事物的本来面目产生不了真正的联结。"

"是的,神仙爷爷,这个道理我也有所体会,在生活中我们经常发现'士别三日,当刮目相看'的例子。"小姑娘继续附和道:"当我们站在长城上,感叹这是'一幅多么法喜的风景''气势非凡'的时候,其实也并没有真正跟山的本来面目联结,而是用更多的'文字相'将我们跟山的本身进行了分割,而这样的分割却让我们离认识山的本来面目更加遥远。这样的分别识在我们称'雄伟的一座山'的时候,又或许是在刚开始看到的那一刻,就已经产生了吧!"

"孩子,正解!"

"爷爷,西方哲学中是否也有类似的说法呢?"

"在人世间,西方文明和东方文明基本上是不相上下的,东方心灵哲学文化中有'分别心'的说法,而西方的基督文化中亦然。《圣经》记载说人类的祖先亚当和夏娃原本是居住在'天堂',但却因为受引诱而吃了知识之树上的果实,结果他们被逐出了天堂,而天堂的大门从此关上,由举着光剑的天使严密守卫着,不准他们进入。"

"那他们为什么被'驱逐'?"小姑娘好奇地追问着。

"哦,这个呀!只因为他们'吃'了知识之树的果子呀。"

"啊,那知识之树意味着什么呢?"

"其中之理就是隐喻人类有了分别之心。有了分别之心,人类便远离了'上帝',远离了'神'。有了分别之心的第一个效应就是亚当与夏娃发现他们是裸体的,从身体上认识到他们不是合一的,而是分别的个体,一个是男人,一个是女人。《道德经》中也曾暗示了这个道理:'为学日益,为道日损。'大意就是告诉世人了解'大道'首先要不断减损因主观知识带来的分别心。"

"原来是这样,我明白了,爷爷!"

"那么,在东方哲学中'一切唯心造,应作如是观',也就是启蒙世人一切事物与现象本身并没有任何意义,而是因为人的内心分别而产生了不同的意义。人的意识分别使得一切事物都打上了人类自身的主观烙印,即便对于同样的一件事物,人们可能也有不同的价值观和看法,而这些都是人们观察者意识分别的产物。爷爷,我的理解对吗?"

"基本正确,人类心灵世界的部分强迫症与焦虑症最初的那个初期无意识焦虑印痕种子在第七识的作用下起了'现行',多半人在青春期的时候正好撞上了那个压力源,也就是导火索,然后就把那个东西当成了替罪羊,某个'内在小孩'很自然地就发明了一个关于症状的故事,这就是多数人症状的缘起之一。"

小姑娘懵懂地问道:"神仙爷爷,那么最初的印痕是如何输入的,为什么会影响成年人那么久?"

"每个人一生都有无尽的烦恼与分别心,但多数分别心只会影响人一小会儿并不会形成量变抑或造作太厉害,只有在某种特殊的状态下输入的分别种才会影响人一生,这个状态就是恍惚闷蔽状态。"

"爷爷,请您赶快与我分享什么是'恍惚闷蔽状态'吧!"

"好，我给你举个例子吧！一个人在意外交通事故中产生了短暂昏迷即'意识恍惚'状态，这一瞬间他眼睛所看到的景象、听到的话、身体触觉乃至鼻子所闻等，都会直接输入第八识（深沉心识）。事后，当某天他再次身临其中，比如他看到某个类似的场景，听到类似的话，或感觉到类似的身体触觉时，就会不由自主地浮现出意外事故发生当时的感受，比如恐惧、颤抖，而身体也可能会因无法自主理性控制而陷入昏沉以及莫名的不安。"

"再比如一个孩子出生后，在1-4岁期间，如果经常被周围的大人们所惊吓，或大声呵斥，不管大人是什么合理的理由都会造成孩子无意识的印痕输入。或者一对父母经常当着幼儿的面吵架或打架，十分不尊重地骂来骂去，如果这个孩子的后天能量场不足，就十分容易受到惊吓。那么这小孩子稍微长大一些后，就会显得自我价值感不足，安全感不足抑或在行为上容易出现紧张、胆小、害羞、拘谨、怕生、怕吵等反应。有些孩子先天抵抗力好一些，影响不是很大，但有些孩子能量场不强，就相对容易植入早期焦虑印痕抑或原始焦虑。"

"再举例：让我们离开常规思维，回到更早以前。在怀孕期间，也就是胎儿期7个月或以上（这也属于类似"闷蔽"状态的状态，第六识理性思维完全不起现行）时，父母若持续吵架，并恶语相向，甚至肢体扭打，或是母亲经常感到哀伤、凄凉、无助等，这些来自外界的觉受，在母亲身体内的触觉都会被肚子里的胎儿不分好坏对错地全部吸收，并执着为'我'，进入心智中。那么当这个胎儿出生、长大成人之后，遇到类似的吵架情境、听到类似的恶语，有可能会激发他在胎儿期的这些感受而起现行。所以有些孩子似乎天生就胆小，害怕吵架，更不敢跟人打架，也恐惧跟不熟悉的人打交道，甚至严重的时候看到有人吵架的情形也会突发心悸、胸闷、难受等，有可能就是这个缘起。这些孩子长大后虽然理智上知道没有必要有那么过分的反应，但就是头脑明白而身体不明白，这往往都跟胎儿期或幼儿期（1-4岁）所亲历的事件中种下的印记有关。总之，这一类的印记种子起现行的时候，表现的特征就是无法经由理性控制而起习性反应，变成所谓的'问题循环模式'，如同一部早已写好的心灵剧本在人生中不断地重复播放。所谓的问题循环模式就是不断地自动化重复，发生类似的经验，或持续感召到类似的经验，直到个体穿越了屏障背后的印痕并将其残留的能量释放,它们才会自动止息。"(注:这方面最好需要深度的心理治疗,多半人在自己的盲点中难以进入潜意识处理这些印痕。)

"哇,神仙爷爷!我父母到现在已经吵了近20年,估计在怀我的时候也经常吵架,我真是太'幸运'了,难怪我听到一些人在大声说话时,心里总是有点不舒服、不自在。"小姑娘悻悻地说道。

"孩子,西方心理学家都非常重视胎教的意义,正是因为他们了解孩子在胎盘中6个月左右的时候,就已经形成了大部分的感知能力,也正因为成长中的胚胎还不会表达,所以只会将一些不舒服的觉受以一种特殊感觉的方式打包储存在心智中以及身体细胞中。如果妈妈在怀孕期间经常想到轻生之类的,或经常被辱骂感到窒息般难过,那么这个孩子在人生中的某个阶段体验隐匿性抑郁症的可能性比正常的孩子要高一些。这就是为什么很多西方心理学家非常重视家庭序位与爱的流动,亦有不少权威的心理学家都认为许多问题孩子是某个家庭成员问题的一面镜子,有时候与其治疗孩子,不如先治疗父母,因为父母的冲突人格一定会内化成孩子人格的一部分。了解这个正见后,在道德认知上要以感恩的宽恕心对待自己的父母,因为他们也有苦衷,他们也不想这样,他们也是其父母情绪的投射者,他们也没有得到很好的科学家教,他们的童年甚至比我们更加可怜与无助,因此我们不仅不应怨恨父母早年的失误教育,反而要以一颗感恩的反哺之心孝敬父母,这样才能说明你有福气,避免了'命运共同体'的恶性循环。"

"恩,明白了。不过,神仙爷爷,还有哪些情况会造成恍惚闷蔽状态呢?"

"情况有很多的,诸如被意外暴打、被严重呵斥造成大脑恍惚;重大失落事件发生时,如重大分离、失恋或丧失亲人时造成大脑恍惚;肉体的剧烈疼痛感造成大脑恍惚;幼儿时期受到严重惊吓或生命遭受重大威胁时造成大脑恍惚;工作中持续数个月或数年,被喘不过气的业绩指标压迫着,时不时地造成瞬间恍惚与抑郁情绪等。不过有些人在经历以上这些事件时,并没有形成应激创伤或心理障碍,主要是因为他们并没有进入严重的恍惚状态,全程理性智能地分析及加工眼前的信息,所以没有使之渗透到无意识中成为一种负荷。相反有些人遇到这些事件时,大脑一片空白,毫无防备,在惊惧中陷入了恍惚状态,因此容易输入一些与当时情景相关的一些负性觉受,这就是有些人时常'触景生情'的原因所在了。"

"爷爷,我明白了,在'恍惚闷蔽状态'下发生的事件,才会给当事人以后造成较大影响,所以往往是无意识心理治疗的一个重点。日常生活中普通的不应激事件每个人都会遇到不少,并非都需要所谓的心理治疗,我们的心灵有自动过滤及修复的能力。但是在恍惚闷蔽状态下形成的创伤种子则会有消极影响,我理解的对吗,神仙爷爷?"

"没错,孩子!印痕形成后并非都会起现行,好比农民播撒菜种子,若没有碰到阳光、空气、水、土壤,生命力再坚强的种子也不会发芽的。从修心角度而言,一些印痕种子也只是一个狭隘的观察者意识的产物,只是一个假象或幻想。我认为世间心理学家的职责就是帮助人们抵达并且感觉到这个被卡住的点或僵局,而后依靠科学有效的方法予以中立引导、解释,帮助人们在其中探索,看清楚印痕的作用力,看清楚早年与父母的互动是如何形成无意识的压抑与投射的,**同时让一些'未完成事件'在意识层面获得领悟与释然,那么这段心路就有机会获得调和,最终将有机会可以从对立状态走向各归其根,归根曰静!**因此,最终的真正'自在'就是不怕'症状'的存在,不怕它起起伏伏,只要拭去恐惧失落印痕以及把执着知见拿下来即可。当然关于如何穿越它,的确需要一个科学的调心过程与长远心,对于一部分心灵而言或许更需要一些针对性的心理分析与心理治疗。"

"孩子,这堂课先到这里,我们休息一下进入下一回合。"

"嗯,神仙爷爷,我给您沏茶!"

对自己抗拒的质地说 YES

"爷爷,逃避是否会加重焦虑情绪?在逃避前我们最需要做对的第一个'动作'是什么?"

"孩子,**焦虑或恐惧情绪本身并不是坏东西**,一个人若要更好地生存下去或积极地追求自我实现,本来也需要一些焦虑情绪的助力,否则人类有时候可能会想要成为上帝。只是当个体内在调谐情绪的系统一旦持续失衡,就会表现出过度的焦虑或恐惧,这样一来就会对个体的心境与社会效能造成麻烦。"

"有个故事:一个人被老虎追到悬崖边,只好纵身一跳以求生路。幸运的是,山壁上有棵树挡住了他,它一只手抓着树枝,摇晃着,上方有老虎踱着步,下面则是尖凸的岩石,它绝望地高声大喊:'救命啊,谁来救我!'突然有个声音回答:'我来。'这个人大叫:'神啊,神啊,是您吗?'又有回应:'是的。'男人心里恐惧极了:'神啊,拜托,我什么都愿意做,只要您肯救我!'神则回答:'好,那么就放手吧。'男人停顿了一下,然后大叫:'还有其他人在附近吗?'孩子,如同以上这个故事,许多人面对恐惧或严重的焦虑时,把自认为是救命稻草的事物放掉,是我们最不乐意做的一个动作。"

"是的,这个故事真是一针见血!神仙爷爷,我虽然年纪尚小,可通过观察家族中的一些成员,发现有些长辈遇到一些挫折或压力时,也总是采取、吞忍压抑、旅游、喝两杯的方式来逃避。或许这些'动作'都是他们试图避开'虎口'和尖凸的岩石的方式。"

"孩子,在许多世人身上,逃避焦虑的习性已经渗入了他们心智系统与生活的每个层面,这种焦虑情绪使许多人无法好好地爱自己、爱他人,无法活在全然的时光里。话说回来,谁不曾经历过恐惧或焦虑?对于许多沾染慢性焦虑情绪的心灵而言,一些潜抑在无意识深处的负能量有时候会在夜深时袭来,他们会害怕自己无法控制住自己的情绪。这时,焦虑就是他们胃里的酸楚和压迫,是心里的紧张不安,如勒紧他们喉头的绳子,让他们的气息又急又浅,坐立不安。同时,人们发现自己已身陷危险,急迫地驱使自己抓紧时间找到背后的那份受苦的意义,彼时这些焦灼的恐惧情绪又告诉个体如果不做点什么去控制,可能会溃堤。也就是说,这些焦虑的心灵开始进一步失去身体健康、失去朋友、失去家人、失去快感、失去稳定的收入,甚至失去全世界。这些恐惧情绪就是对未来痛苦的预想,这些漂浮性的焦虑情绪的最初程序是人们不恰当的执着心、分别心、颠倒的病症,以及一种根深蒂固的神经链。简言之,**这些自我防御性的冲动反应也来自于我们没有能力得到自己想要的东西,又害怕失去已经得到的,以及对于拥有的永远无法感到满足的习惯。**长此以往,人们就会发觉自己无意识里已经充塞着越来越多的不安,以及面对失去时的恐惧。对于一些苦痛心灵而言,这些妄念俨然已经成为思维根部的深刻压力。"

"孩子,在过去数年里许多人为了逃避恐惧而使用的种种策略其实反而支持了恐惧的存在。一个人之所以一个劲地逃避焦虑或恐惧,一方面是习惯了,一方面是他们还没有完完整整地体察过恐惧的质地。实质上当人们愿意对此时此刻的经验说'YES'而非说'NO'时,或许他们就会学会如何去面对这些恐惧,而后再温和地深入一些或许很快就会发现这份恐怖、焦虑的觉受只不过是一些相对激烈的物理性的肉体觉受,这种觉受本质上和一个人走几公里路以后的'腰酸背痛感'相似,只不过在这些觉受上还攀附了一些自我设限的妄念。这就是恐惧的基本质地,其实这些质地对个体毫无杀伤力,而个体之所以会体验到痛苦就是因为他们对眼前的这个物理实相说'NO',同时一个劲地在批判自己的无能和对焦虑的抗拒心理,所以很快就封闭了心门,开始无止尽地内耗。"

"一个人若学会了对自己的抗拒心说'YES',用这个'YES'去包容内在所有抗拒的部分,他就拥有了一个强大的工具。而后再配合一些心理学辅助法(可以参考此书的第一部分与第四部分),强化说'YES'的底气,久而久之,于日常工作生活中时常在预期恐惧来临前反观念头,当知念念如迁流,心堂如河床,而后自然不偏不倚地觉察着这些念头自然的律动。渐渐地就会发现过去的念已谢,现在的念不停,未来的念没到,可见妄心一生一灭,都是虚无不实的。这些'念'好比水上起波,波不是水,应观真心如河床本自不生,不生故不有,不有故空,而后全部随风而去,万事太平,抓紧光阴落实人生的使命或精进本分事业,果断地和幼稚性的残留情感道别,让成熟的成年人情感当家做主。"

"神仙爷爷,我明白了,真是醍醐灌顶,对我帮助很大,嘻嘻!"

"爷爷,我现在的理解是当面对最难面对的焦虑情绪时,我们需要清醒地认识到这是自己心业中的'阴气'正在浮现,此时此刻我们必须先学会了解它,而了解它的过程,就是觉察它整个生灭运动的过程。它会遵循一个'升起、发展、高潮、灭去'的过程,只要对这个'理'心存信任,那么我们可以先从小的情绪开始锻炼打开自己的心门,一旦累计了几次成功的经验,就能够继续以平常的心态迎接未知的自己。同时若面对此生最大的情绪卡点时，还需一次又一次地提起正见与正念之光，不断对业习说'YES'（接纳）。这本身就是自然地接受那个感觉的洗礼，而后一旦习惯了这种洗礼，就形同和感觉合二为一，那么感觉也就不存在了，或许这就是《黄帝内经》里讲的'习以治惊'原理。总之，在任何情况下都不要去批判自己的习惯性抗拒，而是温和地接受自己此时此刻不能立刻做到接纳的事实，或许慢慢地就会发生微妙的转化。待底气增长，我们慢慢地就会发现这些'小痞子'情绪只是一只经过化妆的小猫咪而已，而我们错把它当成了老虎。"

"好丫头，正点，在理！"死神欣慰地抚着须子，继续补充道："当最难面对的情识出现时，一颗苦痛的心灵若想要尝到个中滋味，并非一蹴可就，我们得不断练习完全臣服于那股感觉与能量之下，在那个最痛苦的刀口上一再的共舞，这是一个渐进的修心过程，随着成功经验的累积，最终就有能力去直捣黄龙，可谓水里来，火里去，人生真静由此奠基！"

"神仙爷爷，有一次我父母吵架吵得非常厉害，还乱摔东西，那天我吓得心脏都缩成了一颗核桃大小，心惊肉跳的，大半天时间就好像在'刀锋上'，非常焦虑，可能是因为'万念俱灰'所导致的'物极必反'，忽然间我乐意让焦虑的利刺戳进来，让它粗暴地把我的'小我'撕裂开，就像挤开充满脓血的青春痘一样，如此一来某种奇妙的变化就发生了，冲突平息后，我的心完全静止了，而我就安住在深沉的寂静之中，之前不知道这个就是'正念'，嘿嘿！神仙爷爷，我父母一辈子吵架，他们的因缘我很难去改变，只是发现母亲身体不太好，可能都是情绪所致，我回去后一定要开导一下她，真不希望她的身体健康状况进一步被情绪所吞噬！"

"孩子，一个人因情绪而诱发慢性身心疾病时，最忌讳就是嗔恚心起，也就是尽量不要生气。这个时候个体若掌握了一些心理学的方法就应及时拿出来运用，一定要安然顺受，让心安定，然后依靠中西医来同步调理。因为心定才能气顺，气顺才能除病，否则心急上火，肝气受损，加重病情。心息则神安，神安则气足，气足则血旺，血气流畅，则有病可以调病，不足可以补充，已足可以增长。心有两种，一是真心，一是妄心，真心是水，妄心是波，波因风动，风止波息，寂然安定。中医养生最高层次也是养心，因此就养生而言，下士养身,中士养气,上士养心。古人认为看一个人的健康状态也是一样,观相不如观气,生病的时候若能适时静坐沉淀一须史就能养足一些气。除此之外,建议你母亲也可以在一些前辈的全程指导下练习一些太极拳、站桩、瑜伽观想等,这些都是非常不错的养气法。"

"好的,爷爷,我妈性子急,没有平常心,因此经常自寻烦恼,而这种心态也时不时地会传染给我,也会影响到我的内在风水呢!神仙爷爷,一个人面对不好的内在风水时最需要注意的是什么呢?"

"孩子,《易经》与《道德经》中有非常多的隐意暗示世人在得意之时一定要居安思危,然而许多人往往在享福的时候忽视了一些灾难的种子,正所谓福之,祸之所伏。许多人顺利的时候往往自满,却不知道,一旦高兴过度就会隐藏着一股悲伤。因为从宇宙阴阳互根一体的角度而言,乐和悲本是同根生,悲来的时候要看到喜的一面,乐而不乐,悲而不悲,爱而不爱。我们说的中庸之道,因为中道不落两边,就没有极反的大风险。同样,人生无常,内在大自然也会遇到一些'气候灾难',你愿意早受呢还是晚受?我们应该选择早受,趁年轻体力不错,让自己的元神多承受一点儿磨砺未尝不可。然而一个人'内在风水'不好的时候首先一定要做到:一要生平衡心、忍辱心、感恩心;二要找到因果,找到化解主轴;三要保持平静的心态,静观其变。"

"孩子,古人说:'谁降伏灾难的能力大,谁的福就大。天黑到极处就要到黎明,人到灾难之极就要转运了。'此外,在这个交流回合结束前,我也问你一个问题,你说现在太阳到底应该在天的东边,还是在西边?"

"哈哈,太阳嘛,肯定是在东升西落的运动!"

"孩子,太阳从东边起来西边下去,你说它究竟是动还是静呢?很多人会说它是动的,其实它是静的。因为它没有一点点人为的造作去破坏原有的规律。同样的,人心可以思考、可以计划、可以谋略、可以感觉,这些都属于人心自然功能的一部分,它本来就该这样。如果人心顺着它应有的功能来运作、来思考、来感觉,我们说它是动还是静?答案是静!"

"神仙爷爷,我经常听到一句话:'出生在笼子里的鸟,认为飞翔是一种病。'请问它是不是在说小鸟被关久了,就自己拿走了飞翔的能力?"

"你或许说对了一部分,但还有更重要的一部分才是小鸟认为飞翔是一种病的原因。一个人如果很长一段时间没有机会洗澡,这并不会妨碍温泉对他的诱惑。一个人如果长期没有机会吃到山珍海味,同样也并不妨碍眼前一顿大餐对他的诱惑。一只鸟儿被关久了,并不会真正退化其飞翔的天性本能,但是一些人为的经营会葬送它的天赋。比如世间有许多人就形同这只鸟,他们遇到一些无常,就开始寻思这里不够好,那里不够好,总是急急忙忙地想要掌控一些东西,他们总是认为必须去重新打造自己的性格,最好能够在众人面前说话时毫无紧张感;他们看到《速度与激情》的电影剧照时,就迫切希望自己最好也像男主角一样拥有一排排的肌肉,好像没有那些肌肉就没有内在气概一样;他们还希望变得很有钱,然后去参加各式各样的灵修课程,然后居住的地方每天都要放一些空灵一点的音乐,再点燃一些熏香,再不费吹灰之力的打坐一会,最后手腕上再戴个什么沉香或檀木珠子,脖子上最好也戴一条可以加持能量的项链……

其实,这些人实际上并没有自由可言,他们所做的一切只是看起来充满了一些'功夫',但是实际上做的都是在装修这间牢房。**许多人从来没有好好地倾听过内在的脆弱,从来没有学会尊重那个'懦夫',他们太急了,总是急着找方法发现自己的脆弱,总是忙着想自己的太多不是,他们从来不懂得请走'懦夫'的第一步就是承认它,尊重它,并让那个'懦夫'持续地安在内在的觉性中。**其实,恐惧就是你,你就是恐惧,你与它无二分别,一个人在消除懦夫就等于在自我毁灭。许多世人在经历创伤过后,开始对天地不信任。他们紧抓住过去错误的信念,这种信念让这些人觉得唯一的出路就是逃避,通过逃避那些他们不想要的想法和感觉才能得到解脱。然而'小我的心'和'宇宙的心'本为一体。因此真正的力量、真正的无惧源自于我们深刻地信任宇宙天地。我们需要信任生命中会有一些事件使我们看清真相,或许慈悲的'上帝'正通过那个事件来透露出所有的秘密。这样的理解能够帮助世人放开自己所坚持的。当人们可以尊重自然规律的造化,反而会有更多的力量协助自己渡过难关。人们对这一切只需要静静地觉察,便能迎来一股无法阻挡的力量。孩子呀,或许这也是尽人事,听天命的内涵,'天命'并非所谓的超自然力量或神格,而是自然规律。"

"恩,神仙爷爷,我还想起了《金刚经》中的一句话:一切有为法,如梦幻泡影，如露亦如电，应作如是观。请问爷爷这句话若引申到日常生活中，对我们的主要启示是什么？"

"孩子，一部分引申之意是指'有为法'都十分短暂，不可取。那么我们只要了解到什么是有为就将明白什么是无为。凡一切对自我本性使用人为经营或勉强合理化解释的方法都是有为，比如压抑、吞忍、助长、改造、平伏、催眠、暗示。因为这样的做法皆因失去自性的自足而离自性的本来面目渐行渐远。圣贤们讲的'如是'就是无为的意思，而反观自性的本来面目就是无为。这个过程中只要有能力不做任何分别与执取，经由一些"定静安虑得"的修为，它就能显示出无比巧妙的造化。因此智者云：性之动有为，性不动无为，也就是说顺着那个自性的本然造化规则就是无为之道。"

如何应对生命中的压力坑洞

"爷爷，什么是苟且偷安？一个人遇到外界压力的时候应该如何自我调适？"小姑娘一本正经地问道。

"苟且偷安这个成语意在形容当一颗心灵面对外在压力时，采取了一些转移与逃避的方法，且自认为这样做是相对高明、一劳永逸的。《庄子》中有一段描述：濡需者，豕虱是也。择疏鬣自以为广宫大囿，奎蹄曲隈，乳间股脚，自以为安室利处，不知屠者之一旦鼓臂布草操烟火，而己与豕俱焦也。这段原文的大意就是指有一种苟且偷安的东西，就好比是寄生在猪身上的虱子，他选择住在猪脖子上相对粗疏的鬃毛区域而不断回旋，这些虱子就气定神闲地自以为已经占据了广大的宫殿和庭园了，且十分洋洋自得。有时候这些小虱子也会选择住在猪的后腿弯曲处的缝隙中，或是藏在乳沟或股沟的夹缝中，就自以为是找到最得天独厚的完美归宿了。殊不知有朝一日，当那屠夫鼓起双臂操刀杀猪，并拿着稻草木材生火准备烤猪的时候，那自以为找到安全避风港的虱子，势必会最先被烧个焦黑。这个道理告诉世人，把危险的地方当成是避风港而不自知其实是相当危险的。这个故事是在隐喻世俗中所谓苟且偷安的人。"

"爷爷，我以前遇到一些压力或焦虑的时候，好像也和这头猪一样呢！我也发现身边很多人在面对压力的时候，总是千人千面。我爸爸似乎喜欢用喝酒的方式来转移压力！"

死神："不论压力来自何处，但凡它出现时，个体都会很清楚那种紧张与焦灼的滋味。有的人会明显地表现在情绪心境上，有的人会明显地表现在躯体上，比如身体中容易被压力入侵的部位：肠胃、后肩、头部、喉咙、血压。中华伏羲氏的八卦图给我们的最单纯启发就是世间一切皆是阴阳互根，任何事物都有其两面，关键看人类如何学会平衡之道。人类不适合一年到头都是零度以下的低温，也不适合一年到头都是35度以上的高温，所以大自然的四个季节变化帮助我们来完成平衡，而不是谁消除谁。同理，当我们探索一些复杂的心理学概念时也需要化繁为简。在我看来'压力'也可以简单地分为两种，一种是有益处的，它就像牛身上的'牛虻'一样，可以时不时地给这头牛提提神。而另一种则是有毒的，它就像是各种各样的化学激素进入生物的体内，积累多了一定会对躯体感觉中枢与运动神经系统形成一些干扰，也会使内在的各种自主调谐功能形成一定的紊乱。而许多有毒的压力往往是大摇大摆地滑过人类的头脑，进入人类的心堂，这些压力在进入许多人的心底前也往往未经历过强有力的认知检视或正念觉照，因此许多人只是被动地感受着这份压力与慌张。因此，这种压力有时候会给许多心灵带来不少恐惧的幻象，而一些经由灾难性联想形成的故事就像是一只即将做牺牲的猪那样在挣扎和叫喊。"死神继续说道。

"是的，爷爷。同样一句话或同一个事件，不同的人反应大不同，有的人会因为一个很小的事件不断强迫性联想或纠结，有的人泰山崩于前而面不改色。我发现一个人的心理强度与耐受力方面的差异受很多因素影响，绝对不是单一的。比如有体质因素、气质因素、背景因素、退路因素、人格修养因素、能量场因素、阅历因素、经验因素、能力因素、人生观信仰因素等，爷爷，我说得对吗？"小姑娘补充道。

"回答得很好，这些因素加起来就会影响到一个人面对外界整体的信念系统。而人生所有的经历，似乎也都是为了提拉与扬升一个人的信念系统。不过持续的吞忍型压抑会引起内在深沉价值体系的碰撞，所以这种吞忍的压抑不宜过长，要及时疏导掉。若持续过长，就有可能进一步诱发一些身心症状以及人类临床中常见的神经症性情绪症状，诸如强迫情绪、漂浮性焦虑、神经衰弱等。"

"那么，神仙爷爷，面对吞忍型压抑的时候，人们如何在这份压抑中爱自己呢？"

"大部分情绪与压抑都来自于各种各样的人际关系。在各种关系中，当一颗心灵因为一句不悦耳的话感到十分恼火与委屈时，此时若能对这个浮现出来的感觉与负面情绪有一个清明的觉察，一颗心灵就不容易受伤，而后依靠自己的雅量与慈悲心去拥抱那个正在经历痛苦的自己，这就是爱自己的表现。"

"爷爷，爱自己就是允许自己与自我批判的那股'能量'待在一起？"

"是的，这对于一颗心灵而言将是一个转折点，他会意识到原来这是自己内心深处的'大我'所希望看到的，他将明白来自外界的各种影响自己的'声音'其实都是一种培育定力的助缘。最重要的是自己此时此刻已经学会了倾听这个声音，倾听'小我'的各种柔弱且不作出任何评价，这就是爱自己。当一颗心灵刚感觉到恐惧或压力的时候，它们不会立刻消失，在一个慈悲的氛围中，这份压力的觉受仍然可以在我们心中自由流动。一旦明晰了压力只是一种物理性的能量，安住在肉体的觉受就有可能体会到一份深沉且具有扩展性的安详感，并且能感觉到压力转化之后的空寂与美。一旦认清情绪上的活动都是在排斥眼前的真相，是在渴求另一个东西，一旦察觉到思维里尽是想要体会某个欲望，或想象某种状态会比现在更好之类的想法，那么一颗心灵就会开始安静下来，彼时'小我'人格亦消失了，然后本体就会以最真实的方式呈现出来。"

"孩子，接纳真相意味着彻底而完整地觉察眼前的事实。如果一颗心灵对眼前的事实'不知不觉'，就意味着已经在忤逆。如果一颗心灵在经历一个事实时却企图即刻得到另外一个东西，或是想要改变此时此刻的真相，冲突就会立刻产生。简言之，一颗心灵如果排斥眼前的真相，也就看不见真相了，因为任何对真相的排斥都是痛苦的，即使这种排斥的倾向是为了解脱、开悟或见到上帝。**其实修心的诀窍不在于何时蜕变，而是在这一刻就能够**

如实如是地觉知眼前的真相。"

"神仙爷爷,太正点了!我要把您这段话记录下来,反复阅读。请您稍等一刻钟!"

"神仙爷爷,我发现许多人的心中都有一种攻击性,这种攻击性的背后似乎也是一种'以攻为守'的压力释放策略,但是这种策略非常极端,您如何看?"

"有一个故事是这样的:在西方,很久很久以前有许多教派控制着国家、控制着人们的思想、控制着自由、控制着真理,虽有一部分虔诚的牧师是在传播一些积极的东西,但也有相当一部分狂热分子在做违背自然法则的事情。他们中有许多人天天鼓吹要对一切不道德的非分之想赶尽杀绝。在那个宗教主义无法无天的时代,耶稣行者看到在一个街道上很多人欲要扔石头砸一个失足女,这些围观的人因为长期被宗教的一些疯狂口号所束缚,这些愚蠢恐惧的心灵都认为这个失足女是淫乱的,是会影响人类进程或进化的,因此都认为要狠狠地砸死她。耶稣看到这一幕的时候,就对他们说:你们之中哪个人自认为没有罪,也没有过失,就可以扔第一块石头。结果很多人都把石头放下了。孩子,有些人煽动各种对外界的批判或指责,其潜意识中有一部分动机只是释放自己的生活压力与精神压力。这就是为何人世间每隔一段时间总有一些'沉沦'的人依靠各种对历史人物的毁谤、扭曲式描述来填充其狂妄空虚的心灵坑洞。有些人经过一些正见教育后或许会幡然醒悟,而有些人依然死性不改,那么他已经从黑暗滑入更大的黑暗。"

"是呀,爷爷!从黑暗滑入更大的黑暗本身就是最大的现世果报了,即便先天有再大的福气也会自动溜走!"

"孩子,《沉思录》中有一段话完全符合调适压力:想象一个不满于一切事物的人,他们就像是一只做牺牲的猪那样挣扎和叫喊。那在他床上为人们的被束缚而默默哀伤的人,也像这只猪,考虑一下自愿地顺从所发生的事是仅仅给予理性动物的品质,而顺从则是加于所有存在物的一种必然性。"

"嘿嘿,这段话既风趣又直指人心!"小姑娘听完拍案叫绝。

"孩子,有一位智者叫王凤仪,他的一段存世文言非常经典:(常人的性子都有所偏。偏于火的率性争理,偏于土的率性欺人,偏于金的率性伤人,偏于水的率性厌人,偏于木的率性顶撞人。能化除这一偏之性,自然得道。性存

直面人生压力 提高心灵强度

天理,心存道理,身尽情理,才能返本归根。人只知有个身我,不知天上有个性我,世间有个命我,禀性(怒、恨、怨、恼、烦)化了,天上的性我自然得天爵。看逆缘的好处是聚灵,看人的毛病是收赃,聚灵就是收阳光,心里温暖能够养心,收赃就是存阴气,心里阴沉就会伤身。有人惹你,你别生气,若是生气,气往下行变成寒。有事逼你,你也别着急,若是着急火往上行变成热,寒、热都会伤人。修心人遇好事不喜,遇坏事不愁,气火自然不生,就是降龙伏虎,否则就是魔障。受了受了,一受就了,逆事来了,是给你送德来的,不但忍受,还要感激它。一切事没有不是从因果定律来的,逆事来了若能乐哈哈地受过去,认为是应该的,欢喜受,乐呵呵,随它去,自然就了啦。若是受不了,心里含有怨气,这件事虽然过去,将来必有逆事重来,正因为受而未了的缘故。)"

"爷爷,今天的上半场已经让我深谙如何通过一念之转来积极地转化压力,那么与压力相对应的便是'快乐',然而我觉得很多人对快乐的追求是有误区的,他们是在追求一种欲乐,而不是快乐地去追求,所以我觉得他们一不小心就会体验到求不得苦的焦虑与压力!神仙爷爷,请您开示!"

"的确,如果有一天,人们只喜欢快乐的感觉,那么或许也就意味着当下的快乐已经开始消减。假设有一个人在游玩并发出纯粹的欢乐声,这时如果他故意下意识地思考自己此时此刻是否正在快乐,你猜他会怎样?在那个刹那,他就停止兴奋的感受了。因为那个原本自然的律动,因为有意识地关注,那纯粹的无为的优美片刻立即被破坏了,不是吗!孩子,有一个人在不经意间路过一个海滩时,觉得这个地方非常惬意,非常律动,非常畅然。时隔多年,当他内心装满了种种压力时,他的潜意识跟自己说,要去那个海滩放松一周,可当他带着巨大的渴求与期许前往海滩后,发现也没有多少快乐,更没有以前那次不经意间的纯粹快感。他在寻思,这究竟为何?"

"因为快乐不是在自我意识下存在的东西?"小姑娘无意识地脱口而出。

"没错,它是自然流动的一股能量,当妨碍快乐的事情消失时,当各种压力消失时,快乐与幸福感就会自动出现了,一个人根本不必刻意追求它,不是吗!反之,当一颗心灵一遇到压力便立即跑去寻求解脱,仅仅只是徒增业苦,抑或是一种逃避的假象,因为若不能在此时此刻用正念之光照耀它们且反诚其心,那么这种解脱方式带来的效果则非常短暂。"

走出焦虑风暴

"是呀,爷爷,有的人喜欢去征服珠穆朗玛峰,认为只有爬上去了,才是战胜了自我。当他爬上去的时候,突然发现代价太高了,内心也并没有感觉到多么的强大,再想到有一群可怜的家人每日为他焦虑忧心、牵肠挂肚时,自觉不孝。"

"你回答得很好!曾经还有个人为了证明自己不是羞怯的而是强大的,跑到非洲草原去猎杀咆哮的狮子,最终他成功了,回国后媒体大赞他是英雄。可他发现当自己面对镜头时,依然是发抖的,依然是羞怯的。如果一个人执着于要做个好人,他就是好人吗?他知道'谦卑'是什么意思吗?他能培养谦卑吗?如果每天早上他都重复地说'我要做个谦卑高尚的人',这就是高尚了吗?还是当他不再傲慢、虚荣时,谦卑便自然毛发了?"

"我明白,爷爷。黑暗的确只是光的不在,光来了,黑暗就顿于无形!"

"许多人都讨厌自己厌恶的东西,也非常讨厌各种各样的压力,许多时候他们的潜意识中把那些压力定义为'灾难'。那么试想那些在淤泥中的莲花是否会将淤泥视之为灾难呢?再试想各种自然界中的种子一天到晚都待在那暗无天日的阴暗潮湿的地方,它们是否会将这些视之为灾难!再试想毛毛虫破茧的过程,再试想怀胎十月期间胎儿泡在羊水里,饱受压迫与浸泡之苦,它们是灾难吗!孩子呀,在这个世界上有许多宿命灾难说,可以休矣!许多无常事件不能单纯地从线性因果的角度来下结论,应该从整体阴阳辩证观的角度来看待。'因与果'如同'知与行',其实它们都是并存的,就好比说有些心病虽是小魔王,但也是小天使。在这个世界上没有任何一个人可以万事如意抑或好事连连。如果在生命律动的过程中没有一些小烦忧和苦痛与快乐平衡,那么快乐这个词汇或许将彻底失去意义。"

"嗯,神仙爷爷,我记住了。烦恼是心魔也是天使,就看我们如何看待它的助缘了。"

"孩子,许多人总是'邂逅'一些莫须有的压力,还有一个小原因即它们都缺乏耐心的等待。给你讲个小故事:一个旅行者在一条大河旁看到了一个婆婆,正在为渡水而发愁。已经精疲力竭的他,用尽浑身的气力,帮婆婆渡过了河。结果,过河之后,婆婆什么也没说,就匆匆走了。旅行者很懊悔,他觉得自己似乎很不值得耗尽气力去帮助那个婆婆,因为他连'谢谢'两个字都没有得到。哪知道,几小时后,就在他累得寸步难行的时候,一个年轻

直面人生压力 提高心灵强度

人追上了他。年轻人说,谢谢你帮了我的祖母,祖母嘱咐我带些东西来,说你用得着。说完,年轻人拿出了干粮,并把胯下的马也送给了他。所以,这个故事告诉我们不必急着要生活给予我们所有答案,有时候要拿出耐心等待,即便向空谷喊话也要等一会儿,才会听见那长的回音。也就是说,生活总会给我们答案,但不会马上把一切都告诉我们。"

"这个故事太好啦,一颗心灵只要播下了快乐的种子,就可以坐在阴凉处优哉游哉地看着会发生什么。种子会发芽,会开花,但是一个人不可能加速这个过程,因为他们都是自然而然的造化。"小姑娘此时俨然一副哲学家的说话派头。

死神对小姑娘的悟性很是满意,补充道:"孩子呀,调节压力的终点不是让我们没有压力,而是让我们开始不再相信那些似乎早已根深蒂固的反应就是我们自己。在外面寻找快乐是件很荒谬的事,如果能够从内在下手,无为地降服无明识的造作,一个人就会在身边一些微不足道的事情上,找到很多很多的快乐。所以说,爱在臣服内在众生的道路上,即使是最悲伤的人,也会有绽放笑容的时刻。你要记住,问题是在我们的内在,压力并不能持久,唯有如此,情绪才有转化的可能。此外,许多人之所以信仰宿命论,主要是人生观扭曲。20世纪著名心理学先驱阿德勒曾讲过:从许多方面看来,人会相信宿命其实是出于怯弱的逃避,因为相信宿命就可以不必在有益的人生方向上孜孜矻矻,基于上述理由,宿命论信念只是一种虚假的精神支柱。孩子,人生奋斗路上碰到一些无常的委屈,或是在生活和事业上遇到一些困境加诸在'我'身上时,我们就把它当作是一种修炼人格的契机。本着对自己内在诚实的雅量,依靠合情合理的原则去面对、去行持。这样的修为,就会使自己的心性得到良好的扬升,这或许就是所谓逆来顺受的真义。"

"孩子,我们的交流即将告一段落,最后我再与你分享一些,来总结一下达观的人生哲学,它依旧是最重要的。许多智者将悲伤、压力一类的东西譬喻成大便,他们不希望我们包着这坨大便,然后揣在兜里去践行自己的人生理想与自我实现,智者们希望我们把这些大便冲掉,轻装上阵。人生若是比喻成一场旅途,那么一颗心灵终归是要回家的,很多哲学家与智者对世人传播了许多爱与求知的道理,想必都是因为他们已经从生与死的参悟中领会到生命的究竟存在意义。一颗心灵如果不接受面对死亡的教育与面对无常的教育,就无法珍惜人生以及依照自己的本心本性的朴实去活。许多人总是遇到重大无常时,才去检讨一些问题,但换来的总是来不及的懊悔。"

"孩子,我们在人间做客,最重要的是轻装上阵,这趟旅途不需要太多行李,真正的核心问题是如何回归生活的本身,在珍惜有限生命的同时不断进化自己的襟怀,让自己展现人性之美。中华禅家文化教导人要'大死一番,再活现成'。的确,许多心灵唯有透过对死亡哲学的达观领悟,才能实实在在地生活,并踏踏实实地认识到大'魔'助大'佛'的乐趣。一颗心灵八成以上的真智慧的确不是通过书本获得,而是在各式各样的无常事件的淬炼中体悟到的。一颗心灵若能进一步领悟到真心不曾染,不曾垢,亦无须去保护它,那么在某种层面上也就说明他已经成为一个认识自我的人。能够彻底认识自我才是此生最大的收获与财富,也唯有这份智慧是可以带走的。

"孩子,古时许多中华禅师把生命的历程称为'古潭寒水'。比如唐朝时有一位和尚问赵州禅师说如何是古潭寒水?赵州说:'味道很苦。'和尚又问:'那么饮的人怎么办?'赵州说:'死去。'

"孩子呀,赵州禅师显然是在隐喻:只有深知'死'的意义的人,才有智慧和勇气去承担一切的生存挑战和痛苦,而让自己活得有尊严、深明大义、有破斥力。此外,除了现代心理学,在一些传统哲学文化中其实也有许多积极的心理学成分可以为我们所用,若是撇开宗教的成分,我们会发现在古时耶稣基督讲的'爱与知识',佛家讲的'悲智双运',儒家的讲'三纲五常',道家讲的'上善若水',禅家讲的'性命双修',中医讲的'阴阳平衡',易经讲的'观天道立人道'都在揭示生命的底蕴,许多心灵智者们之所以能够讲出这些智慧,都是已经从生死大事中解脱出来而看到了生命的律动本质。总之,当一个人对于生老病死、物极必反、福祸相依等发展现象有了深度的领悟,他就会把注意力放在'常'的角度,去心甘情愿、心平气和地摄受那无常的现象,且乐于承担无常。"

"明白了,爷爷!受益匪浅!受您熏陶多时,我也要总结一句话作为这次穿越时空学习的纲要:停止对外张望,往内看,向内转,无论你是谁,这盏心灵之灯它都能照亮独一无二的你的某个隐藏角落。平常心是道!"

后记

你当前将走向何方

本书的学习对你而言或许就像是一段登山跋涉的旅程，也即将抵达驿站。然而对你而言自我修心之路才刚刚开始，至于我们最终可以达到怎样的蜕变，完全取决于我们对烦恼认识领悟的程度与精进之心。

由于篇幅所限，笔者无法将许多真实案例的心路蜕变历程逐一翔实剖析，希望你能够举一反三，灵活汲取书中的核心资讯。

你已经知道"大魔助大佛"这条核心信念的重要性以及所具有的惊人力量。若能反复阅读并积极领会部分章节持续传递的正能量与弦外之音，完全有可能在某个关键的转弯处协助自己度过人生的最低潮。

你已经知道了一些家庭教育观念与早年客体互动关系是如何潜移默化地影响一个人的内在风水与人格禀性，因此在我们对自己的后代的教养过程中，就可以规避掉那些带有恐惧性的束缚，从而让后代避免走自己的老路，这恐怕是传递给后代最重要的精神遗产之一。

你已经知道调和深沉束缚性信念的神奇辅助法（打草惊蛇、积阳则飞等），若能善加珍惜且知行合一此法，或许能够在许多有压力的时刻带给自己意外的惊喜。

你也已经了解有关正念觉察方面的教导，而这些智慧亦是古今中外许多智者们最为一致的科学烦恼观。在日常生活中保持温和的无为而为，长此以往你将渐渐体会到正念品质的深度与广度，它能够带给你的温暖与力量永远比你所想象的要多。

此外，我不认为你读完这本书就能立刻取得惊人的效度，这本书和市面上其他一些自助书籍一样都只是一个助缘，或许当你读了此书后，再去阅读其他书籍会更加通达，也或许当你阅读了其他一些正能量的书籍后，再来阅读此书会有更多的触类旁通之效。总之，随着你对烦恼的不断认识与领悟，最终将不断地为自己打下拨云见日的基础。

诚然，生命是一个过程，成长与蜕变之路更是一个踏实的过程，所有日后深刻的改变皆缘起于最初的微小改变，如道德经所言：合抱之木，生于毫末。当我们习得了一些科学的辅助性策略与正见时，最好立刻抖擞自己的精神，开始从作息、运动、劳动、精神充实度等方面进行一些合理的调整与安排，因为有时候"一"就是"一切"，小事情中总是蕴藏着伟大的种子。

书籍虽然不完美，但至少已经让一部分有缘人以轻松、方便的方式打开了一些眼界以及掌握了一些调和行动盲点的科学辅助性策略，或许对于一本自助参考书而言，已经足矣。

有个人非常仰慕禅师，但是他却没有决心投到禅师门下学道，禅师问他为什么，他说："禅法这样精深博大，我能力有限，也没有精力去全部学完它，只好知难而退了。禅师微笑，给他讲了这样一个故事：从前，有个愚人在旷野走了好几天，滴水未进，两眼昏花、浑身发热，沿途寻找水源，但一直没找到。突然他看到远处有一条河，河水清洁明净，然而他呆立了半天，却不想前去取水喝。同路的行人觉得纳闷，就上前问道："你不是口渴吗？为什么找到了水，反而不喝呢？"愚人扯着嘶哑干涩的喉咙答道："你有所不知，这么多的水，我喝得完吗？我怕我的肚子装不下这么多水，所以干脆不喝算了。"路人听了不禁摇头叹息："真是无知的人，多么可怜呀！"听了这则故事以后，那人顿时领悟了，诚心拜倒在禅师面前。

诚然，人类缺乏的往往不是知识和真理，而是学习知识和真理的破斥力。当人在口渴或饥饿的时候会本能地去找吃的喝的，然而当人的心灵饥渴的时候，却在真正可以疗伤的真理面前知难而退抑或与之擦肩而过，当人终于想明白的时候光阴或许已经一去不复返。因此，人生的许多成长时刻何必要想得那么完美？多数时候能解我们口渴的水不就是那么几杯吗？

此书避免了晦涩的哲学文化术语，也杜绝照搬各种教条性且老旧的局

后记

限性概念，它所呈现的就是一潭真正的心灵活泉。

宇宙的确需要你的存在，照顾好自体

我们的头脑会经常被心魔炮制的陷阱所奴役，期许做一些有成就感的事情。如果你带一个人去迷宫，真诚地告诉他出口就在进口处附近，他肯定会不屑一顾，他会想既然是迷宫怎么可能轻轻松松的走出去。此时他的头脑巴不得立刻开始绕开各式各样的圈子，最好还能够飞起来，再爬上天花板窥见一番……最后当他真的找到出口时，他的头脑说：我终于完成了，我很伟大，累死我了。

在这个无常世界里有一些复杂的东西其目的都是为了让头脑变得简单。不论是西方的精神分析体系还是中国本土的禅学文化，都是如此。

曾有许多智者说："凡有言说，都无实义。"古时于禅林中，临济喝德山棒，哪有这样啰唆？然今非昔比，世人着"心魔"后不懂往内，而是更加引颈往外，趋谈玄说奇，趋盖世秘籍，趋不修自通，趋不劳而获……再加上日常生活中各种快餐文化与浮夸造作的媒介娱乐文化不断冲击个体灵明的慧根，于是人们的禀性变得越来越喜好经营小聪明，越来越爱"过把瘾"就没白活的价值观，以至于许多儒家性理之法、禅道无为法、阴阳辩证法等本土心理学文化如磁铁反面相斥一样不得契合，亦不得其门。

天地间，没有莫名其妙的"苦"会莫名其妙地临在，还有苦一定是我们有些事情还没有做对，以及不行深。漂浮性焦虑及各种灾难性联想的时常光顾，并非全部是因为现代心理学治疗理论还不够有力量，有时候仅仅只是当事人的一些所知障未破，不知一些很吸引心魔攀附的习性才是心魔春风吹又生的根本因素之一。若能在习性上有所知行合一，身体力行，遵循自己的速度和脚步不断地逆流而上而后在日常工作生活中能够不再懒、妒、恼、恨、过度、不平衡，那么许多既存的心理学策略以及市面上不少优秀心理学工作者或许都有能耐协助当事人百尺竿头，更进一步。

此外，在这个无常世界最痛苦的事情之一就是什么都被严苛的计划好。

走出焦虑风暴

比如一个大胖子因为长期不运动提早多年罹患了糖尿病，家人每天在他下班的时候都强制他沿着一条路线跑两圈。刚开始的几天，大胖子可以坚持，然而一周后他就觉得异常的烦躁，甚至头脑里只要想到那条被计划好的跑步路线就头疼。

因为头脑的僵化思维与僵化计划限制住了许多律动的东西，让许多自然的东西看起来完全丧失了弹性。如果只是为了锻炼，一天中有很多锻炼的片刻，在那个随意的片刻里慢跑一会身体都会感觉到愉悦，而一旦将跑步变成了一种机械化的目的，变得像纳税一样，那么跑步过程中的乐趣便会丧失。一旦过程彻底丧失了乐趣，一个人是不容易坚持下去的。即便勉强坚持下去，总是要以失去一些自然的东西为代价。

许多现代心理学的辅助性调试法，就像是跑步，但是它们没有特定要求你一定要跑到哪里，抑或什么时候出去跑，如果一个人只是在上下班的过程中利用一点时间来跑步或快走，本身在当下就会感受到运动的最直接好处。

不要把心理学的方法在某个时刻催化成我们必须要达成某种理性目标的强烈意图，这样做的坏处极大，施诚者且必定会频繁地体验到失落感。

还记得有一天我们偶然间路过一片海滩或森林时，我们觉得它好美，心旷神怡，对吗？因为那不是在我们头脑计划之中的自然律动，它必定是美的，凡是没有头脑随性干预的片刻，原则上才是最美的光阴。

值得一提的是当一个人了解了一种积极的思想后，是不是立刻就可以卸掉自己的全部负面思想？我想这是比较困难的，除非他已经拥有一定的成长基础与自律品质，因为如果没有适当改变我们整个生活的作息方式与社会性活动状态，仅仅只是知道了一些方法，理性意识有可能会面临僧多粥少般的匮乏感。自助者与专门接受系统心理疏导的来访者不同，缺乏必要的潜意识梳理与针对性解析，难以从继发性焦虑探秘到原发性焦虑。但如果可以较好地处理掉一些继发性焦虑，本身就已经相当于把心灵伤口做了适当的处理，好处也是立竿见影的。同时，我再次强调对于自助者而言务必要多支付一分心力用于调整自己的生活作风与生活方式，如果这两点没有去积极地调整，单单依靠市面上各式各样的自助书籍来彻底扭转情绪背后的心气反应模式，恐怕难以有可持续的稳定效度。

后记

在自助心理学中最重要的指南之一就是不断地让个体回归到"自体我"，而非长期活在"关系我"中。从最通俗的自助角度而言，我们可以把"自我"简单地分为两个部分，分别是自体我与关系我。"自体我"是我们情绪感受的源头，也是一切内在资源的大本营。"关系我"则是头脑的各种理性分析与小我把戏（也包括在各种人际关系互动中所形成的自我评价），它总是把个体的注意力向外归因或归咎于某种关系的刺激，诸如：我觉得我的问题都是某某人引起的；我的问题都是因为自己不够自信；我的问题都是因为自己命不好；我的问题都是因为那件创伤事件造成的；我的问题都是因为外在不安的生存环境；我的问题都是因为没有遇到合适的咨询师等等，总之它总是认为自己的问题和外在的人，事，物有直接因果关系。而当我们这么去理解的时候，"关系我"在短时间内看似一个忠诚的盟友，看似是在为个体操心，然而从长远来看却是有害的，甚至害处很大。只因为它的躁动与潜在敌意会消耗许多能量，而这些能量都必须从"自体我"那里进行抽调，所以一段时间后"自体我"会感到更加的匮乏与无力。

人们之所以会拼命地逃离自体我，只因为造成他们痛苦的各种感受一开始的确是不舒服的，然而一些解药也恰恰就蕴藏在这份痛苦的感受当中，通过无为的抱持那份感受，经过几段小波峰发展后，感受就会即刻变小，情绪感受度也将随之成正比的缓解，这听起来就像是一个逻辑上的悖论，可它就是真谛。就如同一位高明的采药师所讲，如果在一座山里采到了剧烈的毒药材，附近必定隐藏着另外一种可以"以毒攻毒"的解药。

当个体把注意力回归到对"自体我"各种感受的觉察上，再配合一些心理正见的反复熏陶与提拉，就能够逐步收回心灵能量，而非再把大量的能量用来讨好被"心魔"教育出来的"关系我"。

如果我们能够先来照顾好自体我，那么不论在此书中额外学到了怎样的方便锦囊，都将事半功倍，都将成为走出焦虑风暴的无为法。

最后，我还有一个小小的私人建议，若你从此书中学到了有用的东西，并且感觉还不赖，那么不妨奉献举手之劳，将这本书推荐给身边你认为同样需要的人。因为：这本的诞生是笔者在繁忙的工作之余于夜间笔耕不辍，总共投入了约 1500 个小时才结下的善果，初衷仅仅只是希望能够协助一部分网友缓解一些燃眉之急，并在人生挚友仲恒平先生的志气推动下，才坚定了让此书提前面世的念头，所以你一定可以感受到文字磁场中的单纯诚意，而且对于一部分读者而言，只是单纯地阅读一些章节，本身就会有正能量共振的微妙体验。该书虽然无法代替临床中的一些个性化的心理治疗方案，但是你也很难在一个咨询师那里于短期内学到此书中所涵括的诸多辅助性资讯。一本通过过来人智慧提炼具有经验性的书籍，善加应用即可节省我们大量盲目摸索的功夫。

其次，"随喜分享正能量"是一种在自我实现过程中相对高层次的道德愉快，它有助于积蓄自身的正气（正气内存，邪不可干），同时心堂也会多一份常驻的柔软之心。我等待着见闻更多的蜕变心灵有朝一日也可以在他人漆黑的人生道路上投下一缕阳光……

最后，为你送上一段祝词：

天将降大任于斯人也，必先苦其心志，劳其筋骨，饿其体肤，空乏其身，行拂乱其所为，所以动心忍性，增益其所不能。在这条伟大的自我修心与成长的道途上，有时候注定需要独立的思考、任凭褒贬的破斥力、逆流而上的果敢，就像风儿不怕网罗，莲花不惧污泥。而后在日出与日落之间强有力地抖擞自己的精神为社会做出身体力行的贡献，在生与死之间尽量留下一些积极作为，而不枉此生。在这个道途中，我们将会深刻地谛听到美妙的禅音：过往的一切心路历程与人生经历终将协助我们进入更加伟大的自我。宇宙的确需要你的存在，否则它是不圆满的。

大魔助大佛。

图书在版编目（CIP）数据

走出焦虑风暴 / 韩非著. —宁波：宁波出版社, 2016.9（2022.8 重印）
ISBN 978-7-5526-2560-8

Ⅰ. ①走… Ⅱ. ①韩… Ⅲ. ①焦虑－心理调节－通俗读物
Ⅳ. ① B842.6—49

中国版本图书馆 CIP 数据核字（2016）第 168760 号

走出焦虑风暴

韩非 著

出版发行	宁波出版社
	（宁波市甬江大道 1 号宁波书城 8 号楼 6 楼　315040）
责任编辑	晏　洋　徐　飞
责任校对	朱璐艳　罗敏波
责任审读	尤佳敏
印　　刷	宁波白云印刷有限公司
开　　本	710 毫米 ×1000 毫米　1/16
印　　张	22.25
字　　数	350 千
版　　次	2016 年 9 月第 1 版
印　　次	2022 年 8 月第 14 次印刷
标准书号	ISBN 978-7-5526-2560-8
定　　价	39.80 元

版权所有，翻印必究
本书若有倒装缺页影响阅读，请与我社联系调换，联系电话：0574-87286804